電力貯蔵の技術と開発動向
Technology and Development Trend of Electricity Storage

監修：伊瀬敏史
　　　田中祀捷

シーエムシー出版

は じ め に

　1996年に「将来の需給要因を考慮した我が国における電力貯蔵設備の導入量の評価」を発表し，21世紀中葉の電力貯蔵設備の適正導入量は，基本的には設備構成比で10～15%程度であると提唱した[1]。これは，将来の電力貯蔵設備の導入量について，CO_2問題や社会構造の変化が予想される新たな需給要因に力点をおいて検討した結論である。将来の需給要因の中で貯蔵設備の導入量に大きな変化を与えるものとしては，まず将来の社会構造の変化と需要家サイドの電力貯蔵があげられる。前者は導入量を増やす方向に作用する一方，後者は減らす方向に働くとともに発電単価の低減にも寄与する。CO_2排出量の抑制は抜本的には原子力等の開発が不可欠であるが，一般に貯蔵設備を減らす方向になる。また，長期的には電源の廃止等を考慮すると貯蔵設備をより増やす電源構成になること，原子力の夜間余剰が発生する場合にはその負荷変動運転が貯蔵設備を大きく減らすことなどを明らかにした。現在，我が国では揚水式水力の占める割合が10%程度であり，今後，経済性の高い立地点が減少していくことを考えると新型の貯蔵設備の開発が重要となる。この中では，需要家サイドの分散型貯蔵など幅広い適用を意図した貯蔵設備の開発が望まれる。この予測的提言は今も生きていると確信している。

　世界的にみても電力貯蔵は発電設備の数%程度であり，ほとんど揚水発電が担っている。しかし美観や森林保護などの環境的制約から他の電力貯蔵技術の開発が望まれていることは言を待たない。それらの候補として，本書で解説しているように，

(1)　電池電力貯蔵
(2)　フライホイール
(3)　圧縮空気エネルギー貯蔵
(4)　超電導エネルギー貯蔵

などの技術が精力的に開発されており，一部実際に利用されている。

　一方，電力貯蔵を単純に分類すると

(ⅰ)　供給側の電力貯蔵設備
(ⅱ)　需要側の電力貯蔵設備

となる。供給側は，設備の効率的運用・スピンニングリザーブ・CO_2放出削減などの観点から，電力貯蔵設備に関心があり，これまでは揚水発電の設置で対応してきた。今後は，立地不足や顧客の高い要望（供給信頼性・電力品質）に対応した新たな電力貯蔵設備を設置する必要に迫られると考えられる。情報技術（IT）の普及や高度生産システムが導入される社会を健全に成長・維持するには，設備を管理する電力需要家は，供給側のみに依存することはできず，自己防衛とし

て，電力貯蔵設備を設置することを余儀なくされる。前者は一般に大規模・集中型であるが，後者は小規模・分散型である。ただ，前者においても小規模・分散型を多数利用してバーチャルに擬似的に大規模とするコンセプトがある。また，風力発電や太陽光発電などの間欠発電の特徴をもつ電源を受容する場合には，小規模・分散型電力貯蔵設備が必要になる。需要側の電力貯蔵設備の必要性は，電力のスリー・ナイン信頼性とIT産業のナイン・ナイン信頼性のミスマッチを埋めるところにある。前者は数年に一回の停電を保証するが，後者が恐れるのは瞬時電圧低下（瞬低）である。そのため需要家側は自己防衛として小規模の電力貯蔵設備を設置する傾向にある。概念としてはUPS (Uninterruptible Power Source (Supply))が基本であるが，これを越えて，電力貯蔵としての役割を持たせようとの試みもある。

米国電気電子学会 IEEE Power & Energy 誌 2005 年 2 号は Electricity Storage の特集号となっている[2]。"New Developments and Solutions" という副題であるが，主に電池電力貯蔵を対象とし，圧縮空気エネルギー貯蔵，フライホイールにも言及している。本書で取り扱っていないZBB (Zinc-Bromine Flow Battery)も記載している。

図1に供給電力と供給時間から見た種々の電力貯蔵利用形態を示す。電力が小さく時間の短い領域は需要家側のものであろう。これは技術的な表現であるが，これをもとにビジネス・チャンスがどこにあるかを考えることも可能である。

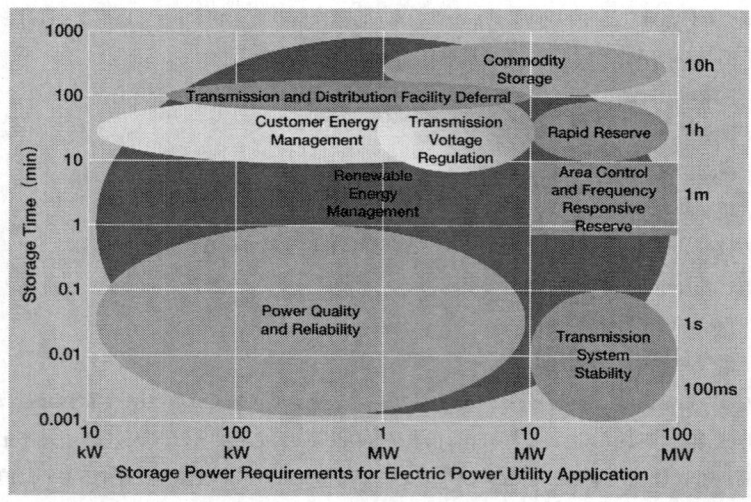

図1　供給電力と供給時間から見た種々の電力貯蔵利用形態
（文献2）p. 42; data from Sandia Report 2000-1314）

本書は，電池電力貯蔵に力点をおいて，ナトリウム硫黄電池，レドックスフロー電池，シール鉛電池，リチウムイオン電池，電気二重層キャパシターを取り上げ，原理・構造，開発動向，導入例を詳述している．電力貯蔵のほとんどが直流電源であるので，不可欠な技術として交直変換を主体としたパワーエレクトロニクス技術を紹介している．さらに，全体を見渡す観点から，電力貯蔵技術の開発動向と市場展望を概観している．

　電力事業は世界的にみて規制緩和・再規制に向かっている．どのセクターにおいても自己責任が課せられる社会構造となるので，エネルギー流通の中の貯蔵は必須である．技術開発者，電気事業者，独立電気供給者，高度情報技術運営者，高度生産技術運用者等々には必読書であろう．この分野は今後とも拡大するものと展望できるので，本書はビジネス・モデルを構築するときにも参照されるべきものと信じるものである．

　監修者の一人は国のムーンライト計画やニューサンシャイン計画にて電池電力貯蔵の研究やSMES研究会にてSMESエネルギー貯蔵の研究に従事した．その経緯から，今回，「電力システムにおける電力貯蔵の最新技術」を上梓できたことは感無量である．本書が読者の皆様に有用になることを祈念して，「はじめに」とする．

2006年2月

伊瀬敏史
田中祀捷

参　献

1) 栗原郁夫，田中祀捷，「将来の需給要因を考慮した我が国における電力貯蔵設備の導入量の評価」，電学論B, **Vol. 116**, No. 5, pp.563-570 (1996)
2) B. Roberts & J. McDowell, "Commercial Successes in Power Storage", *IEEE Power & Energy*, **Vol. 3**, No. 2, pp. 24-46 (2005)

普及版の刊行にあたって

　本書は2006年に『電力システムにおける電力貯蔵の最新技術』として刊行されました。普及版の刊行にあたり、内容は当時のままであり加筆・訂正などの手は加えておりませんので、ご了承ください。

2011年3月

シーエムシー出版　編集部

監修者

伊瀬　敏史	（現）大阪大学　大学院工学研究科　電気電子情報工学専攻　教授
田中　祀捷	（現）早稲田大学　大学院情報生産システム研究科　教授

執筆者一覧（執筆順）

大和田野　芳郎	㈱産業技術総合研究所　エネルギー技術研究部門長
諸住　哲	（現）㈱新エネルギー・産業技術総合開発機構　スマートコミュニティ部　主任研究員
中林　喬	日本ガイシ㈱　電力事業本部　NAS事業部　専門部長
小路　剛史	関西電力㈱　研究開発室　エネルギー利用技術研究所　商品開発研究室
辻川　知伸	（現）㈱NTTファシリティーズ　研究開発本部　主任研究員
寺田　信之	（現）㈶電力中央研究所　材料科学研究所　上席研究員
杉本　重幸	（現）中部電力㈱　電力技術研究所　電力ネットワークグループ　系統チーム　チームリーダー・研究主査
嶋田　隆一	（現）東京工業大学　原子炉工学研究所　教授
新冨　孝和	（現）日本大学　大学院総合科学研究科　教授
仁田　旦三	（現）明星大学　理工学部　教授；㈶電力中央研究所　研究顧問
林　秀美	（現）九州電力㈱　総合研究所　電力貯蔵技術グループ　グループ長

執筆者の所属表記は，注記以外は2006年当時のものを使用しております。

目　　次

第1章　電力貯蔵技術の開発動向　　大和田野芳郎

1　電力貯蔵技術の用途 …………………… 1
2　電力貯蔵技術の種類 …………………… 2
3　電力貯蔵技術の動向と将来 …………… 3

第2章　電力貯蔵技術の市場展望　　諸住　哲

1　はじめに ………………………………… 5
2　電力貯蔵の利用形態 …………………… 5
  2.1　負荷平準化 ………………………… 6
    2.1.1　電力貯蔵の使い方 …………… 6
    2.1.2　電力貯蔵技術の導入状況 …… 7
  2.2　系統安定化などでの利用 ………… 8
    2.2.1　電力貯蔵の使い方 …………… 8
    2.2.2　電力貯蔵技術の導入状況 …… 8
  2.3　自然エネルギーへの対応 ………… 9
    2.3.1　電力貯蔵の使い方 …………… 9
    2.3.2　電力貯蔵技術の導入状況 …… 10
  2.4　電気料金の時間帯差を利用した負荷シフト ……………………………… 11
    2.4.1　電力貯蔵の使い方 …………… 11
    2.4.2　電力貯蔵技術の導入状況 …… 12
  2.5　需要の変動に対する対応 ………… 12
    2.5.1　電力貯蔵の使い方 …………… 12
    2.5.2　電力貯蔵技術の導入状況 …… 12
  2.6　電力品質対策としての用途 ……… 13
    2.6.1　電力貯蔵の使い方 …………… 13
    2.6.2　電力貯蔵技術の導入状況 …… 15
3　電力貯蔵の市場展望 …………………… 17
  3.1　電気事業での電力貯蔵 …………… 17
  3.2　電力自由化と電力貯蔵 …………… 18
  3.3　自然エネルギーの導入と電力貯蔵 ……………………………………… 18
  3.4　需要家側に設置される電力貯蔵 … 19

第3章　ナトリウム硫黄電池による電力貯蔵技術　　中林　喬

1　はじめに ………………………………… 21
2　原理および構造 ………………………… 21
  2.1　ナトリウム硫黄電池の原理 ……… 21
  2.2　固体電解質 ………………………… 22
  2.3　動作温度 …………………………… 23
  2.4　電圧 ………………………………… 25
  2.5　単電池の構造 ……………………… 25
  2.6　モジュール電池の構造 …………… 28
  2.7　ナトリウム硫黄電池システムの構成 ……………………………………… 31
3　開発動向 ………………………………… 34
  3.1　開発の経緯 ………………………… 34

3.2 電気自動車用ナトリウム硫黄電池 ………………………………… 35
3.3 電力貯蔵用ナトリウム硫黄電池 … 35
3.4 負荷平準システム ………………… 36
3.5 非常電源兼用システム …………… 37
3.6 温室効果ガス（CO_2）の削減 …… 39
3.7 分散型電源等への応用 …………… 40
3.8 普及の促進 ………………………… 41
4 導入事例 ……………………………… 43
  4.1 負荷平準用システムの事例 ……… 45
  4.2 非常電源兼用システムの事例 …… 47
  4.3 瞬低対策兼用システムの事例 …… 47
  4.4 風力発電併設システムの事例 …… 48
  4.5 海外での事例 ……………………… 49
5 まとめ ………………………………… 50

第4章　レドックスフロー電池による電力貯蔵技術　　小路剛史

1 はじめに ……………………………… 52
2 原理および構造 ……………………… 52
  2.1 原理と構造 ………………………… 52
  2.2 電池セルスタック ………………… 54
    2.2.1 隔膜 …………………………… 54
    2.2.2 電極 …………………………… 56
    2.2.3 双極板 ………………………… 56
    2.2.4 電解液 ………………………… 56
    2.2.5 電解液タンク ………………… 56
    2.2.6 その他設備 …………………… 57
  2.3 特徴 ………………………………… 57
3 開発動向 ……………………………… 59
  3.1 開発の経緯 ………………………… 59
    3.1.1 鉄－クロム系レドックスフロー電池 ……………………………… 59
    3.1.2 全バナジウム系レドックスフロー電池 ……………………………… 60
  3.2 各機能 ……………………………… 61
    3.2.1 負荷平準化機能 ……………… 61
    3.2.2 瞬低補償機能・非常用電源機能 ……………………………… 62
    3.2.3 風力発電の出力平滑化機能 … 62
4 導入例 ………………………………… 63
  4.1 100kWシステム（負荷平準化）（事務所ビル　2000年3月運転開始）… 63
  4.2 168kWシステム（負荷平準化）（関西電力㈱ 巽実験センター2001年1月運転開始） ……………………………… 65
  4.3 1,500kWシステム（負荷平準化＋瞬低補償）（液晶工場　2001年4月運転開始） ……………………………… 65
  4.4 500kWシステム（負荷平準化）（大学　2001年7月運転開始） …… 66
  4.5 120kWシステム（負荷平準化＋消防非常用電源）（事務所ビル　2003年5月運転開始） …………………… 67
  4.6 100kW級多機能型システム（負荷平準化＋消防非常用電源＋瞬低補償）（事務所ビル　2004年12月運転開始） ……………………………… 68

第5章　シール鉛蓄電池による電力貯蔵技術　　辻川知伸

1　はじめに …………………………… 71
2　シール鉛蓄電池の原理とサイクル特性
　　の改善 ………………………………… 71
　2.1　シール鉛蓄電池の原理 …………… 71
　2.2　シール鉛蓄電池の構造材料 ……… 72
　2.3　サイクル特性の改善 ……………… 74
　2.4　サイクル用シール鉛蓄電池の電気
　　　　的特性 ……………………………… 75
　2.5　サイクル用シール鉛蓄電池の組電池
　　　　構造 ………………………………… 76
3　電力貯蔵システムの構成とシステム運用
　………………………………………… 77
　3.1　システム構成 …………………… 77
　3.2　構成要素 ………………………… 78
　　3.2.1　急速充電方法 ………………… 78
　　3.2.2　システム監視装置 …………… 79
　3.3　運用方法 ………………………… 81
4　課題と開発動向 …………………… 83
　4.1　電力貯蔵システムの課題 ……… 83
　4.2　蓄電池長寿命化の動向（サイクル
　　　　寿命）……………………………… 84
　4.3　適用領域拡大への動向 ………… 84
5　導入例 ……………………………… 85
　5.1　インテリジェントビルへの導入例
　　　　（UPSタイプ）…………………… 85
　　5.1.1　システム構成 ………………… 85
　　5.1.2　試験データ …………………… 87
　5.2　事務所ビルへの導入例（双方向
　　　　タイプ）…………………………… 87
6　まとめ ……………………………… 88

第6章　リチウムイオン電池による電力貯蔵技術　　寺田信之

1　はじめに …………………………… 90
2　原理および構造材料 ……………… 90
　2.1　正極 ……………………………… 93
　2.2　負極 ……………………………… 94
　2.3　電解質（電解溶液）……………… 95
　2.4　セパレータ ……………………… 96
　2.5　その他の材料 …………………… 97
　2.6　セル ……………………………… 97
　2.7　モジュール・電池パック ……… 97
3　開発動向 …………………………… 98
　3.1　日本における開発動向 ………… 99
　3.2　欧米における開発動向 ………… 105
　3.3　その他の地域 …………………… 107
4　導入例 ……………………………… 108
　4.1　運輸部門での電力貯蔵技術の導入
　　………………………………………… 109
　　4.1.1　電気自動車 …………………… 111
　　4.1.2　ハイブリッド電気自動車 …… 111
　　4.1.3　電動スクーター ……………… 111
　　4.1.4　その他の乗り物 ……………… 112
　4.2　定置型電力貯蔵技術の導入 …… 112
　　4.2.1　日立製作所／新神戸電機 …… 112
　　4.2.2　九州電力／三菱重工業 ……… 113
　　4.2.3　ジーエスユアサコーポレーション … 114

4.2.4　米国：DOE／SAFT ………… 114
4.2.5　カナダ：Avestor 社 ………… 115
5　おわりに ………………………………… 115

第7章　電気二重層キャパシタによる電力貯蔵技術　　杉本重幸

1　原理および構造材料 ……………… 117
　1.1　電気二重層キャパシタの原理 …… 117
　1.2　電気二重層キャパシタの材料と
　　　構造 ………………………………… 119
　　1.2.1　分極性電極 …………… 121
　　1.2.2　集電電極 ……………… 123
　　1.2.3　電解液 ………………… 123
　　1.2.4　セパレータ …………… 124
　1.3　電気二重層キャパシタを電力貯蔵に
　　　使用するための回路 ……………… 125
　　1.3.1　電気二重層キャパシタの充放
　　　　　電方法 ………………… 125
　　1.3.2　充放電回路 …………… 126
　　1.3.3　電圧分担均等化回路 ……… 127
2　開発動向 ……………………………… 129
　2.1　電気二重層キャパシタの開発動向 … 129
　2.2　電気二重層キャパシタ適用電力貯
　　　蔵装置の開発動向 ……………… 130
　　2.2.1　電気二重層キャパシタ式瞬低
　　　　　補償装置 ……………… 130
　　2.2.2　電気二重層キャパシタを適用し
　　　　　た直流電鉄用電力貯蔵装置 … 136
　　2.2.3　電気二重層キャパシタを用いた
　　　　　鉄道車両用電力貯蔵システム… 141
　　2.2.4　自然エネルギー発電との組み
　　　　　合わせ用途 …………… 143
　　2.2.5　電気二重層キャパシタ式緊急
　　　　　遮断弁 ………………… 146
3　導入例 ………………………………… 149
　3.1　電気二重層キャパシタ式瞬低補償
　　　装置 ………………………………… 150
　3.2　電気二重層キャパシタ式直流電鉄
　　　用電力貯蔵装置 ……………… 150

第8章　フライホイールによる電力貯蔵技術　　嶋田隆一

1　フライホイールの原理および構造材料
　　………………………………………… 152
　1.1　エネルギー密度 ……………… 153
　1.2　材質と形状 …………………… 155
　1.3　フライホイール軸受と損失 …… 156
2　開発動向 ……………………………… 157
　2.1　フライホイール電力貯蔵の利点 … 157
　2.2　フライホイールの開発課題 ……… 158
3　フライホイールの導入例 …………… 159
　3.1　核融合用電動発電機 ………… 159
　3.2　電車応用（フライホイールポスト） … 160
　3.3　短周期負荷平準化および電力系統
　　　の安定度向上用のフライホイール
　　　（ROTES） ……………………… 161

3.4 米国におけるフライホイール無停電電源（UPS）と瞬低対策フライホイール ……………………………… 165
3.5 今後の動向など ……………… 168

第9章　超伝導コイルによる電力貯蔵技術

1 SMESの原理 …………… **新冨孝和** … 172
　1.1 貯蔵原理 …………………… 172
　1.2 開発の歴史 ………………… 173
　1.3 特徴と用途 ………………… 173
　1.4 システム構成 ……………… 175
　1.5 超伝導コイルの構造 ……… 178
　1.6 設計例 ……………………… 180
2 開発動向 ……………… **仁田旦三** … 183
　2.1 SMESの特徴と応用 ……… 183
　2.2 SMESの用途 ……………… 183
　2.3 開発の歴史と現状 ………… 184
　　2.3.1 大容量SMESの開発 … 184
　　2.3.2 超電導マグネットを用いた
　　　　　SMESの開発（ハードウエア）… 186
　　2.3.3 実用化されたSMES ……… 189
　2.4 あとがき …………………… 190
3 実用化技術の開発と導入例 … **林　秀美** … 192
　3.1 国内のSMES開発と導入状況 … 192
　　3.1.1 九州電力の1MW/1kWhSMES
　　　　　の開発 ……………………… 192
　　3.1.2 中部電力の瞬低補償用SMES
　　　　　の実用化 …………………… 193
　　3.1.3 国家プロジェクトのSMES開発
　　　　　 ……………………………… 196
　3.2 海外のSMES開発および導入状況 … 200
　3.3 SMES導入促進に向けて ……… 202

第10章　パワーエレクトロニクス技術　**伊瀬敏史**

1 はじめに …………………………… 204
2 二次電池電力貯蔵におけるPCS … 204
　2.1 回路構成 …………………… 204
　2.2 太陽電池接続に対応した系統連系型ロードコンディショナ …… 204
　2.3 40MWh/10MW電池電力貯蔵システム ………………………… 206
3 超伝導電力貯蔵におけるPCS …… 209
　3.1 回路構成 …………………… 209
　3.2 マイクロSMES ……………… 210
4 フライホイール電力貯蔵におけるPCS
　　 ……………………………………… 212
　4.1 回路構成 …………………… 212
　4.2 UPSへのフライホイールの適用例 … 214
　4.3 電鉄変電所におけるフライホイール電力貯蔵の実施例 ………… 215
5 むすび ……………………………… 215

第1章　電力貯蔵技術の開発動向

大和田野芳郎[*]

1　電力貯蔵技術の用途

　電力貯蔵技術は，必要な時に電気エネルギーを貯蔵したり放出したりする技術であるが，これに用いられる技術や用途は多岐にわたっている。

　まず，用途を大規模な方から順に見る。最も大規模なものは，電力の日負荷変動のピークに電力を供給するための貯蔵設備で，総供給電力の10％程度の設備容量を目安として，出力が10MWからGWを越える規模の揚水式発電所が全国各地に建設されている。開発段階であるが圧縮空気エネルギー貯蔵（CAES）等もこの用途を目的としている。

　少し小規模になると，オフィスビルや学校，小規模エリアの昼夜間の負荷平準化を目的に，出力数百kWから数MWの二次電池が使われ始めている。

　また最近では，風力発電や太陽光発電の変動する出力を平滑化し，既存の電力系統へ接続する際の電圧・周波数変動等の影響を抑制する用途での二次電池の利用の実証試験が進められている。マイクログリッドと呼ばれる半自立的地域電力供給システム内の需給バランス調整にも二次電池の役割が期待されている。

　ここまでの電力貯蔵技術の用途は，電力供給システムの変動分の吸収，供給を助け，同時同量の制約と設備投資を緩和する潤滑剤としての役割と言える。

　一方，電力利用の信頼性の向上，移動体のエネルギー利用効率の向上，携帯機器へのエネルギー供給，等の比較的新しい用途でも，電力貯蔵技術の利用は急速に拡大している。

　短時間ではあるが大電流を必要とする特殊な用途のために，フライホイールや超電導磁気エネルギー貯蔵装置（SMES）が開発され小型化も進んでいるが，これらの一つの大きな用途は，工場の生産ラインや情報通信を支えるデータセンター等に必須な無停電電源への利用である。様々な長さの停電を二次電池やSMES，フライホイール等によってバックアップするだけではなく，データセンターでは，直流への変換も同時に行い内部に高信頼の直流電力を供給するシステムも構築されつつある。

---

[*]　Yoshiro Owadano　㈱産業技術総合研究所　エネルギー技術研究部門長

また，電車や自動車の減速時に発電して二次電池やキャパシターに蓄え加速時にモーターを駆動して用いるエネルギー回生への応用も，ハイブリッド自動車の普及に見られるように，急速に拡大が見込まれる。

個々の規模は小さいが，携帯機器への電力供給手段としての二次電池への需要も益々拡大している。

2 電力貯蔵技術の種類

上述のように，様々な用途で活躍が期待される電力貯蔵技術は，用いる貯蔵原理によって次のように大別される。

揚水発電	→	位置エネルギー
圧縮空気エネルギー貯蔵(CAES)	→	内部（圧力）エネルギー
フライホイール	→	運動エネルギー
超電導磁気エネルギー貯蔵(SMES)	→	電磁エネルギー
二次電池	→	電気化学エネルギー
電気二重層キャパシター	→	静電エネルギー（＋電気化学エネルギー）

種々の電力貯蔵方式の規模と利用時間のスケール，用途の概略を図1に示す。

図1において，水平軸の利用時間は用途から見た時間であるが，最近は全ての貯蔵技術に極力早い応答速度が求められており，二次電池，キャパシター等は図中の時間スケールより早い対応を行う場合が増えている。

二次電池には，鉛蓄電池（汎用），レドックスフロー電池（大規模貯蔵用），ナトリウム硫黄電池（大規模貯蔵用），ニッケル水素電池（ハイブリッド自動車，携帯機器用），リチウムイオン電池（電気自動車，携帯機器用）等様々な種類がある。

また，電気二重層キャパシターは，電極の材質や構造，電気化学的貯蔵の付加等の技術開発が現在進められており急速に性能が向上している。

以上は，貯蔵方式による分類であるが，貯蔵装置への電力の出入りを制御するパワーエレクトロニクスも電力貯蔵の必須の要素技術である。シリコン素子の容量拡大や高速化と共に，炭化珪素（SiC）等の新材料を用いた素子の開発も進められている。

第1章 電力貯蔵技術の開発動向

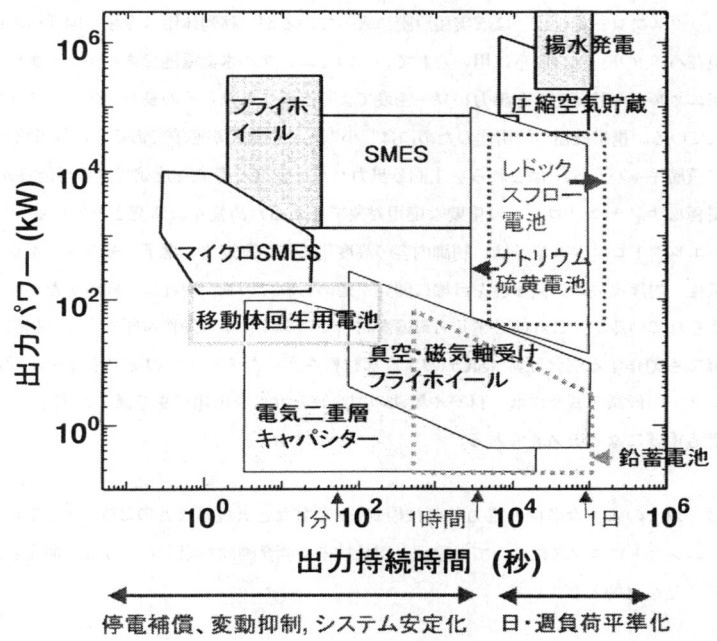

図1 様々な電力貯蔵技術の規模と出力持続時間

3 電力貯蔵技術の動向と将来

電力貯蔵技術は，電力利用の利便性の拡大，供給システムの能力や信頼性の拡大のみならず，時間変動の大きい自然エネルギーの導入拡大や，移動体のエネルギー回生のようにエネルギー全体の有効利用にも大きく貢献する重要な技術であり，その進歩にかかる期待は益々大きくなっている。

また，将来の電力貯蔵は，個々の要素が単独で機能するのみではなく，通信・制御素子を通して多数の分散型電源や負荷と連動したシステムの一部として機能することが想定され，これに応えるための性能の獲得が期待される。

今後の技術開発に共通して要求される課題には，①エネルギー貯蔵密度や出力パワー密度の増大，②長寿命化，③動作の高速化，④コストの低減，等が挙げられる。

フライホイールやSMESなど運動エネルギーや磁気エネルギーを用いるものは，寿命は長いが一般的に貯蔵密度は低いため，一層の小型化が普及のためには必須である。

一方二次電池は，一般的に貯蔵密度は高いが寿命が短い。大規模な定置用のナトリウム硫黄電

3

電力システムにおける電力貯蔵の最新技術

池やレドックスフロー電池は、ほぼ実用段階に入っているが、移動体用は今後の開発への期待が高い。現在ハイブリッド自動車に用いられているのはニッケル水素電池であるが、リチウムイオン電池がエネルギー貯蔵密度と出力パワー密度でより優れており、その長寿命化やコスト低減が求められている。携帯機器への用途のためには、小型化、軽量化が必須であることは当然である。

電気二重層キャパシターはこれらを上回る出力パワー密度と寿命を達成できる可能性があり、用いる電極はナノテクノロジーの重要な応用対象でもあるため盛んに研究されている。

パワーエレクトロニクス素子は、制御内容の高度化に伴い高速化、素子・モジュールレベルでの大容量化、内部損失の低減などを目標に開発が進められている。現在は、成熟したシリコン技術に支えられているが、これは必ずしも最適な材料ではなく、より動作電圧が高く、損失が少なく、高温でも動作する炭化珪素(SiC)のような材料を用いたデバイスの開発も盛んに行われている。コストの低減と普及には、材料や製法の開発等と共に、汎用化を意識した素子・モジュールの設計も重要になると考えられる。

本書は、以上のような各種の電力貯蔵技術(揚水発電など大規模なものは除く)とこれに用いるパワーエレクトロニクスについて、原理と現状技術や開発動向を紹介し、今後の開発と普及に役立てることを目的としている。

第2章　電力貯蔵技術の市場展望

諸住　哲*

1　はじめに

　電力貯蔵技術として真っ先に思い浮かべる用途は，夜間に電力を貯めて昼間の電力需要ピーク時に電力を放電し，電力需要を平準化するいわゆる"負荷平準化"である。特に，原子力発電を中心とした昼夜連続的に運転する大型電源の投資が盛んだった頃には，並行して多くの揚水発電所が建設され，"負荷平準化"は重要な電力会社の経営課題であった。

　しかし，電力貯蔵の用途は，必ずしも負荷平準化ばかりではない。電力貯蔵技術には揚水発電だけではなく，各種の蓄電池，圧縮空気貯蔵，フライホイール，電気二重層キャパシタ，超電導コイルと言った方式があり，それらは大容量の電力を貯めることで能力を発揮するものや，短時間に何度も電力の充電・放電を繰り返すことに長けている技術もある。現在では，このような電力貯蔵のそれぞれの特徴に合わせた，いろいろな用途が検討されている。この章では，電力貯蔵のいろいろな用途における技術開発の経緯と，今後の展望を述べることとする。

2　電力貯蔵の利用形態

　電力貯蔵の利用形態には，大きく分けて電気事業における利用と，電力消費側における利用に分けることができる。電気事業側における主な利用方法は，次の通りである。
- ・いわゆる負荷平準化と呼ばれるピーク電源代替ないしはベース電源需要の確保
- ・系統安定化などの系統運用・制御・保護を目的とした利用
- ・自然エネルギーなど出力が変動する電源の出力変動の抑制

これらのうち，最後の自然エネルギー電源に関しては，発電事業者が設置すべきと言う原因者負担の原則が国内では一般的であるが，電力会社以外の発電事業者を広義に電気事業の一端と解釈すると，電気事業サイドの利用と考えることができる。

　一方，最近は需要側にも電力貯蔵を置く例が出てきている。その用途としては，次のようなものが挙げられる。

---

*　Satoshi Morozumi　㈱三菱総合研究所　エネルギー研究本部　主席研究員

- 電気料金の時間帯差を利用しての負荷シフト
- 変動負荷への電力供給
- 回生エネルギーなどの蓄積
- 電力品質維持など

以下に，これら電気事業例，需要側での電力貯蔵の用途について解説を行う。

2.1 負荷平準化

2.1.1 電力貯蔵の使い方

　負荷平準化とは，夜間に電力貯蔵設備に充電することで負荷創成をおこない，昼間に貯蔵電力を放出してピーク需要をカットすることで，電力系統における昼夜間の需要格差を埋め，電気事業の発電設備の負荷率を向上させる電力貯蔵の使い方である。負荷率とは，電源の発電能力の何％を利用できたかを表す指標で，

$$負荷率（\%） = ある期間の発電量（MWh） \div （発電設備の能力（MW） \times 期間の長さ（h）） \times 100$$

で計算される指標である。この数字は発電設備の稼働率に直結しており，負荷率が上昇すれば端的には発電電力量あたりの発電設備建設コストの負担が軽くなる効果がある。このため，負荷率の改善は，発電コストを下げる効果が出てくる。

　また，原子力などのように一定出力で運転される電源が増えてきた場合，夜間のような需要が低い時間帯では需要の変動を吸収する電源が不足するが，電力貯蔵を導入することで夜間の発電出力を上げて調整力を確保する効果がある。

　この用途に適した電力貯蔵技術としては，揚水発電，圧縮空気貯蔵，電池電力貯蔵がある。一

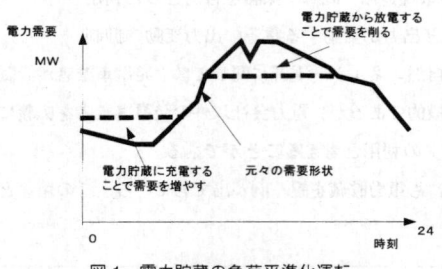

図1　電力貯蔵の負荷平準化運転

第2章　電力貯蔵技術の市場展望

般的には，図1に示すように5～8時間の充放電を行い，増分発電原価[*1]の安い夜間に電力を蓄積し，増分発電原価の高い昼間の電力をカットする事で燃料費において経済性が出てくるとされている。

2.1.2　電力貯蔵技術の導入状況

負荷平準化のための電力貯蔵で，最もポピュラーなのは揚水発電技術である。西暦2000年時点でのデータでは，全国に1472.4万kWの設備がある。揚水発電の電力貯蔵効率はおおよそ70％で，国内では中部電力の奥美濃発電所の150万kWが1箇所での出力最大のケースでもある。

10時間充電・7.2時間放電可能な蓄電池であるナトリウム硫黄（NAS）電池もこのような目的で当初開発された電池である。また，レドックスフロー電池もこのような目的に使えるように，kWh容量の大きな電池を用意している。欧米では，岩塩層や帯水層にコンプレッサーで圧縮空気を貯蔵するシステムCAES（Compressed Air Energy Storage：圧縮空気貯蔵）が開発されており，ドイツとアメリカで建設された実績がある[*2]。また，イギリスではRegenesysと呼ばれる，一種のレドックスフロー型電池電力貯蔵の開発も行われていた。この電池のシステムは，電解液として臭化ナトリウム水溶液，硫化ナトリウム水溶液を使用し，次式のような反応で電池の機能を果たすものである。

$$3NaBr + Na_2S_4 \longleftrightarrow Na_2Br_3 + 2Na_2S_2$$

この電池に関しては，現在開発の動きがストップしているものの，カナダの会社がライセンスを取得している。

1980年代には，アメリカ，ドイツ，プエルトリコなどで鉛蓄電池を用いた電力貯蔵システムがいくつか作られた。1時間程度の放電能力を持つものが大半で，負荷平準化ではなくピークカットを主たる目的に使っていたようである。アメリカのノースカロライナ州クレセントに設置されたシステムは，地域の配電組合[*3]が卸売電力会社の電力の販売単価が時間帯により大きく異なったことから，安い時間帯に電気を購入し高い時間帯の電力購入を削減するために用いられていた。このような事例から，負荷シフト可能な電力貯蔵は，電力自由化に伴い時間帯別で電力単価が大きく異なってくれば，売り手にとって価格リスクを回避する手段となり，経済性が成り立ちやすくなるという説がある。

---

* [*1] 発電出力を1kWh増やしたときの燃料費の増分。その時点で出力の増減の対象となる火力の燃料費特性で決まる。
* [*2] 1978年に旧西独フントルフで29万kWの商用プラントが運開し，1991年には米国アラバマ州マッキントッシュでも商用プラントの運転を開始している。
* [*3] 協同組合形式で配電設備を持ち，電力を販売する企業体。

電力システムにおける電力貯蔵の最新技術

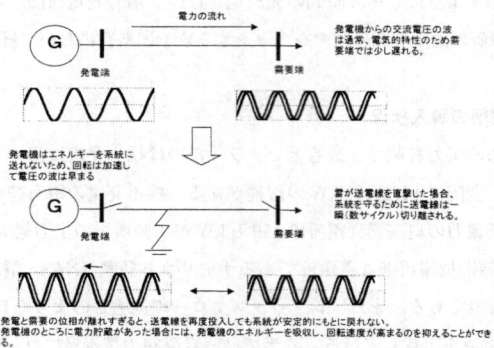

図2　発電機安定化のメカニズム

　亜鉛臭素電池はオーストラリアのマードックス大学で開発された電池で，過去に，日本でも技術開発に参加した企業がある新型電池である。現在は，アメリカの2社が事業化している。アメリカでは，CEC（カリフォルニア州エネルギー委員会）とDOE（連邦エネルギー省）のジョイントプロジェクトとして，2MW/2MWhの電池システムを配電用変電所に設置し，配電系統の容量を有効活用するプロジェクトのデモンストレーションに入るという情報が2004年に発表されている。

2.2　系統安定化などでの利用
2.2.1　電力貯蔵の使い方
　系統を安定にして，系統の送電能力を高める用途である。これには大別して2つの方法がある。
・系統事故時に発電所を安定に極短時間切り離し，再度連系する「高速再閉路」という事故対策において，発電機を安定に系統に戻すための系統安定化での利用（図2）
・電力系統の要所に設置し，電圧や潮流（電力の流れ）の動揺を動的に制御し，送電網の安定化を図る系統制御技術

　また，電力系統では50Hz，60Hzといった一定の周波数で運転されるが，需要の変動などに応じて細かく周波数が変動し，大きな電源や負荷の脱落時には周波数が電力会社の運用基準（±0.1～0.3Hz）を超えて変動することがある。この変動を吸収するような周波数変動抑制での電力貯蔵の利用方法も検討されている。

2.2.2　電力貯蔵技術の導入状況
　系統安定化や系統制御に関しては，古くから超電導エネルギー貯蔵（SMES）や，フライホイー

第2章 電力貯蔵技術の市場展望

ルといった即応性のある電力貯蔵の有望用途として検討されてきている。発電機の安定化に用いるタイプについては，国の超電導エネルギー貯蔵開発プロジェクトにおいても，系統安定化用SMESとして検討が進められている。

系統の要所に設置する用途に関しては，従来，同期調相機やSVC（Static Var Compensator）といった無効電力を供給できる装置が使われてきたが，電力貯蔵を用いた例がいくつか出てきている。アメリカにおいては古くは1984年に，北西太平洋岸ワシントン州タコマのボンネビル電力庁[*4]の系統において，30MJ/30MWの規模のSMESを試験的に設置している。この装置は，いまでも実系統に連系された最大規模のSMESとなっている。この装置は，パシフィックインタータイ（送電距離は2,500km）と呼ばれるワシントン・オレゴン地域とカリフォルニアを結ぶ大規模長距離送電線における0.35Hzの不安定振動抑制の目的で導入されており，SMESの導入でこの送電線において400MW送電能力を増加させることに成功している。また，2000年には米国ウィスコンシン州において小型のSMESであるマイクロSMESの一つである，アメリカン・スーパーコンダクタ社のD-SMESが，カナダ国境に近い周辺部の脆弱な系統の送電容量嵩上げの目的で数台導入されている。この地域は製紙関係の工場が多く，ペーパーミルによる系統への動揺波及が起こりやすい地域であるとされている。D-SMESは，この動揺吸収の役割も担っているとされているが，3MJの貯蔵容量で3MWの有効電力出力が確保できる一方で，無効電力の補償能力は最大18.4MVarまで確保できる仕様となっており，かなりSVCに近いSMESと言える。

日本では，沖縄電力が周波数安定化のために200MJ（55.5kWh），26MWのフライホイール発電機を導入している。これはROTESと呼ばれ，機械式軸受けを利用した縦軸型フライホイールとなっている。この装置は，充放電継続時間が7～8秒程度で設計されており，夜間の周波数調整能力の確保と，拓南製鉄所の電気炉の負荷変動を吸収し系統周波数への影響を抑える目的がある。

系統安定化などの用途は，国内の系統で500kV基幹送電線が拡充されてニーズは少なくなってきたものの，今後，電力需要の伸びが見込める中国や東南アジアでは系統が脆弱な場所が随所にあり，これらの国々での系統強化のニーズに答える技術となりうる。

2.3 自然エネルギーへの対応

2.3.1 電力貯蔵の使い方

分散電源の増加に伴い，再生可能エネルギーと位置づけられ，自然の条件に出力が左右される自然エネルギー電源の変動吸収としての電力貯蔵の利用が検討されている。特に，風力発電は世

[*4] 国営電力会社でコロンビア川の水力運用と，送電系統を管理している。

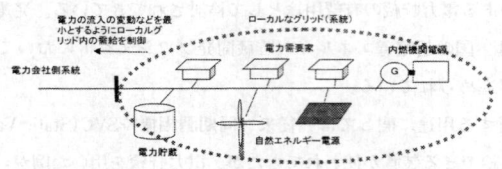

図3 マイクログリッドの概念

界的に導入台数が増えてきており，価格的にも火力発電に基づく原価にかなり接近してきた。大型の風車の場合，国内でも12万円/kW程度までコストが低減しており，平均風速4〜5m程度の風況ならば公的支援の元で十分な採算性を見いだせる段階になってきた。日本国内でも，風力の導入量は2003年度末で63万kWに達している。しかし国内の風力発電の80％は，風況の良い北海道・東北・九州の3地域に集中している状況で，風力発電立地が集中している電力会社においては風力の変動の系統周波数への影響を勘案し，接続できる風力の容量の上限を設定しはじめる状況となってきた。その対策として考えられるのは電力貯蔵による風力の出力変動の吸収である。

また，近年，「マイクログリッド」等のキーワードで語られる，図3のような自然エネルギー電源を含むローカル系統の制御に関しても電力貯蔵技術の必要性が認識されている。この技術は，ある系統にある分散電源と需要のバランスをとり，単独系統として運転するか，あるいは接続する他社の系統への影響を最小限に抑えようと言う技術である。

2.3.2 電力貯蔵技術の導入状況

風力の出力変動抑制に電力貯蔵を用いるアイデアに関しては，2005年より苫前のウインドファームにて新エネルギー産業技術開発機構(NEDO)事業としてレドックスフロー電池による，風力の短周期（20分程度より短い周期）の変動抑制実験が開始されている。それ以前に離島における実験事例としては，東京電力が2000年度より，八丈島風力発電所（出力：500kW）にNAS電池（400kW）を設置している。また，沖縄電力は，2,800kWの風力を設置している宮古島で，太陽電池と組み合わせたNAS電池（210kW×3時間）の実験を実施した。

このような動きに並行し，資源エネルギー庁では2004年より小委員会を設置し，2010年度までに300万kWの国の導入目標を達成するための検討を開始したが，その中で蓄電池による風力変動抑制効果が評価され，報道では2006年度より風力事業への蓄電池導入補助を立ち上げる方針が打ち出された。

このような検討は欧米でも始まっている。特にアメリカでは，エネルギー省などが，電力貯蔵技術を開発する資金援助プログラムを開発しており，レドックスフロー電池，亜鉛臭素電池，

第2章 電力貯蔵技術の市場展望

フライホイールなどを再生可能エネルギー電源の変動吸収に利用する検討を始めている。風力発電の導入量の多い欧州では、電力系統事故での風力発電の一斉脱落が問題視され、風力発電においても先の発電機の安定化のような問題が検討されはじめている。

また、風力発電は電力系統の周波数への影響のみならず、その短い周期での変動などが周辺の需要家に対してフリッカ[*5]として影響を与える可能性も指摘されている。このような対策としてはコンデンサなど使われてきたが、フライホイールや電気二重層キャパシタなど繰り返し充電に強い電力貯蔵技術での対応も注目されている。

太陽光発電に関しても電力貯蔵との組み合わせが注目されている。現在の家庭用3kV太陽光発電設備でもオプションで鉛蓄電池による電力貯蔵が可能となっている。2005年8月に報道されたメガソーラー構想[*6]においても蓄電技術による系統連系実験を主たる目的で実施されるとされている。

マイクログリッド等のローカル系統での電力貯蔵の利用は、新エネルギー産業技術開発機構（NEDO）の実証研究などで実証段階に入っている。例えば、2005年より運転を開始する八戸市のプロジェクトでは、下水処理場で発電したバイオマス発電および小型風力や太陽光発電の電力を、5kmを超える自営線で市役所などに供給するが、この系統においても蓄電池は需給のバランスをとる装置として導入されている。

2.4 電気料金の時間帯差を利用した負荷シフト

2.4.1 電力貯蔵の使い方

この形態の電力貯蔵の使い方は、電力系統での揚水発電等の負荷平準化での電力貯蔵の利用方法を需要家において行うのと同じである。このような考え方は、電力貯蔵を利用したものが登場する以前は、熱の貯蔵（蓄熱）を中心に展開されてきた。例えば、電気温水器である。日本の電気温水器は夜間電力割引が前提で普及が図られ、夜間の電力需要の創生に寄与してきた。その後に続いたのは、エコアイスなどの氷蓄熱技術である。

電力貯蔵に関しても、同様の市場を狙って研究が進められてきた。夜間充電を前提にした電気自動車も一種のその応用である。純粋に電力を蓄電して電気で利用する概念は、電力中央研究所がロードコンディショナーという名前で概念提案してきたが、NAS電池などの新型電池が開発されて、その市場として電力需要家での利用が注目されてから本格的に商品として登場することとなった。

[*5] 短いサイクルの電圧の変動。人の目には電灯のちらつきなどとして感知し、ストレスを与える。
[*6] MW規模の大型太陽光発電のこと

2.4.2 電力貯蔵技術の導入状況

この用途における電力貯蔵は，分散型でありながら長時間の充電・放電が可能なことが条件で，現時点ではNAS電池が最も有利な状況にある。NAS電池に関しては，東京都が都立羽田地区総合学科高等学校に200kWの電池を導入したほか，葛西処理場（江戸川区）において1,000kWの大規模な設備を導入している。以降，NAS電池は製造ライン化できるほどの需要を確保し，2005年時点では年産60MWのレベルに達している。

2.5 需要の変動に対する対応
2.5.1 電力貯蔵の使い方

需要の増減が短時間に繰り返し起こるような場所において，電力貯蔵により電力供給側の負担を減らす電力貯蔵の利用方法で，「負荷変動補償」とも呼ばれる応用方法である。代表的な変動負荷としては，ITERに代表される核融合実験施設や加速器実験設備，鉄鋼などの圧延負荷，磁気浮上列車・新幹線などの電気鉄道の電力需要などが挙げられる。

特に，上記に挙げた変動負荷は数十秒〜数分の間に，10MW〜数100MWのオーダーで需要が変動する。電力貯蔵は，負荷が小さい段階で電力を蓄積し，負荷が大きくなったときに放電することで，電力系統などの供給側からの流入電力をならし，電圧の変動などを回避するように機能する。

2.5.2 電力貯蔵技術の導入状況

代表的な例である核融合の分野では，1985年より稼働している茨城県那珂市にある核融合実験設備「JT-60」において，核融合実験用のコイル励磁用電源，および加熱用電源としてフライホイール付電動発電機が使われている。JT-60は，全エネルギーが8GJに及ぶ大電流・大電力のパルス状電力負荷が発生するため，商用電力系統から直接受電する際の周波数変動や電圧変動の条件を満たすことが出来ない。このため，受電条件では賄いきれない部分を補うという目的でフライホイール発電機が導入された。これは，大型の交流発電機にフライホイールを付けたり，発電機自体の慣性力を大きく設計してエネルギー貯蔵効果を高めた発電機で，全部で3台，総容量は110万kVAの発電能力をもたせている。蓄積放出エネルギーは3台あわせて8GJ (2,200kWh) となっている。

残念ながら欧州に立地が内定した，次の世代の熱核融合実験炉（ITER）においては，さらに大きな電力貯蔵のニーズがある。これまで検討されてきた公表資料[1]において，当時立候補していた六ヶ所村，那珂市などの立地候補地点の電力系統の事情に合わせたフライホイール発電設備の導入が検討されている。その時点に想定された熱核融合炉ITERの負荷変動パターンは次のようになっている。

第2章 電力貯蔵技術の市場展望

・1,000秒弱の間に0MWから最大460MW近くまで電力需要が増大する。
・その他，短時間に250MWの負荷増加，300MW近い負荷減少が起こるほか，350MWのピーク需要の状況で10秒間にさらに100MWのパルス的電力需要が発生する。
・400MVarの無効電力の需要が500秒ほど発生する。

このため，各立地点候補の電力系統事情を考慮して，
・出力　　　　　　　20万kW
・エネルギー貯蔵容量　2～4GJ（0.556MWh～1.112MWh）

のフライホイール装置が必要と評価している。

　電気鉄道のケースでは，既に，京浜急行において電車が回生制動[*7]をかけた際に架線に戻る電力を吸収するためのフライホイールが設置されて20年近く経過する。これは，直流の架線に回生した電力を戻すと架線の電圧が上がり回生性能が低下するので，それを防止するためである。同様なメカニズムの実験は，さらに遡って旧国鉄が鉛蓄電池で実験を行ったが，現在はJR総合研究所で電気二重層キャパシタを使ったシステムの可能性などを研究している。欧州でも，ドイツなどでフライホールを使った通勤電車の回生制動電力の吸収・再利用を検討しており，特にこの分野はフライホイール，電気二重層キャパシタなど充放電の繰り返しに強い電力貯蔵に向いた適用対象と考えられている。

　磁気浮上列車や新幹線用変電所の需要変動を平滑化することにも電力貯蔵の応用が検討されている。これらの変電所は，列車が通過する際に10～20MW程度の電力需要の変動が見込まれている。超電導エネルギー貯蔵（SMES）における負荷変動補償用途として，国の開発プロジェクトにおいて将来の導入先ターゲットのひとつとして取り上げられている。

2.6　電力品質対策としての用途
2.6.1　電力貯蔵の使い方

　1990年代の終盤から米国で電力品質管理の重要性が話題となっていた。この中で，「9-9の伝説」という有名な挿話がある。これは，「最も厳格な電力品質を要求する情報系の電力需要では，供給信頼度99.9999999%を要求される」という話である。0.0000001%の停電確率は1年間あたり0.03秒を意味しており，瞬時電圧低下（瞬低）により情報化社会はダメージを受けるという示唆である。世界各国の電力に関する供給信頼度は99.9～99.99%のオーダーで，それ以上の信頼度を要求する場合には無停電電源等による需要家の自己防衛が必要とされると言う意味である。このような話題が出てきた背景には，電力品質市場が電力貯蔵技術にとって最も至近の有力市場

＊7　電車の電動機を発電機とし，電車の運動エネルギーを電気に変えて架線にもどすことでブレーキをかける方法。

電力システムにおける電力貯蔵の最新技術

であると見られたためである。

電力品質には，停電が少ないといった供給信頼度の問題の他に，電圧や周波数などが品質の重要な要素となる。日本のような供給信頼度の高い国では，もはや停電は数年に1回程度しか経験しない状況となっている。また周波数は，停電に至るような重大事象を除けば，ほとんどのケースで，基準となる周波数の前後 0.3Hz 以内に収まっており，JIS規格で10%の周波数変動への耐性を規定されている大部分の機器は通常起こる周波数変動の影響をほとんど受けないのが現状である。しかし，電圧に関しては，1秒に満たない極短い時間の間に20%以上も電圧が落ちる現象が日本のように電力系統が強固な国でも1需要家あたりで見ても年間数回〜数十回も経験される。そのうち何回かは，需要側の機器や連系している発電機を停めることがあり，需要家に経済的被害を与えることが現実に起こっている。このような瞬間的な電圧の低下は瞬時電圧低下（略して瞬低）と言われる。

瞬低に関しては，これまで自主的な調査活動によって分析された情報が各国とも唯一のよりどころであった。現時点では，米国ではIEEEの調査[2]，日本では電気協同研究[3]における調査が最もオーソライズされている情報である。欧州に関してはSIEMENSなど電機メーカーが情報を紹介している。日本の電気協同研究の調査では，日本国内で20%以上電圧が下がる瞬低は需要家あたり年間平均5回くらいとしている。また，米国のIEEEの報告では，20%以上電圧が下がる瞬低の発生頻度は平均16.3回としている。

瞬低が発生した場合に，最も被害金額が大きくなる可能性のある産業は半導体製造業，業務部門ではデータセンターなど電算機が集約されている施設であるとされている。電気協同研究の調査では，12件の産業需要家にヒアリングが実施されているが，1回あたりの被害額が最も多いのは半導体産業で，1回あたりの瞬低による被害は1億円程度という数字が示されている。その他の産業は数百万円〜数千万円の被害額であると回答している。SIEMENSのホームページのデータでも，半導体産業での瞬低被害額は0.7百万ユーロ，プラスチックやガラス産業が0.4百万ユーロ，その他の産業が 0.15 百万ユーロ程度と評価している。

米国IEEE（電気電子学会）においては，規模別に産業需要家の瞬低被害額算定が可能な停電コスト関数を示している。米国 American Superconductor 社の分析では，半導体産業のウエハーの加工工程に基づいて，半導体産業での瞬低1回あたりの最大被害を 0.5〜2百万ドルと推定している。米国の電力研究機関EPRIの調査結果によると，一般に1時間の停電により工場で発生する被害金額は，半導体産業で最大100万ドル（1億円），その他の産業では数千万円オーダーの被害金額となるとされている。しかし，半導体産業などについては，実際の瞬低による被害金額はもっと大きく，1回あたり数億円〜10億円近くになることがあるようである。半導体産業が瞬低に弱い理由は，微細加工などを行っている製造装置の精密さが影響をうけることもあるが，

第2章 電力貯蔵技術の市場展望

半導体の歩留まりを左右するクリーンルーム環境が瞬低により破壊され，半導体製品の不良品が極端に出るためと言われている。この影響は時として，出荷後に判明することもあり，極めてやっかいである。シリコン半導体プロセスは非常に長く，長いもので13週間かかるが，その過程でクリーンルーム環境が壊れると多大な数の製品が不良となり，ひいてはメーカーの信用にもかかわる重大問題になる。

業務分野においても瞬低被害が出やすいものがある。情報通信分野の需要家である。代表的な米国のコンサルタントの分析事例として，データセンターの1時間の業務停止による各業務サービスにおける被害額の推定結果では，株取引などの分野で1時間に5,000万ドル～7,000万ドルという多大な被害が出ると考えられている。瞬低や停電は，サーバ等を停止させ，このようなビジネスの機会損失を起こす重大な問題と考えられている。

このような中，電力貯蔵装置は電力品質対策に有効な技術で，いわゆるUPSと呼ばれる無停電電源装置は主に鉛蓄電池を電力貯蔵要素として使っており，その他電気二重層キャパシタを含むコンデンサ，新型電池，SMES，フライホイールなど多くの電力貯蔵技術の開発者が，電力品質対策市場に参入してきている。

2.6.2 電力貯蔵技術の導入状況

この分野の最もポピュラーな商品はUPSである。これには，「常時常用」と呼ばれる電池が挿入されている直流部分を常時介して重要負荷に供給するタイプと，「常時商用」と呼ばれる電力系統側の電圧異常を検知すると周波数の1サイクル以内（0.02秒以内）に電力貯蔵から交流電力を供給するタイプがある。一般的にはUPSは，常時常用タイプで完全に無瞬断でバックアップするように作られているが，交直変換部を必ず電力が2度通過するため，全消費電力の5～8％をロスすることになる。このため電力損失を抑えるため，最近では常時商用タイプのバックアップ装置を指向する需要家も増えてきた。欧米の市場調査会社の報告などを総合すると，100kVAを越える大型UPSの世界市場規模は，10,000台を越えるものと推定されている。また，国内の市場規模は，電気日々新聞で集計している情報などを見て判断すると，世界市場の5％程度と見られる。

UPSは停電でも対応できるバックアップ装置であるが，頻度の多い瞬低にのみ割り切って対処するバックアップ装置の技術開発が1990年代後半より活発になってきた。

代表的な装置は，S&C Electricにより開発された鉛蓄電池を利用した変電所／受電点設置型の瞬低対策システムであるPure Waveがある。これは，25MWのバックアップ能力を持っており，30秒程度の負荷の保護ができる。アメリカ国内の半導体工場の受電点に設置され，その効果を実証した。ごく小容量の電池でバックアップする装置は，国内でもSPSと呼ばれておりUPSに比べて1/4という低価格から，瞬低対策の必要性のみに割り切って導入する需要家のニーズ

15

に応えて市場をのばしている。

　その他、米国では亜鉛臭素電池を用いたZBB社の可搬システム、日本国内では技術改良が加わったナトリウム硫黄電池、バナジウムレドックスフロー電池が瞬低対策市場に参入し、半導体工場や液晶工場に設置され、電力品質維持対策としてのデモンストレーションを実施している。

　競合技術の一つはコンデンサである。コンデンサに自励式半導体変換器を接続した無効電力を補償する電力用装置は一般にSVCないしSVGと呼ばれている。これを瞬低対策に応用して極短時間にコンデンサに蓄積されたエネルギーで有効電力の補償も利用するタイプの瞬低対策装置を、欧米ではDVR（Dynamic Voltage Regulator）やSTATCOMと呼んでいる。SIEMENSが開発した装置[*8]は、1ユニットで2MVAの容量、4MJ程度のエネルギー貯蔵能力を持っており、200ミリ秒程度の電力供給能力を持っていた。日本国内でもコンデンサを使った瞬低対策装置を日新電機が商品化している。その他、コンデンサの一種である電気二重層キャパシタを用いた装置も指月電機が開発しており、いずれも2MWクラスの装置を商品化し、高圧契約をしている工場を丸々バックアップできる規模の装置となっている。

　超電導エネルギー貯蔵SMESに関しては、3MJ規模の貯蔵容量を持つ装置が商用化している。American Superconductor社が産業向け電力品質対策用としてマイクロSMES（図4）を市場化している。このシステムはトレーラ搭載型となっている。3MJ-1.7 MW、無効電力出力1.7～4.0 MVAのPQ VRと呼ばれる常時常用型と、3 MJ-2.5 MW、無効電力出力3.0～8.0 MVAのPQ IVR™と呼ばれる常時商用型のマイクロSMESが製品として用意されている。国内では、SMES国プロの受託者である中部電力が独自に、瞬低対策としてのSMESの開発を行っており、シャープ亀山工場での実証を現在進めている。同工場は、液晶テレビを生産する国内の最新鋭の主力工場である。テクノバ・NIFS（核融合研究所）を中心とするグループは、NEDOの補助金を受けて、1MW

図4　American Supercondctor社のマイクロSMES（筆者撮影）

---

*8　この事業は後にS＆C Electricに事業が売却されている。

16

第 2 章　電力貯蔵技術の市場展望

級瞬低対策用SMESの開発を行っている。2004年には，超電導コイルの試作を行い，NIFSでの励磁試験に成功している。

　一方，米国勢のActive Power-Caterpillarや，欧州勢のUrenco，Pillar，Hitecなどの企業が瞬低対策をメインとするフライホイールシステムを開発している。また，超電導軸受けを利用したフライホイールをBoeingが開発しており，この装置も瞬低を含む電力品質市場を狙っているといわれている。これらの中には，短時間帯のバックアップ能力が1台で，1,500kVA近くになるものがあり，また非常用発電機と連動した装置も売り出されている。これらのメーカーのいくつかは既に日本の企業と代理店契約を結んでおり，日本でも購入可能な装置がある。また最近では，小型の国産のフライホイール装置も販売されはじめている。

3　電力貯蔵の市場展望

　1990年代頃から，電気事業での応用技術と見られていた電力貯蔵技術が，需要家側でも受け入れられる技術となり，市場化の動きが活発になってきた。特に電力品質市場に関しては2000年頃から市場導入商品ないし実証設備が登場しはじめている。しかし，電力貯蔵の市場は，実は電気事業の考え方，電気事業と需要家の間の様々な責任分担のあり方が強く影響する市場である。そのため，市場の存在感は霞がかかったようなモヤッとした感じがつきまとっており，立ち上がりつつある電力品質市場に関しても，参入事業者は市場の拡大を急がない傾向がある。これらの問題をふまえて，分野別の市場展望を行う。

3.1　電気事業での電力貯蔵

　我が国の電源構成における揚水発電の比率はおおよそ5％程度である。日本のようにベース電源を原子力発電のように出力の調整を行わない電源で構成されているような電力系統では夜間の調整力を確保するために揚水発電のような負荷平準化を目的とした電力貯蔵がある程度必要になる。2004年に国の審議会である総合エネルギー調査会の需給部会から出された我が国の長期需給見通しによると，2030年までの電力需要の平均伸び率の予想は年率0.9％である。2030年まで新たに運転開始する原子力はわずか6基という予想である[4]。このような状況から，従来，電源開発の主要な対象の一つであった揚水発電の建設計画は，今後大幅に減少する。また，系統安定化などの用途についても500kVの基幹送電線の整備が進み，系統自体が強固になってきたことから日本国内でのニーズは後退している。

　しかし，国外に目を向けると，中国，東南アジアなど今後電力系統を拡充しなければならない国々があり，そのような国々で新しいニーズが生まれてくると思われる。代表的な事例はベトナ

ムで，北のハノイと南のホーチミンに需要と電源が偏在しているが，その2カ所を結ぶ送電線が整備されつつある。ここでは，距離が長く安定性に問題が出てくる一方，中部地域に揚水発電を建設するニーズがあると言われている。インドシナ半島では，中国南部とベトナムの間の電力融通が一部始まっており，将来的にはタイやマレーシアなどと国際間の系統連系を構築する構想もあり，そのような構想から負荷平準化，系統安定化のための電力貯蔵のニーズが出てくる可能性がある。

3.2 電力自由化と電力貯蔵

1998年の北米東海岸の電力卸売市場で起こった，プライススパイクという短時間の電力価格の高騰現象や，カリフォルニアの電力危機を通じて，電力市場の特徴が理解されてきた。一般的な市場では価格が高騰すると消費が減少することで価格の高騰が抑えられる価格弾性があるのが普通である。しかし，電力市場ではこの価格弾性が乏しく，価格が高騰しても需要が減少しにくいことが解ってきた。そのため，現在，欧米ではどのようにすれば電力市場で価格弾性を持たせることができるかの検討がされている。そのうちの一つは，従来の需給調整契約同様，需要側がほしいという電力について，ある条件では買わないと言う設定を行って買いの入札を入れるような方法を採ることである。もう一つの方法は，電力貯蔵で需要をシフトする方法である。この場合，だれが電力貯蔵設備を持つかが問題となる。電力を売る側から見れば，高値で売れる局面で価格を下げるような設備を持つことは考えにくい。従って，電力貯蔵を持つ可能性は，送電設備をもつ中立の系統保有者か，需要側である可能性が高い。電力貯蔵が電力市場の価格安定のために導入されたという事例はまだ出ていないが，同様な能力を持つ貯水池式水力が価格安定に貢献するという見解が強いので，今後，電力市場の価格変動が大きく問題になった場合には，電力貯蔵が脚光を浴びる可能性がある。また，電力貯蔵の出力調整能力に注目して，電力貯蔵をアンシラリーサービス[*9]に使うことも検討されている。現在は開発がストップしているが，Regenesysと呼ばれるイギリスで開発された電池システムの主な目的は，アンシラリーサービス提供能力の確保にあった。このような能力は，欧米で風力のような出力の制御しにくい電源が増えることで，再び脚光を浴びるものと思われる。

3.3 自然エネルギーの導入と電力貯蔵

2005年の前半に開催された国の新エネルギー部会の下の小委員会[5]において，2010年における風力の導入目標300万kWを達成する上で，蓄電池が有効であるという見解が出された。これ

---

*9 周波数調整能力など系統運用に必要な能力を発電側から系統運用者に有償で提供すること。

第 2 章　電力貯蔵技術の市場展望

により，2010年に向けて数十万kWの電力貯蔵の市場が出てくる可能性が出てきた。自然条件に左右される新エネルギーの発電の変動を抑制する目的での電力貯蔵の有効性は前から注目されてきており，自然エネルギー電源が使われるマイクログリッドと呼ばれるローカル系統での需給調整での電力貯蔵の市場も期待されている。

ただし，この分野の電力貯蔵は自然エネルギー事業者やマイクログリッドを導入する側にとってコスト増の要因になる。従って，電力貯蔵なしで電力会社の電力系統と接続できるのならば，そちらの方が経済的であるという構造を持っている。従って，電力会社が新エネルギーやローカルグリッドの接続にどのような条件を付けるかにより電力貯蔵の市場が大きく左右されることになる。この問題は，純粋な技術問題だけではなく電気事業のあり方など社会・経済の問題が含まれており，現在も議論の最中である。このようなことから，この分野での電力貯蔵の市場規模はまだ手探りの状況にある。

3.4　需要家側に設置される電力貯蔵

電力品質対策や負荷変動の吸収の目的での電力貯蔵の導入も最近注目されている。これらの市場の有望性は，需要家側の損失がどう回避されるのかによって変わってくるのは容易に理解できる。電力品質対策は，特に瞬低による操業支障，不良品発生の問題がどの程度であるかが強く影響する。すでに，1回の瞬低で億円規模の被害が出ることがはっきりしている半導体，液晶関係の工場では数十億円規模のコストをかけて対策をすることが常識となっている。その他の産業でも，繊細な製品が増える事業では徐々に電力品質対策が浸透しつつある。しかし，2000年頃に予想されていた情報通信のバックアップ市場については，サーバが集約的に設置されるデータセンターの増加が思ったより進まなかったことから，やや期待はずれになっている。これは業務用

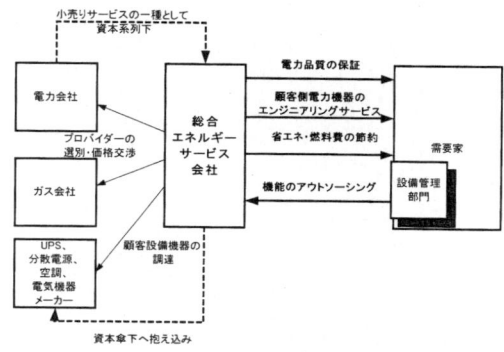

図 5　電力貯蔵によるバックアップ設備のサービスを含む総合エネルギーサービスの概念

19

サーバが思ったよりも社会に分散されて配置される傾向となっていることも影響している．従って，現時点でも，図5のような形態の電力品質に関するビジネスを含む総合的エネルギーサービスの事業の成長が期待されているものの，爆発的拡大とはならなかったため現在ではじっくり成長させるべき市場と考えられている．

　負荷変動の吸収に関しては，需要家側になかなか積極的に導入するインセンティブが湧きにくい分野である．電力の基本料金は30分単位の計量で決まる最大電力により決まるため，30分より短い負荷変動をならすことは電力契約全額の節約にはつながらない．自所の発電設備の燃費が上がるとか，あるいは電力系統に接続する際の技術要件（フリッカなど）を守るために必須であるなど特殊な条件がどうしても必要な状況にある．負荷変動の問題は自然エネルギー電源と同様に，電力会社側から提示される連系要件に左右される要素もあり，電力貯蔵にとって比較的見通しにくい市場となる．

文　　献

1) ITERサイト適地調査専門委員会編「ITERサイト適地調査報告書（平成13年）」
2) "IEEE Recommended Practice for Design of Reliable Industrial and Commercial Power System"，IEEE
3) 電気協同研究「瞬時電圧低下対策」（平成2年7月）
4) 経済産業省「2030年のエネルギー需給展望（中間とりまとめ）」（平成16年10月）
5) 経済産業省「風力発電系統連系対策小委員会中間報告書」（平成17年6月）

第3章　ナトリウム硫黄電池による電力貯蔵技術

中林　喬*

1　はじめに

　フォードモーター社の技術者が安定なナトリウムイオン伝導膜があればナトリウムと硫黄を組み合わせた高性能な蓄電池が構成できると考え，ガラス電解質の研究過程でベータアルミナセラミックス材料が安定した固体電解質として使用できることを見出した。その成果をもとに1967年にナトリウム硫黄電池の基本原理を発表した[1]。その後，各研究機関が一斉に開発を開始し，米国，欧州および日本で長年にわたり研究開発が進められ，電力貯蔵用に日本で実用化されている。

2　原理および構造

2.1　ナトリウム硫黄電池の原理

　ナトリウム硫黄電池は負極に金属ナトリウム，正極に硫黄，両極を区画するセパレーターとしてナトリウムイオン伝導性をもつ固体電解質（ベータアルミナ）から構成される。図1に示すように放電時には負極のナトリウムがイオン状態で固体電解質内を移動し，正極の硫黄と反応する。ナトリウムがイオン化する際に放出される電子は外部回路を通過して硫黄極に到達し電流を

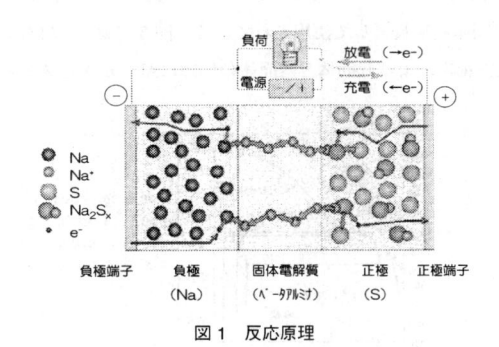

図1　反応原理

＊　Takashi Nakabayashi　日本ガイシ㈱　電力事業本部　NAS事業部　専門部長

取り出すことができる。放電時には負極内のナトリウムは正極に移動し、正極内にはナトリウムと硫黄の化合物（多硫化ナトリウム）が生成する。放電後に直流電源を接続して放電と逆方向に電流を流すと、正極に移動していたナトリウムイオンが負極に戻り充電することができる。
負極および正極の充放電反応は以下の通りである。

放電　負極　　$2Na \rightarrow 2Na^+ + 2e^-$
　　　正極　　$XS + 2Na^+ + 2e^- \rightarrow Na_2S_x$
　　　全反応　$2Na + XS \rightarrow Na_2S_x$

充電　負極　　$2Na^+ + 2e^- \rightarrow 2Na$
　　　正極　　$Na_2S_x \rightarrow XS + 2Na^+ + 2e^-$
　　　全反応　$Na_2S_x \rightarrow 2Na + XS$

2.2　固体電解質

固体電解質のベータアルミナはアルミニウム、酸素、ナトリウムから構成される結晶で、ナトリウム硫黄電池に使用するには粉体を有底管状に成形、焼成して用いる。Na_2O-Al_2O_3の状態図[2]を図2に示す。ナトリウム硫黄電池に使用されるベータアルミナは図2に示されるβ-Al_2O_3もしくはβ''-Al_2O_3である。これらの化合物が得られる組成域は狭い範囲に限定されており、特に焼成時のナトリウム濃度管理が重要である。β-Al_2O_3結晶の安定度は高いが、結晶中に存在するナトリウム量が少なくイオン伝度抵抗が高い。一方のβ''-Al_2O_3は結晶に含有されるナトリウム量がβ-Al_2O_3に比較して多く、ナトリウムイオン伝導抵抗を低くすることができるため、ナトリウム硫黄電池の固体電解質として使用されている。図3にはβ''-Al_2O_3の結晶構造[3]を示す。結晶構造はO^{2-}の立方細密による八面体と四面体の間隙にAl^{3+}が入るスピネルブロック構造で、

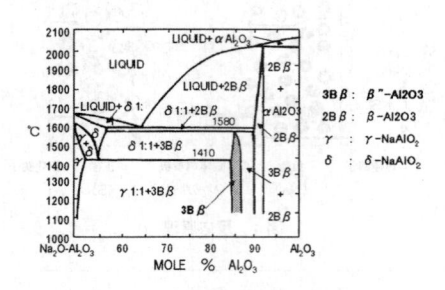

図2　Na_2O-Al_2O_3系の状態図

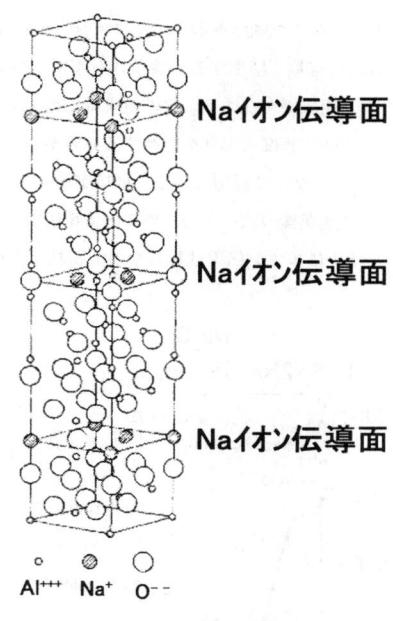

第3章 ナトリウム硫黄電池による電力貯蔵技術

図3 $\beta''\text{-}Al_2O_3$の結晶構造

ナトリウムイオンはスピネルブロックにはさまれたNaO層内に存在する。従って，$\beta''\text{-}Al_2O_3$結晶内のナトリウムイオンはNaO層のみを伝導する性質を持つ。結晶構造を安定化させるためにMgOやLi$_2$Oが添加物として加えられる。Li$_2$Oで安定化した$\beta''\text{-}Al_2O_3$は低い抵抗が得られるが，湿度に対して影響を受けやすい。一方のMgOで安定化した$\beta''\text{-}Al_2O_3$は湿度に対しては影響を受け難いが，抵抗を下げる工夫が必要である。単結晶のNaO層は強度的に弱く剥離しやすい性質があり，ナトリウム硫黄電池の固体電解質は単結晶をランダムに配向させた多結晶焼結体として使用される。ナトリウムおよび硫黄中の不純物は固体電解質に悪影響を与えることがあり，特にアルカリならびにアルカリ土類の金属元素混入には注意が払われている。

2.3 動作温度

ナトリウム硫黄電池は約300℃で充放電を行う必要がある。正負極が固体状態では物質の拡散が悪く，ごく僅かの表面層しか反応に寄与しない。電池内に充填されたナトリウムと硫黄を有効に利用し容量を高めるためには正負極とも液体状態に保たなければならない。負極の金属ナトリウムは融点が98℃であるが，放電により正極に生成する多硫化ナトリウムは図4[4]に示すよ

うにナトリウムの含有量により異なった融点を示す。充電状態の正極は硫黄100%であるが，放電の進行に伴ないナトリウムの含有量が増加する。硫黄含有率が80%から70%に至る間に融点が285℃となる多硫化ナトリウム組成が存在する。この組成域を越えて放電を進行させるためには液体状態を保つことができる300℃程度の温度を維持する必要がある。更に放電を進行させるとNa_2S_3の組成付近で多硫化ナトリウムは固相となり，抵抗が増大して放電ができなくなる。

充放電を300℃で行う必要性は硫黄極の液相保持以外に固体電解質に関連する理由がある。固体電解質に用いるベータアルミナはイオン伝導性物質なので抵抗は温度に逆比例する。図5に

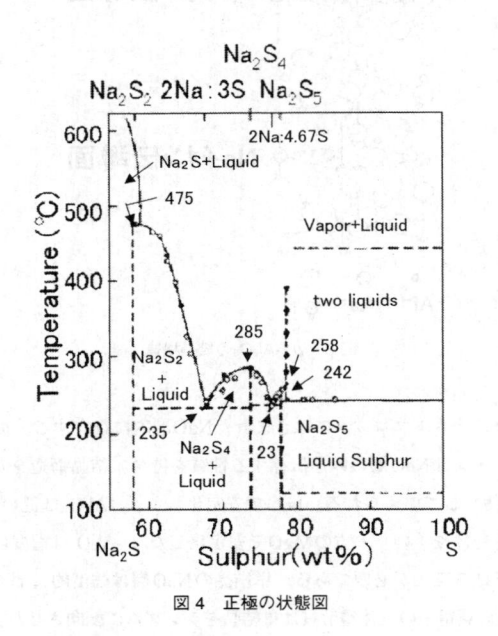

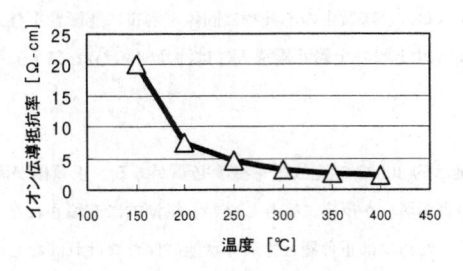

図4　正極の状態図

図5　ベータアルミナのイオン伝導抵抗

第3章 ナトリウム硫黄電池による電力貯蔵技術

はベータアルミナ($\beta''\text{-}Al_2O_3$)のイオン伝導抵抗率を示す。ナトリウム硫黄電池の内部抵抗を低減し充放電時のエネルギーロスを少なくするために固体電解質の抵抗を低くできる約300℃の温度域が選択されている。

2.4 電圧

ナトリウム硫黄電池の起電圧は負極電位と正極電位によって決定される。負極のナトリウム電位は放電の深度によらず一定であるが、正極は放電状態により多硫化ナトリウムの電位が変化する。図6には放電深度に対する起電圧特性[4]を示す。完全充電状態から正極組成がNa_2S_5域までは約2Vの平坦な電圧が得られ、更に放電を進行すると放電深度に従い起電圧は低下する。この電圧挙動は正極の多硫化ナトリウムの状態に関係している。図4に示されるように正極組成が硫黄100%からNa_2S_5域までは硫黄とNa_2S_5の2液層が存在し、この域においては硫黄が存在するために一定の電位が得られる。更にナトリウムが増加すると生成する多硫化ナトリウムが一層の液体状態となり、ナトリウムの含有率に対応して起電圧が低下する。

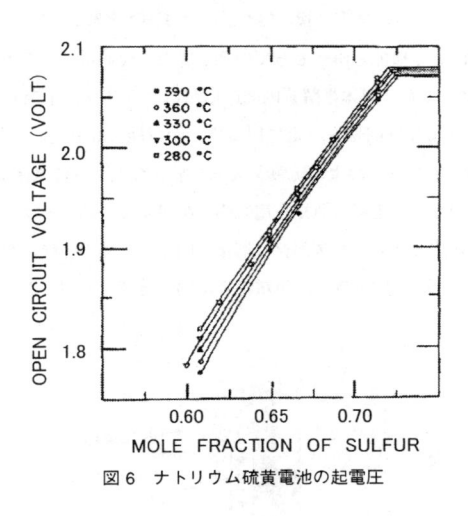

図6 ナトリウム硫黄電池の起電圧

2.5 単電池の構造

ナトリウム、硫黄および固体電解質から構成される最少単位を単電池と称する。図7には単電池の基本構造を示す。単電池は円筒形状で固体電解質管の内部が負極、外部が正極として設計されている。円筒形状にすると高強度で精度の高い固体電解質の製造が容易で、正極および負極を気密に封口することも容易になる。固体電解質管の内部を正極にすると冷却時に固体となる硫

25

黄，多硫化ナトリウムが固体電解質管に内部より引張応力を与えるため，より強度の高い固体電解質管が求められる。正極を外部に配置すると冷却時には固体電解質管に外部より圧縮応力が加わるが，セラミックスの特性として圧縮応力に対しては引張応力よりも高い強度を有するため機械的に有利な設計が可能となる。

　固体電解質管内の負極にはナトリウムカートリッジと安全管が配置されている。ナトリウムカートリッジは予め一定量のナトリウムを充填密閉した容器で，単電池組立て時にナトリウムの流通口を底部に設けて安全管内に挿入する。安全管はナトリウム硫黄電池の安全性を確保する上で極めて重要な部品である。固体電解質管の内表面に接する負極ナトリウムが充放電により移動するが，安全管を個体電解質管の内表面に近接して配置することにより固体電解質管との間隙に存在するナトリウムの量を減少させている。充放電によりナトリウムは安全管の上部を経由してカートリッジ内外に移動する。単電池作動状態で万一固体電解質管が破損すると，液体のナトリウムと硫黄が直接化学反応を起こし発熱する。安全管構造により硫黄と接触するナトリウムの量を制限することで反応量を極小化し，単電池内部の発熱を安全域に抑えるように設計されている。万一，電池温度が上昇した場合には安全管の熱膨張により固体電解質管内面との間隙が閉塞され，ナトリウムの供給を遮断する機能も併せもっている。また，充放電によりカートリッジ内のナトリウム量（液面）が変化しても，固体電解質内面には常にナトリウムを全面に接触させておくことができ充放電に関与する反応面積を一定に保つことが可能となる。

　単電池は液体状態のナトリウムおよび硫黄が大気と触れないように気密構造がとられている。固体電解質管の上部開口端には正極と負極を電気的に絶縁するためのセラミックス部材がガラスで接合される。この絶縁用セラミックス部材に溶接封口するための金属部材が直接接合され，固体電解質管内にカートリッジと安全管を，単電池容器内に硫黄を充填した後に減圧下で気密に溶接封口されている。

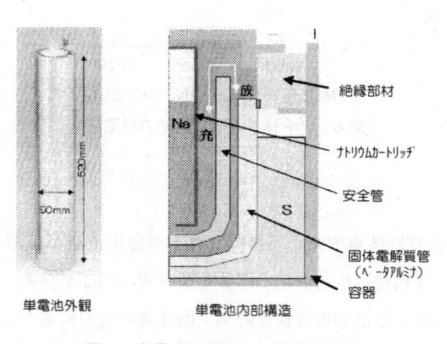

図7　単電池の構造（日本ガイシ製）

第3章　ナトリウム硫黄電池による電力貯蔵技術

ナトリウム硫黄電池は正極と負極の組合せで電圧は約2Vであるが，蓄電できる容量（Ah）は電池内部に充填するナトリウムおよび硫黄の量により決まる。図7に示す基本構造をもとに固体電解質管の外径と単電池のエネルギー密度（Wh/l）および充放電効率を計算した例[5]を図8および図9に示す。単電池のエネルギー密度は固体電解質外径が大きくなるに従いナトリウムおよび硫黄の量が増えるため容量が増しエネルギー密度も増加する。しかしながら，限界を過ぎると電池内部抵抗の増加によりエネルギー密度は減少し，エネルギー密度が最大となる最適外径が存在する。この最適外径は放電する時間率（放電電流）に依存して変化する。負荷平準のために8時間程度の放電を行う場合にはエネルギー密度が最大となる固体電解質の最適外形は3cmから5cm程度である。充放電効率は固体電解質管の外径が大きくなるほど低下し，放電率が短時間になるほどその低下が大きい。現在，製作されている固体電解質の外径（単電池の容量）は

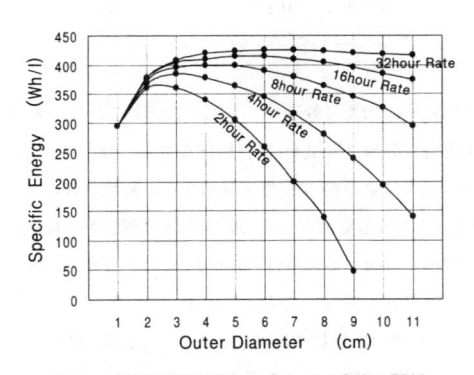

図8　固体電解質外径とエネルギー密度の関係

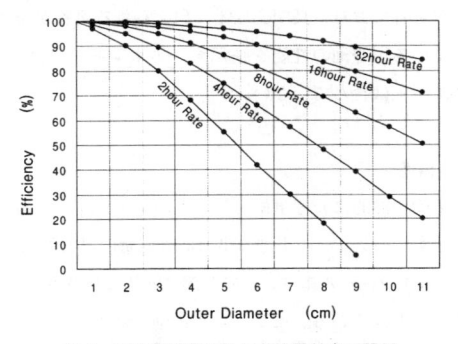

図9　固体電解質外径と充放電効率の関係

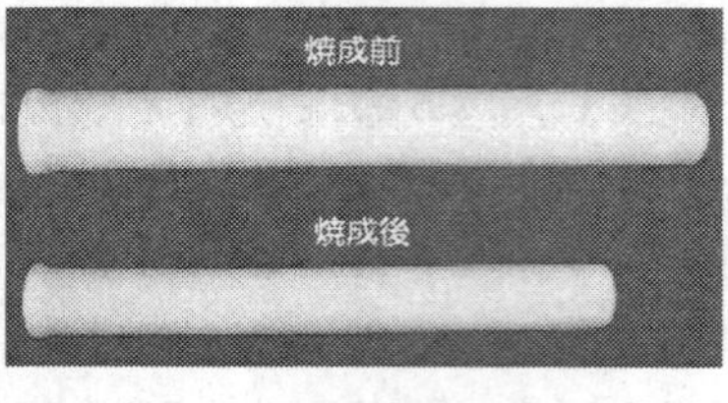

写真1　β"-Al₂O₃固体電解質管（日本ガイシ製）

表1　固体電解質管の性能（日本ガイシ製）

外径	:	mm	59
全長	:	mm	480
抵抗率	:	Ω-cm (350℃)	2.5
圧環強度	:	MPa	320
密度	:	g/cc	3.23

エネルギー密度，充放電効率に加えて製造コスト面を考慮して決定されている。

単電池に用いる固体電解質管はβ"-Al₂O₃原料粉体をプレス成形した後，約1,600℃で焼成する。写真1に示すように焼成により約20%程度収縮するため焼成後の寸法精度を確保する焼成技術が必要である。ナトリウム硫黄電池用のβ"-Al₂O₃固体電解質管には低いイオン伝導抵抗，高い強度，ナトリウムと硫黄を分離する緻密性（高密度）などが要求される。ナトリウム硫黄電池に用いられている固体電解質管の性能[6]を表1に示す。

正極の硫黄は電子伝導性が悪く，抵抗を低減するために補助電導材としてグラファイト繊維が用いられる。補助電導材は正極抵抗のみならず充電性能（容量）にも影響するため材質および構造面で工夫が必要である。単電池の容器内面には硫黄および多硫化ナトリウムに対して耐食性を持つ材料がコーティングされており，長期充放電に耐えられる処置が施されている。

表2に現在製造されている単電池の性能[7]を示す。エネルギー密度および充放電効率の数値には保温に必要なエネルギーは含んでいない。

2.6　モジュール電池の構造

単電池を集合して電気的，熱的に管理単位としたものをモジュール電池と称する。図10にモジュール電池の構造を示す。モジュール電池の出力は大容量の電力貯蔵システム用として50kWに設計，製作されている。モジュール電池容器の壁部は内部に断熱材が充填され，更に真空排気してコンパクトに熱放散を抑えている。モジュール電池容器の内部にはパネル形状の電気ヒーターが内蔵されており，運転開始時の昇温ならびに保温が必要な場合のエネルギー供給に用いら

第3章 ナトリウム硫黄電池による電力貯蔵技術

表2 単電池の性能（日本ガイシ製）

項目	単位	値
電気量	[Ah]	740
容量	[Wh]	1220
寸法 直径	[mm]	90.5
長さ	[mm]	520
充放電効率	[%]	89.7
エネルギー密度	[Wh/l]	365
平均抵抗	[mΩ]	1.55

れる。室温から300℃の運転温度に暖めるにはモジュール電池の蓄電容量に相当するエネルギー量と同等程度のエネルギーが必要で、通常は約二日間程度で昇温する。ヒーターを装着した容器内部に単電池を挿入後、単電池は図11に示すように直列、並列に電気的に結線[7]されている。結線の一部分には電流ヒューズが使用されており、過電流による単電池の故障発生を防止している。また、単電池が故障しても運転停止しないように冗長性をもたせるため、直列接続された単電池を並列に接続している。単電池の故障は最終的に絶縁（開放）モードになり故障単電池を内在する列は機能停止するが、並列に接続された正常部分で充放電動作を継続することができる。但し、単電池故障が発生するとモジュール電池の出力は維持できるが容量（持続時間）が低下する。モジュール電池内部の単電池間隙には砂が充填されており、モジュール電池容器への単電池固定、万一単電池からナトリウムや硫黄が漏出した場合の燃焼防止の機能を持ち、安全性に対する多重保護が図られている。モジュール電池の状態管理のために温度計測線ならびに内部のブロック電圧計測線が外部に引き出されている。

図12にモジュール電池の充放電特性[7]を示す。放電電圧は図6に示した起電圧特性に従うが、正極内のナトリウムイオン拡散の遅れに起因して起電圧特性とプロファイルが若干異なる。放電を開始すると単電池内部抵抗による発熱と放電反応による発熱のためにモジュール電池内部温度

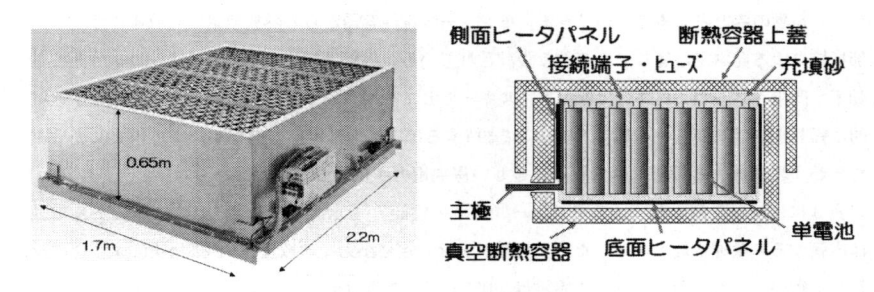

図10 モジュール電池の構造（日本ガイシ製）

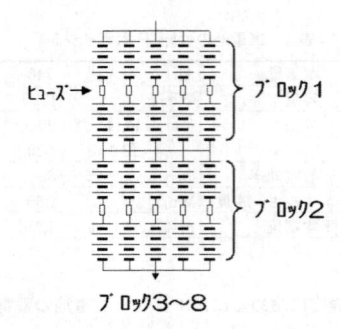

図11 モジュール電池内の単電池結線

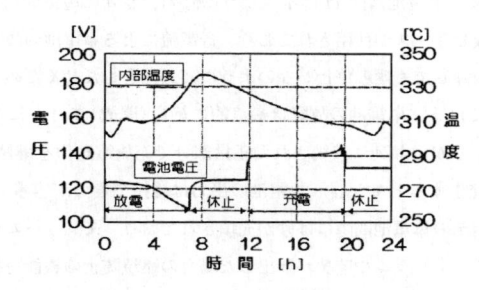

図12 モジュール電池の充放電特性

は上昇する。放電後の休止期間はモジュール電池容器からの熱放散により内部温度は低下する。充電を開始すると単電池内部抵抗の発熱があるが，充電反応による吸熱があるためモジュール電池内部温度は低下し，充電完了時点で放電開始時の温度に戻る。充放電を1サイクル繰り返すと放電と充電の反応熱は相殺され，モジュール電池内部での発熱は単電池の内部抵抗によるジュール熱のみと考えることができる。モジュール電池容器からの熱放散量は充放電に伴なう内部抵抗による発熱量に等しくなるよう設計されている。内部抵抗によるエネルギーロスは充放電効率を低下させるが，ロス分は保温エネルギーとして利用される。理想的な条件で充放電を連続的に繰り返せばモジュール電池を300℃に維持する保温電力は供給の必要がない。但し，充放電を行わずに保温する場合は熱放散量に等しい保温電力を供給しなければならない。

表3には現在生産されているモジュール電池の性能[7]を示す。G50タイプのモジュール電池は内蔵する単電池本数が少ないため，容量が少なく定格出力での放電持続時間がE50タイプに比較して短い。これらのモジュール電池は120％までの過負荷出力が可能であるが，モジュール電池内部温度の上限制約から連続出力時間は3時間以内に限定される。なお，単電池の接続を別

第3章　ナトリウム硫黄電池による電力貯蔵技術

表3　モジュール電池の性能

型式		G50	E50
単電池本数	：本	320	384
直並列構成		8直×5並 ×8ブロック	8直×6並 ×8ブロック
出力	：kW	\multicolumn{2}{c}{52.6}	
定格容量	：kWh	380	420
寸法	：m	\multicolumn{2}{c}{$2.2^D \times 1.76^W \times 0.65^H$}	
重量	：Ton	\multicolumn{2}{c}{約3.4}	

設計とした短時間高出力用のモジュール電池も開発され使用実績もある。

　モジュール電池の充放電は専用のモジュール制御器で管理される。モジュール制御器はモジュール電池内部温度の制御，充電および放電の終了を電圧により判別する機能を持つ。充電の終了はモジュール電池内のブロック電圧と電流の計測演算から内部抵抗が上昇する状態を判別して行われている。放電の終了は正極の電位が放電の深度に従い低下する特性を利用して電圧および電流の計測演算から判別している。温度，電圧の情報は充放電の管理以外にモジュール電池の異常判別にも使用している。

　モジュール電池内で単電池の故障が発生しても，安全性ならびに冗長性を有するため充放電の継続が可能である。但し，出力が一定の条件では容量の低下にともなう持続時間の短縮が避けられないため，必要に応じてモジュール電池単位での取り替えが必要となる。故障した単電池を内在するモジュール電池は工場で単電池の交換修理ができる。

2.7　ナトリウム硫黄電池システムの構成

　ナトリウム硫黄電池を用いた電力貯蔵システムの概念[7]を図13に示す。ナトリウム硫黄電池電力貯蔵システムは通常，交流電力を貯蔵し交流電力を負荷に供給する。電池は直流で充放電を行うため，電力貯蔵システムとして構成する場合は交流と直流を双方向に変換する交直変換装置が必要となる。一般的な電力貯蔵システムはナトリウム硫黄電池，モジュール電池制御器およびシステムの運転を制御管理するコントロールユニットから構成される電池部分，交直変換装置部分，交直変換装置の交流電圧を連系する交流系統電圧に調整する変圧器部分，および電力貯蔵システムもしくは交流電力系統の異常時に系統からシステムを切り離すための遮断器部分から構成される。電力貯蔵システムは通常，商用電力系統に連系するため保安に関する事項については2004年10月に改正[8]された「電気設備の技術基準の解釈」および「電力品質確保に係る系統連系技術要件ガイドライン」に準拠している。なお，従来の「系統連系技術要件ガイドライン」は2004年10月に廃止された。

　ナトリウム硫黄電池を用いた電力貯蔵システムは大容量電力貯蔵用に設計されており，標準的

なシステムは1000kW（1MW）の出力で7～8時間の電力供給を行うことができる。図14に1MW規模の電力貯蔵システムのレイアウト例を示す。システムはナトリウム硫黄電池本体と交直変換装置，変圧器，遮断器を一括収納した2面の盤から構成され，設置する場所の条件によりレイアウトは変更することが可能である。現在実用されているナトリウム硫黄電池電力貯蔵システムの性能を表4に示す。本システムはシステムユニットを並列設置することで必要とする容量に拡張することができる。容量を削減する場合には250～500kW単位で可能であるが価格的には割高になる。

　ナトリウム硫黄電池に使用されるナトリウムおよび硫黄は可燃性物質であり，消防法で危険物として指定されている。安全面に係わる設計内容を表5に示す。安全性の評価に関しては次節の開発動向において述べる。安全性確保の基本的な設計思想は不安全事象に対する多重保護である。不安全事象の最大要因はナトリウムと硫黄に係るもので，ナトリウムと硫黄の直接接触反応による発熱，およびこれらの物質が単電池から漏出し空気と接触した場合の燃焼である。ナトリウムと硫黄の直接接触に対しては，不安全事象が発生しても単電池から内部の物質が漏出しな

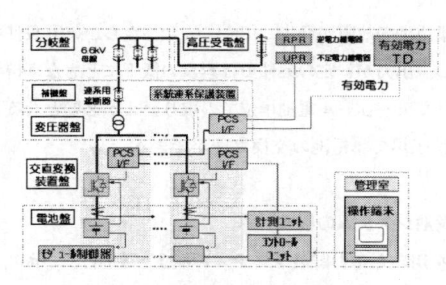

図13　NAS電池システム概念図

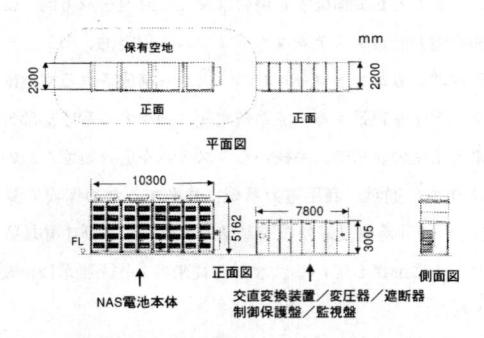

図14　1MW電力貯蔵システムレイアウト例（日本ガイシ製）

第3章 ナトリウム硫黄電池による電力貯蔵技術

表4 1MW級電力貯蔵システムの性能（日本ガイシ製）

	項目	性能
システム	出力	1,000kW （最大1,200kW 3時間）
	放電容量	7,200kWh
	充電時間	約10時間 （100％放電時）
交直変換装置	定格入出力	1,200kVA
	定格電圧	AC 6,600V （変圧器1次側）
	定格周波数	50Hz または 60Hz
	電流高調波	総合5％，各次3％以下
	変換効率	95％以上 （片道）
NAS電池	電池構成	電池ユニット（モジュール電池10直列）×2セット
	モジュール電池 構成	単電池320本（8直列×10並列×4ブロック）
	モジュール電池 放電容量	360kWh
	モジュール電池 放電電圧	DC 60V
	モジュール電池 充放電効率	約87％
	モジュール電池 期待寿命	15年，4,500サイクル（2,500サイクルまで放電容量維持）

表5 安全の多重化設計

要素	対策設計	設計の狙い
単電池	高強度βアルミナ	耐久性の向上
	安全管構造	Na-Sの反応量抑制
モジュール電池	電流ヒューズ	故障の拡大防止
	砂充填	燃焼防止
電池制御	電圧監視制御	過電圧による単電池破損防止

表6 NAS電池の特徴

高エネルギー密度	鉛電池の約3倍
大容量	8MWの実績
簡易メンテナンス	定期点検程度
高耐久性	2500サイクル（DOD：100％） 4500サイクル（DOD：85％）
短工期	数ヶ月

いことを設計の基本（安全管構造）としている。万一漏出した場合にもモジュール電池内で燃焼拡大を防止し，モジュール電池内で不安全事象を完結させる設計（砂充填，電流ヒューズ）を安全の多重化としている。更に単電池の故障につながる可能性がある過電圧については，電池制御システムによる電圧の常時監視で保護している。

　ナトリウム硫黄電池電力貯蔵システムの特徴を表6に示す。他の蓄電池に比較してエネルギー密度が高いためにコンパクトなシステムが実現できること，大容量のシステムが実現できること，高耐久性が期待できること等が特徴である。

3 開発動向

ナトリウム硫黄電池の開発は電気自動車の動力用として米国,欧州および日本で開始された。海外で開発が進められた電気自動車用のナトリウム硫黄電池は1990年代後半には各社とも開発や生産活動を中止している。一方,日本では電気自動車用にナトリウム硫黄電池の開発がスタートしたが,1980年頃から定置型の電力貯蔵用の開発に移行し実用化に至っている。電力貯蔵用ナトリウム硫黄電池は電力会社の変電所に設置する大規模電力貯蔵による負荷平準化を目的に開発が進められたが,現状では電力需要家での利用が拡大している。

3.1 開発の経緯

国内外でのナトリウム硫黄電池の開発経緯を図15に示す。1967年にフォードモーター社からナトリウム硫黄電池の原理が発表され,国内外の各研究機関で一斉に研究開発が開始された。米国では電気自動車を中心に国の研究開発資金も投入され開発が進められた。英国および独国でも電気自動車用に開発が進められ,1972年に世界初のナトリウム硫黄電池を搭載した電気自動車が英国で走行試験に成功している。

定置型の電力貯蔵用ナトリウム硫黄電池は開発当初より海外でも検討されていたが,特に日本では電力の需給状況から電力貯蔵の必要性が高く開発が鋭意推進された。電力貯蔵用ナトリウム硫黄電池は1980年から通商産業省(現経済産業省)のムーンライト計画の一部として推進され,また東京電力㈱グループの開発も並行して進められた。東京電力㈱と日本ガイシ㈱が開発した電力貯蔵用ナトリウム硫黄電池システムは2002年に実用が開始されている。

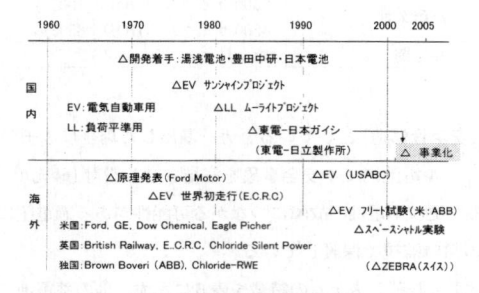

図15 NAS電池開発の経緯

第3章 ナトリウム硫黄電池による電力貯蔵技術

写真2 ナトリウム硫黄電池搭載の電気自動車

3.2 電気自動車用ナトリウム硫黄電池

電気自動車の電源に蓄電池を用いると，公道における排気ガスを削減でき，夜間に充電することで電力供給設備の負荷平準が図れることから，海外を中心に開発が進められてきた。電力貯蔵に要求される電池機能は8時間程度の電力供給であるが，電気自動車では発進時の加速や登坂時のパワーが必要であり高出力（短時間率放電）が求められる。ナトリウム硫黄電池は固体電解質や硫黄電極を使用するため水溶液系電解質の蓄電池に比較して電池の内部抵抗が大きい。電気自動車用に設計されたナトリウム硫黄電池は高出力に対応するため電力貯蔵用とは異なった設計となっている。これまでに開発された事例では，単電池の抵抗を小さくする（効率を高くする）ため図9に示されるように外径の小さな固体電解質管を使用している。更にモジュール電池には高出力放電時の発熱対策として強制空冷システムを設けている場合が多い。写真2にはドイツBBC社（現ABB社）が開発し，日本ガイシと東京電力が1990年に国内で走行試験を実施したナトリウム硫黄電池搭載の電気自動車[9]を示す。最高速度は120km/h，一充電の連続走行距離は190kmを記録したが，価格や危険物規制などのハードルがあり国内では実用に至っていない。1990年にカリフォルニア州大気資源局（California Air Resources Board）がZEV（Zero Emission Vehicle）を義務付けることを決め，開発を進めていた各社はマーケットの目標をカリフォルニアに絞り実用化を促進した。並行して電気自動車用新型蓄電池の開発がUSABC（United States Advanced Battery Consortium）で推進されたが，ナトリウム硫黄電池は性能および価格の目標を達成できる見通しがたたず，1990年代後半に各社とも開発から撤退した。

現在ベータアルミナ固体電解質を用いた電気自動車用電池はスイスMES-DEA社のナトリウム-塩化ニッケル系の高温型電池（ZEBRA電池）のみである。

3.3 電力貯蔵用ナトリウム硫黄電池

1980年に通商産業省の大形プロジェクトとして電力貯蔵用新型電池の開発が開始され，ナトリウム硫黄電池，レドックスフロー電池，亜鉛臭素電池および改良型鉛蓄電池が取り上げられた。

開発の狙いは昼夜間の電力需要格差の平準化である。当時の国内電力需要[10]は図16に示すよ

電力システムにおける電力貯蔵の最新技術

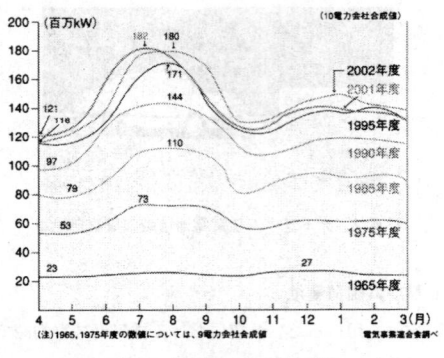

図16 ピーク電力需要の推移

うに急激な伸びを示していた。1970年代に入ってからは電化製品の普及に従い季節による需要変動が顕著になり，日間の電力需要も昼夜間の格差が大きくなってきている。電力のピーク需要は夏季の昼間に発生するが，ピーク電力需要に対応する発電所，送電線，変電所などの電力供給設備を増設すると夜間の需要が少ないため設備の稼働率は低下する。効率的に電力供給設備を運用するために揚水発電所が利用されていたが，建設立地点にも制約があり大規模な電力貯蔵設備が望まれていた。これらの背景から実現性の高い電力貯蔵設備として新型電池の開発が着目された。東京電力㈱と日本ガイシ㈱グループは1984年から国とは独立してナトリウム硫黄電池の共同開発を開始した。固体電解質，単電池，モジュール電池の開発を経て1997年からナトリウム電力貯蔵システムの検証を自社の変電所において実施している。実用性の検証を経て2002年から電力会社の変電所内での実用と同時に電力需要家への供給も開始した。また，東京電力以外の電力各社も電力貯蔵用ナトリウム硫黄電池システムの評価試験を実施している。

3.4 負荷平準システム

ナトリウム硫黄電池の主な用途である電力需給の平準化を一般に負荷平準化と称している。負荷平準化の概念を図17に示す。需要家へ電力貯蔵システムを設置する場合にも電力会社にとっては夜間電力を昼間にシフトすることができるため，電力供給設備の効率化を図ることができる。また，電力需要家にとっては安価な夜間電力を利用しながら昼間のピーク電力が削減できるため契約電力を削減することが可能で電気料金の節減ができる。

負荷平準のために必要なシステム容量は平準化する負荷の電力需要状況により異なる。昼夜間の電力需要格差および昼間のピークを削減するために必要な供給電力と時間が容量決定に重要なファクターとなる。定格の1.2倍まで過負荷放電が可能な性能を利用するとピーク電力の削減効

第3章 ナトリウム硫黄電池による電力貯蔵技術

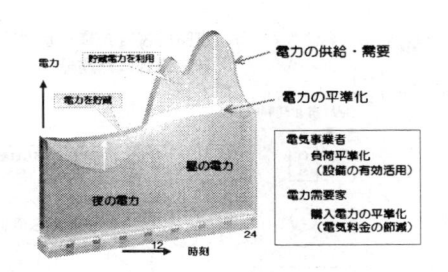

図17 負荷平準化の概念

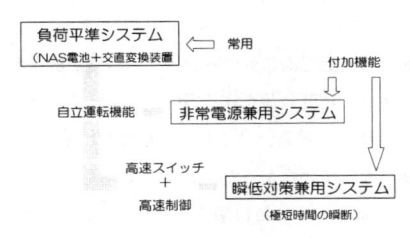

図18 負荷平準システムの付加機能

果が高まる。

　ナトリウム硫黄電池システムは負荷平準化を主な用途としているが，貯蔵電力を活用する用途拡大が図られている。図18には用途拡大の動向として負荷平準化システムに付加できる機能を示した。負荷平準のために常用する容量を定格容量よりも少なくし，常用しない容量を確保しておくと非常時に利用することができる。また，瞬時電圧低下のような短時間の電力品質変動対策もシステムの工夫により対応することが出来る。

3.5 非常電源兼用システム

　図19に非常電源兼用システムの概念を示す。負荷平準用に設置する電池システム容量は一般的にピーク電力需要の1/3程度である。停電時には電力貯蔵システムから非常電源として電力を供給(自立運転)できるが，全負荷に電力を供給するだけの出力容量を持たないため，一部の重要負荷にのみ出力容量の範囲で電力を供給することになる。停電時に電力を供給しなければならない重要負荷とその他一般負荷を切り分けるためのスイッチを設け，停電時には切り分けスイッチを開放して重要負荷にのみ電力供給を行う。本システムでは非常時に電力を供給する機器への供給電流に配慮しなければならない。回転機，変圧器やコンデンサーなどが重要負荷に含まれる

37

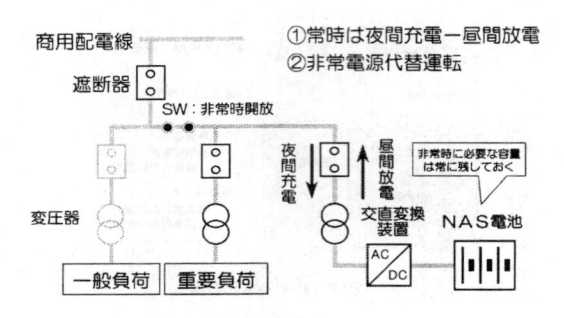

図19 非常電源兼用システム

場合には突入電流の配慮を怠ると過電流に対するシステム保護が働き電力供給ができない場合が生じる。非常用電源には自主的に重要負荷を守る設備と，消防法などで法的に設置が義務付けられている非常電源がある。消防法で義務付けられる非常電源に蓄電池設備が認められているが，ナトリウム硫黄電池は対象になっていなかった。ナトリウム硫黄電池を消防法に準拠する非常電源として兼用する場合は，個別システム毎に消防法の定めにより「消防システム評価委員会」による評価を受ける必要があった。2001年度にはアサヒビール㈱神奈川工場に本評価を受けた非常電源兼用システムが納入され，その後も本評価システムを活用した非常電源兼用システムが納入された実績がある。アサヒビール㈱に設置されたシステムは2002年に消防防災システムのインテリジェント化の推進に寄与したことで消防庁長官より表彰を受けている。

2005年度に「消防法施行規則の一部を改正する省令」[11]によりナトリウム硫黄電池システムに関しても消防法上の非常電源として取り扱うために必要な技術基準が見直され2006年4月より施行される。

ナトリウム硫黄電池による非常電源兼用システムを非常電源専用として用いる場合は常時運転温度に維持するために保温エネルギーが必要になる。現在は非常電源専用として用いられている例はなく，負荷平準を常用とした付加機能として使用されている。

非常電源兼用システムの機能を高度化したシステムとして瞬時電圧低下対策機能を兼用したシステムも普及しつつある。落雷等の影響で商用電力の電圧が瞬時的に低下すると，電圧低下により電気機器が停止する場合がある。製造ライン等で停止が発生すると多大な経済的損失を招く場合があり，瞬時電圧低下対策はIT産業等で注目が高まっている。通常の非常電源兼用システムの重要負荷切り分けスイッチに半導体を用いて高速化することにより20ミリ秒程度の時間内で電圧の低下を抑えることができる。電気機器により停止に至る電圧低下レベルや時間が異なるため，本システムにおいても負荷の事前調査解析に配慮を要する。

第3章　ナトリウム硫黄電池による電力貯蔵技術

3.6 温室効果ガス（CO_2）の削減

　ナトリウム硫黄電池に限らず蓄電池は内部抵抗による蓄電ロスが生じるため，貯蔵電力単位当りに発生する温室効果ガスは商用電力に比較して増加する。しかしながら，蓄電池等を併設することで温室効果ガスの発生が少ない高効率電気機器を効果的に利用することができ，間接的に温室効果ガスの低減を図ることが可能である。図20には冷熱を利用する場合のCO_2ガス発生削減の例[12]を示す。ガス吸収式冷温水発生機のエネルギー消費効率（COP：Coefficient of Performance）が1.35に比較して高効率ターボ冷凍機のCOPは6.4と高い。高効率ターボ冷凍機を運転するには電力が必要であり，夜間電力を有効に利用し昼間の電力増を抑える目的で電力貯蔵用ナトリウム硫黄電池が利用できる。CO_2ガス発生削減と負荷平準化につながりトータルのエネルギー消費が削減できる。

　2005年4月から京都議定書が発効し，化石燃料の使用量削減のために経済産業省をはじめとする各省庁で対策が推進されている。2002年3月の閣議で「石油代替エネルギーの供給目標」が決定されており，2010年の自然エネルギー発電設備の導入目標値は太陽光発電が482万kW，風力発電が300万kW等に設定されている。これらの石油代替エネルギーの利用促進を図るため2003年4月より「電気事業者による新エネルギー利用に関する特別措置法[13]」（RPS法：Renewable Portfolio Standard）が導入され図21に示すように2010年までの導入量が定められた。電気事業者は2010年には122億kWhの新エネルギー利用が義務付けられ，特に2008年からは利用量を増加する計画になっている。自然エネルギー発電は天候に発電量が影響されるため経済産業省では特に風力発電設備の導入に関して商用電力系統に連系した場合の影響対策を検討している。総合資源エネルギー調査会新エネルギー部会での検討では300万kWの風力発電導入目標達成には系統連系上導入に制約がある地域にも蓄電池または解列等による対策を施し，25〜82万kWの風力発電導入を図る必要性が報告書案[14]として示されている。風力発電設備が系統に連系されると風力発電の出力変動が系統に影響を与え，周波数の変動などを起こす可能性が懸念されてい

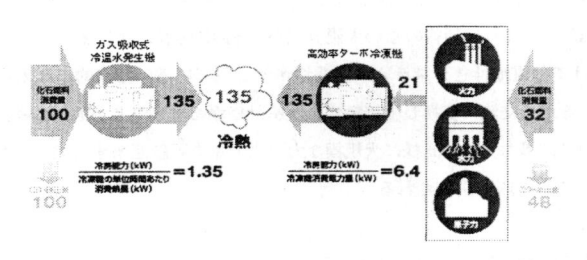

図20　高効率機器によるCO_2排出ガスの削減

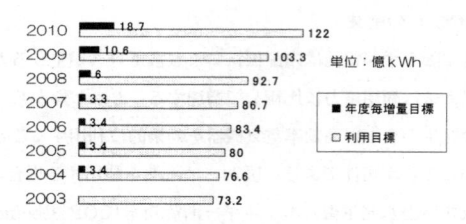

図21 電気事業者による新エネルギーの利用目標

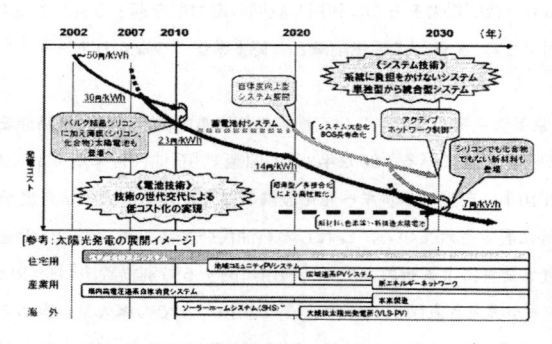

図22 2030年に向けた太陽光発電のロードマップ

る。蓄電池を併設することにより，風力発電の出力増時には蓄電池で電力を吸収（充電）し，出力減時には蓄電池より電力を供給（放電）することにより系統への影響を軽減することができる。今後のナトリウム硫黄電池システムの開発動向として注目すべき用途である。

太陽光発電に関しては，現状では大規模な発電システムはなく小規模分散での普及が進んでいる。2010年までは現状の延長で推移すると思われるが，その後は風力発電と同様に電力系統への影響を配慮する必要が生じると予測されている。（独）新エネルギー・産業技術総合開発機構（NEDO）の検討[15]によれば制約のない太陽光発電の利用拡大には図22に示すように2010年から2020年にかけて蓄電池付きシステムの必要性が示されている。技術的には太陽光発電と蓄電池を直流接続するか，交流に変換して接続するかを効率面およびコスト面から検討を加える必要がある。将来的には風力発電と同様に大規模な太陽光発電を系統連系する場合に必要な電力調整用システムとしての展開が期待される。

3.7 分散型電源等への応用

風力発電，太陽光発電等の自然エネルギーや燃料電池発電システム等の分散型電源から構成さ

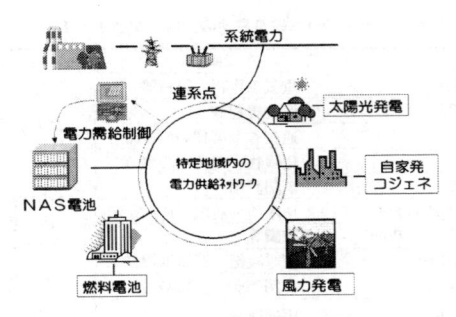

第3章　ナトリウム硫黄電池による電力貯蔵技術

図23　マイクログリッドの概念

れるマイクログリッドという構想がある。図23にマイクログリッドの概念を示す。電力系統と連系する場合も考えられるが，独立した電源網としても成立する可能性がある。マイクログリッドでは電力需要家の負荷と各種発電設備で電力網を構成し，電力の需要と供給の情報により電力網を制御する方式である。一般的な分散型電源は負荷に追従した出力制御が難しいこと，自然エネルギー発電は発電出力を一定にすることが困難なことに加え，負荷電力も変動することからマイクログリッドには需給バランスを調整する設備が必要である。調整用電源としては入出力制御が容易な蓄電池が有望視されている。2005年日本国際博覧会（愛・地球博）では（独）新エネルギー・産業技術開発機構の新エネルギー等地域集中実証研究の一環として燃料電池発電，太陽光発電にナトリウム硫黄電池を調整電源とした新エネルギーシステムが設置されパビリオンへの電力供給が行われ良好な結果が得られている。

3.8　普及の促進

ナトリウム硫黄電池は単電池内部に消防法で危険物に指定されるナトリウムと硫黄を含んでいるため，法的に危険物と同等の扱いを受けている。また，電力を供給する能力を持つことから電気事業法も遵守する必要がある。開発当初はこれらの法律を遵守してきたが，ナトリウム硫黄電池の安全性能の確認により徐々に法的規制が緩和され実用時の支障は少なくなっている。表7には実用時に関連する法令を示す。安全性能が確認された型式のナトリウム硫黄電池については規制が緩和され消防法の規制緩和は1999年に消防庁危険物規制課長から通達[16]が出され，保有空地の幅や消火設備の設置などを軽減する特例が認められている。建築基準法では用途地域が指定されている場所に危険物施設を設置する場合の規制がある。工業地域，工業専用地域を除く用途地域では設置許可にあたり公聴会等を開催する必要があった。2003年に建築基準法施行令の一部が改正[17]され，国土交通大臣が認める型式については一部の住居専用地域を除いては設置許

表7 ナトリウム硫黄電池の設置に関連する法令

	法令等	概要	必要な手続き
電気事業法関連	電気事業法	電気工作物の維持等	・需要設備として必要な手続き
	施行規則	保安規程等	
	法改正	通産省令第189号(H12)	
消防法関連	消防法	危険物，消防用設備等	・危険物一般取扱所設置許可 （危険物保安監督者の選任） （完成検査） （予防規程の認可）
	施行規則	消防設備	
	規制に関する政令	危険物一般取扱所	
	規制に関する規則	標識等	
	火災予防条例	変電設備，蓄電池設備	
	消防庁通知	特例(消防危第53号)	
建築基準法関連	建築基準法	用途地域	・一部の地域は許可が必要 （第一種低層住居専用地域） （第二種低層住居専用地域） （第一種中高層住居専用地域）
	施行令	危険物数量等	
	法改正	政令第524号(H15)	
技術基準	電力貯蔵用電池規程	JEAC 5006-2000	—

表8 危険物保安技術協会での試験確認内容

単電池	試験項目	判定
過充電破壊試験	過電圧による固体電解質破壊	◎
外部短絡試験	最低抵抗短絡	◎
昇降温試験	室温－試験温度	◎
モジュール電池	試験項目	判定
外部短絡試験	最低抵抗短絡	◎
外部加熱試験	ガソリン火炎暴露，30分	◎
浸水試験	水没放置，100℃以下まで	◎
強制破壊試験	モジュール内で単電池を強制破壊燃焼	◎
落下試験	2.5mからコンクリート床へ落下	◎

可の制約がなくなった。電気事業法ではナトリウム硫黄電池電力貯蔵システムは発電所と解釈され国の許可を得なければならなかった。本法律は2000年の電気事業法改正[18]において「電気設備に関する技術を定める政令」の一部が改正され，電気工作物に附属するナトリウム硫黄電池は発電所の定義から除外されることになった。これらの特例措置や法改正はナトリウム硫黄電池の安全性が前提になっており，消防庁からの通達で危険物保安技術協会において安全性能が評価されたナトリウム硫黄電池が対象になっている。

危険物保安技術協会では「ナトリウム・硫黄電池の試験確認に係る業務規程」[19]を定め，安全性能に関して認定業務を実施している。試験確認の評価内容を表8に示す。評価は単電池とモジュール電池別に実施され，評価確認された製品には型式確認番号が付与されている。試験確認の一例としてモジュール電池の落下ならびに外部加熱試験の状況を写真3に示す。このようにナトリウム硫黄電池は危険物を使用するものの公的に安全性が確認され普及への法的阻害は少な

第3章　ナトリウム硫黄電池による電力貯蔵技術

落下試験

外部加熱試験

写真3　安全性能の試験確認(一例)

くなっている。

更なる普及促進には製品の市場に提供する価格を低減しなければならない。1,000kW級の交直変換装置を含むシステムの現状価格は20〜25万円/kW程度である。普及が進み生産量が増加すれば2〜3割程度の価格低減が期待できる。図24には開発当初からの価格推移を示す。本価格はナトリウム硫黄電池部分のみ(交直変換装置は含まない)の価格である。年度に対

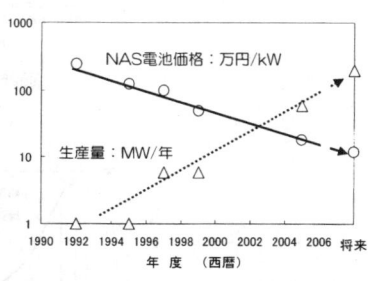

図24　ナトリウム硫黄電池の価格推移

して生産量の増加と価格の低下は対数的にほぼ直線推移している。各年度で種々の改善が図られているが，マクロ的には生産量が増加すれば価格が低下することが裏付けられている。

4　導入事例

現在実用されているナトリウム硫黄電池は東京電力㈱と日本ガイシ㈱が共同開発した製品が主体であり，2005年7月現在の稼動総容量は約100MW(10万kW)に達する。図25には各年度別の設置状況を示す。実用を開始した2002年から急激に設置容量は増加し，2004年度には50MWを超えるナトリウム硫黄電池システムが設置され，2005年度には2004年度を上回る量が設置される予定である。図26にはナトリウム硫黄電池システムが設置されている場所を事業別に示した。約半数の容量は工場の負荷平準用に使用されており，上下水道施設や商業施設がそれに続い

ている．全てのシステムは夜間に電力を充電し昼間に放電する負荷平準用であるが，付加機能として非常電源や瞬低対策を兼用したシステムも増加している．図27には付加機能別の導入状況を示す．負荷平準専用と非常電源兼用がほぼ同容量であり，瞬低対策兼用は約10％程度の現状である．ナトリウム硫黄電池システムが設置されている地域は東京電力㈱の管内が約80％を占めるが，その他の地域でも普及が拡大している．図28には国内に設置実績のある地域を示す．

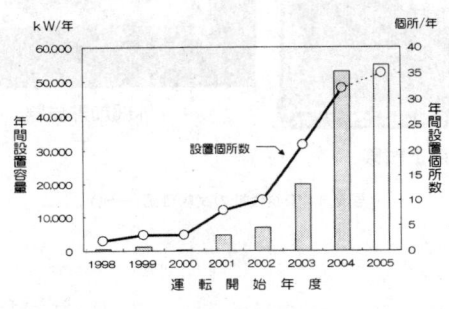

図25 年度別設置状況

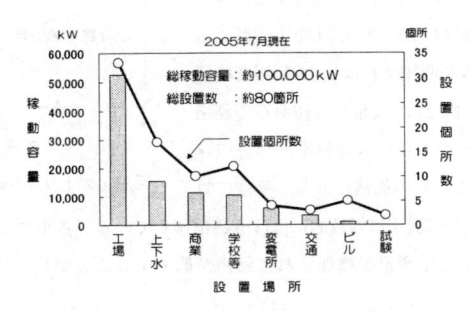

図26 ナトリウム硫黄電池の設置場所

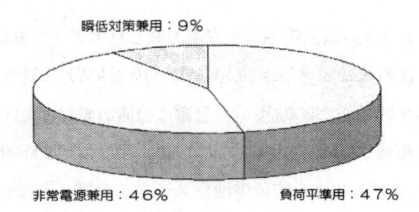

図27 機能別導入状況（容量比）

第3章 ナトリウム硫黄電池による電力貯蔵技術

図28 全国への普及状況(日本ガイシ製)

4.1 負荷平準用システムの事例

ナトリウム硫黄電池は電力会社の電力供給設備を効率的に利用するため，電力需要地域に近接した変電所に設置することを目的に開発された。東京電力大仁変電所に設置された事例を写真4に示す。本システムは2,000kWの電力貯蔵システム3ユニットから構成されており，図29に示されるように変電所内に設置された3台の変圧器にそれぞれ連系[20]されている。

一方，電力需要家に設置された負荷平準用ナトリウム硫黄電池システムの事例[21]（日本ガイシ㈱本社）を写真5に示す。オフィスビルは一般に夜間の電力需要が極端に低く，昼間には空調設備等で電力の消費が増加する。特に夏季は昼間の冷房稼動等により電力使用量のピークが発生している。図30には夏季のナトリウム硫黄電池システムの運転事例を示す。昼間に発生する電力需要のピークは1,800kW程度であるが，本例では500kWのナトリウム硫黄電池システムを導入して電力会社との契約電力を1,300kWに抑えている。夜間の電力需要が少ない時間帯に充電し，昼間は契約電力を超過しないように電力需要が1,300kWを超えた分を電池システムから供給している。このようにナトリウム硫黄電池の運転制御には負荷の電力需要に追従した自動運転機能も備えられている。

写真4 東京電力大仁変電所(6000kW)

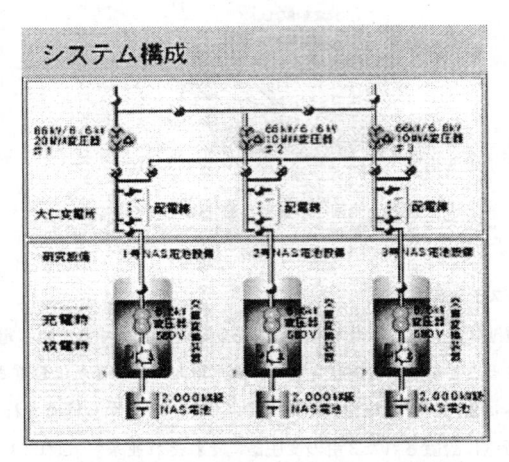

電力システムにおける電力貯蔵の最新技術

図29 変電所設置システムの結線事例（大仁変電所）

写真5 オフィスビルへの設置事例（日本ガイシ㈱本社）

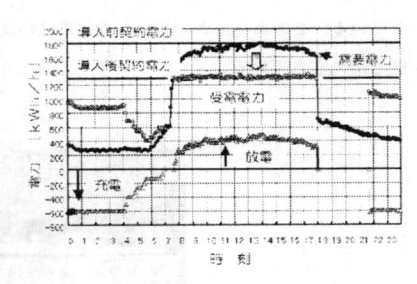

図30 負荷追従運転の事例

第 3 章　ナトリウム硫黄電池による電力貯蔵技術

4.2　非常電源兼用システムの事例

　常時は負荷平準用として運転しながら，非常時に重要負荷に電力を供給するナトリウム硫黄電池システムも普及が進んでいる。写真6には東京都葛西水処理センターに設置された事例[22]を示す。本事例では，地盤への荷重を低減するために電池盤内に収納するモジュール電池を2段積みとしている。通常は床面積を小さくするためにモジュール電池を5段積みしているが，設置面積に制約がない場合にはモジュール電池の段積み数を変更することもできる。

4.3　瞬低対策兼用システムの事例

　瞬低対策兼用システムは瞬時電圧低下発生時に負荷を切り分けする半導体スイッチが必要となりシステムとしては大型になる。一般に瞬低対策に必要な電力供給時間は十数秒程度の短時間である場合が多い。このように短時間の電力供給に限定される条件では，ナトリウム硫黄電池から

写真6　非常電源兼用システムの事例（葛西水処理センター）

写真7　瞬低対策兼用システムの例（富士通あきる野）

47

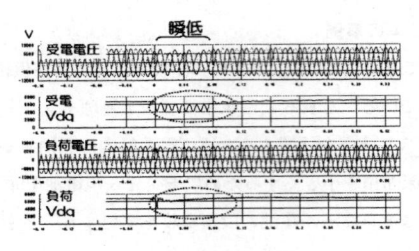

図31 瞬低対策効果

定格を超えた電力を供給することが可能である。写真7には富士通あきる野テクノロジーセンターに設置された瞬低対策兼用機能を持ったナトリウム硫黄電池システム[23]を示す。本例では十数秒に限り定格の3倍の出力が供給できる設計となっている。ナトリウム硫黄電池を定格の3倍の電力で放電すると電池内部抵抗により定格放電よりも放電電圧が低くなる。この電圧低下に対しては交直変換装置側で対応できるように工夫がされている。実際に瞬時電圧低下が発生した場合の対策効果[24]を図31に示す。本事例では80ミリ秒程度の受電電圧低下が発生しているが、負荷電圧の低下は数ミリ秒で抑えられている。負荷電圧の低下許容度により効果は左右されるが、本事例では問題なく瞬低対策の効果が得られている。

4.4 風力発電併設システムの事例

2000年度から2001年度に新エネルギー・産業技術総合開発機構では「蓄電池併設風力発電導入可能性調査」を実施した。その中で東京電力㈱が八丈島でナトリウム硫黄電池システムを風力発電に併設した試験を実施している。写真8には八丈島に設置したナトリウム硫黄電池の事例[25]を示す。ナトリウム硫黄電池システムを併設した場合には図32に示すように風力発電の出力変動を平滑化できることが実証[26]されている。本システムではナトリウム硫黄電池が併設された

写真8 風力発電併設システムの事例(八丈島)

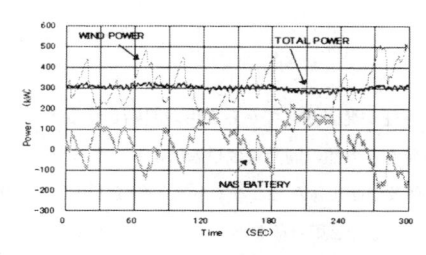

第3章　ナトリウム硫黄電池による電力貯蔵技術

図32　風力発電出力の平滑化(八丈島)

風力発電システムからの出力を設定（事例では300kW）し，設定値より風力発電出力が増加した場合はナトリウム硫黄電池に増加分を充電し，設定値よりも風力発電の出力が減少した場合には減少分をナトリウム硫黄電池より放電するように制御されている。風力発電に併設する場合は事例のように短時間の変動を抑制する以外に，電力需要が少ない夜間に発電される電力を長時間にわたって蓄電する利用法も検討されている。

4.5　海外での事例

米国ではカリフォルニア州での電力危機やIT産業の急速な進展に伴ない，電力貯蔵用ナトリウム硫黄電池システムを負荷平準化（Peak Shaving）や電力品質（Power Quality）の安定化として利用することが考えられている。大手電力会社のAEP（American Electric Power）社では2001年から小型のナトリウム硫黄電池の試験を行い，2002年には100kW（最大出力500kW）のナトリウム硫黄電池の試験を開始している。AEP社に設置されたナトリウム硫黄電池システムを写真9に示す。本システムではナトリウム硫黄電池と交直変換装置が同一盤内に収納されている。

写真9　海外の設置事例(米国AEP社)

5 まとめ

ナトリウム硫黄電池の原理が発表されてから実用が開始されるまでに約35年の研究開発期間を要した。多数の研究開発者と多額の開発資金投入によりナトリウム硫黄電池の製品が完成し，国の法規制緩和によって普及が始まったところである。今後は更なる普及拡大に向けて価格低減や新規用途向けのシステム対応など取り組むべきテーマが残されている。現状の負荷平準用を主体とした電力貯蔵システムの普及拡大に加え，環境問題対策やエネルギー問題対策に役立つシステムが電力貯蔵用ナトリウム硫黄電池システムの新たなマーケットとして期待できる。

文　　献

1) Kummer, J. T., Weber, N., *Proc. SAECongr.*, paper670179, 1-6(1967)
2) R. C. DeVRIES, W. R. ROTH, *J. Am. Ceram. Soc.*, **52**, 364(1969)
3) J. P. Boilot, *et al, Electrochimica Acta.*, **22**, 741(1972)
4) Gupta, N. K. and Tisher, R. P., *J. Electrochem. Soc.*, **119**, 033(1972); Oei, D. -G., *Inorg. Chem.*, **12**, 435(1973)
5) 大島正明，中林喬，*DENKI KAGAKU*, Vol.58., No.11(1990)
6) 磯村直樹，梶田雅晴，NGKレビュー，No.60(2004)
7) 古田一人，尾藤章博，河村善文，庄村光広，中村基訓，NGKレビュー，No.60(2004)
8) 経済産業省資源エネルギー庁(16資電部第114号)，2004.10.1
9) 中林喬，NGKレビュー，No.60(2004)
10) http://www.fepc.or.jp/now/spend/003.html
11) 平成17年総務省令第33号
12) http://www.tepco.co.jp/solution/energy/aircontrol/netsu2-j.html
13) 経済産業省，平成15年1月27日告示
14) 総合資源エネルギー調査会新エネルギー部会資料，2005年7月26日
15) NEDO新エネルギー開発部，2030年に向けた太陽光発電のロードマップ，2004年6月
16) 消防危第53号，平成11年6月2日
17) 政令第五百二十四号，平成十五年十二月十七日
18) 通商産業省令第百八十九号，平成十二年九月二十日
19) 危険物保安技術協会，危保規程第4号，平成12年1月18日
20) http://www.tepco.co.jp/company/rd/kaihatsu/taisei/energy/edtyozou/nas6000l/nas6000l-j.html
21) http://www.ngk.co.jp/product/insulator/nas/index.html
22) http://www.gesui.metro.tokyo.jp/kanko/kankou/17s_of_tokyo/15.htm
23) http://edevice.fujitsu.com/jp/concept/product/akiruno/infra/

24) 田代洋一郎，飯島由紀久，佐藤光治，電気技術者，No.10(2004)
25) NEDO平成12年度調査報告書，NEDO－NP－0004
26) T.Tamakoshi, *ESA Spring Meeting,* April 27(2001)

第4章　レドックスフロー電池による電力貯蔵技術

小路剛史*

1　はじめに

　レドックスフロー（redoxflow）とは，二種類の化学種の酸化と還元が不活性電極表面で生じる電気化学システムで，reduction（還元），oxidation（酸化），flow（流れ）の単語を合成したものである。レドックスフロー電池とは，価数の変化する金属イオンを有する水溶性の電解液をタンクに蓄え，その電解液を循環ポンプによりセルと呼ばれる電池出力部に送液して，数十kWからMW級の電力を長時間にわたり繰り返し充電・放電する電力貯蔵用電池である。この電池を使うことにより，夜間の電力を蓄え，昼間に利用することで負荷平準化が可能となるため，電力設備の利用率向上等に役立たせることができる。

2　原理および構造

2.1　原理と構造

　レドックスフロー電池は，図1に示すように，充電／放電反応をする電池セル部と，電力を

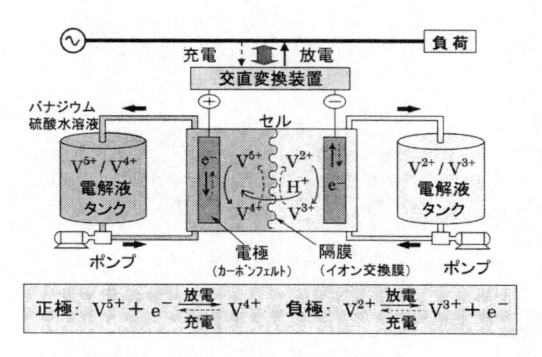

図1　レドックスフロー電池のシステム構成

---

*　Takafumi Shoji　関西電力㈱　研究開発室　エネルギー利用技術研究所　商品開発研究室

第4章 レドックスフロー電池による電力貯蔵技術

貯蔵する電解液および電解液を蓄えておくタンク部から構成される。電池活物質には正・負極ともバナジウム (V) を用い，これを希硫酸に溶解させて電解液としている。運転時には，電解液が電池セル部と電解液タンク部の間を循環する過程で，バナジウムイオンの価数 ($\text{II} \sim \text{V}$) が変化し充放電が行われる。充放電時には，正・負極上で以下のようなバナジウムイオンの電極反応が行われている。

充電：正極 $VO^{2+} + H_2O \rightarrow VO_2^+ + 2H^+ + e^-$
　　　負極 $V^{3+} + e^- \rightarrow V^{2+}$
放電：正極 $VO_2^+ + 2H^+ + e^- \rightarrow VO^{2+} + H_2O$
　　　負極 $V^{2+} \rightarrow V^{3+} + e^-$

充電時に正極で発生する水素イオンは，イオン交換膜を通って負極側に移動して電解液の電気的中性条件を満たす。充電により正極液はV価のバナジウム (V^{5+})，負極液はII価のバナジウム (V^{2+}) に変換され，供給された電力が貯蔵される。逆に，放電により正極液はIV価のバナジウム (V^{4+})，負極液はIII価のバナジウム (V^{3+}) に変換され，貯蔵された電気エネルギーを取り出すことができる。

セルは図2に示すように，セルの中央に，イオン交換膜を配置し，その両端に正／負電極をはさみ，その周りを双極板を取り付けたフレームで囲む構造になっており，非常に単純な構成である。タンクに蓄えられた電解液を循環ポンプにてこのセル内へ送液循環させ，バナジウムイオンの価数変化により電池反応が起こる。しかし，単セルの電圧は平均1.4Vと小さいので，単セルの両側に導電性の双極板を設置し，複数のセルを直列に接続して，電力貯蔵用電池として取り扱いやすい電圧のセルスタックを構成する。例えば，108枚のセルを直列に接続したセルスタックを4つ組み合わせると，約600Vの電圧を発生させることが可能となる。

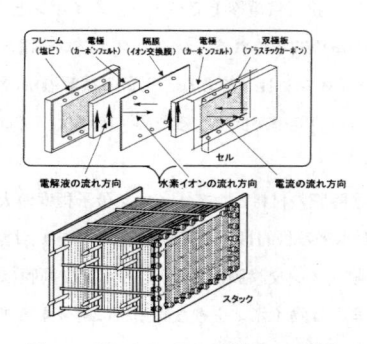

図2　レドックスフロー電池のセル構造

電力システムにおける電力貯蔵の最新技術

図3　電解液タンク
（左：ゴムタンク、右：ポリエチレンタンク）

　電解液タンクは，充電された電解液を蓄えておくものであり，タンク容量（電解液量）を大きくすることにより長時間放電が可能となる。また，絶縁性に優れ，安価であることが要求されるため，現在，ポリエチレンタンクとゴムタンクの2種類を実用化している（図3）。

2.2　電池セルスタック[1]

　電池セルスタックは，図2のような構成となっており，そのサイズは電池反応を起こす電極サイズにより決定される。

　当初は，大容量化を目指していたため，セルスタックの電極面積を大きくすることが大きな目標であった。そして，電極面積を大きくする場合の一番の課題は，電極にいかに電解液を均一に流すかである。なぜなら，電解液が均一に流れないと効率低下などの問題が発生するからである。そこで，電解液を均一に流すため，電解液をセルスタックの下から上に流す方式とし，また，電解液が電極に流れ込む部分も独自の工夫を施した構造となっている。現在，実用化されているシステムの電極面積は5,000cm^2であるが，レドックスフロー電池開発の方向性が数百kWシステムに変わってきたこともあり，電極面積1,440cm^2の小容量セルスタックについても開発済みである。

2.2.1　隔膜

　レドックスフロー電池では，正／負電極上でバナジウムイオンとの電子のやりとりが行われ，電解液中ではイオンが正負の電極間を流れる。レドックスフロー電池の場合の電池内部での電荷担体は，主にプロトン（水素イオン，H^+）であり，正負の電解液中のバナジウムイオンが混じってしまうと自己放電を起こし電流効率が低下するため，隔膜は，プロトンを通し，バナジウムイオンを通しにくくなっている。

　上記のような役目を果たす隔膜の材料として，イオン分子程度の大きさの孔を有するイオン交換膜がある（イオン交換膜の本来の目的は，不純物の除去であり，陰イオン基をもつ陽イオン交換膜と，陽イオン基をもつ陰イオン交換膜がある）。イオン交換膜は膜状であり，基本的にはイオン交換基，即ち陽イオンまたは陰イオンをもち直鎖状に重合するモノマーと，そこでできた直鎖状の重合体を3次元的に繋ぐ架橋剤とを重合させたものである。

第4章　レドックスフロー電池による電力貯蔵技術

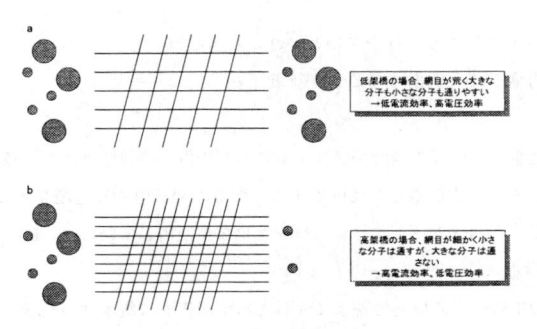

図4　架橋と分子の通りやすさ

　図4では，架橋した重合体の網目を分子が通る様子を示している。aのように低架橋で網目が粗い場合，大きな分子も小さな分子も全て通ってしまう。小さな分子であるプロトンが通りやすいほど抵抗は小さくなり電圧効率は高くなるが，大きな分子であるバナジウムも通ってしまうため，正極・負極の混合が起こり自己放電を起こし，電流効率は低下する。bのように高架橋で網目が細かく小さな分子は通すが大きな分子は通さないものは，自己放電が少なく電流効率が高いため適しているのだが，実際には大きな分子であるバナジウムを完全に通さないような網目の場合には小さな分子であるプロトンも通しにくくなっており，高電流効率であるが，電圧効率は低くなってしまう。このように，電流効率と電圧効率を適正にバランスさせ，高効率を得られる隔膜とすることが重要なポイントである。

　イオン交換膜には，陰イオン交換膜と陽イオン交換膜の2種類があるが，レドックスフロー電池には陰イオン交換膜を使用している。なぜなら，陽イオン交換膜の代表であるデュポンのナフィオン膜の場合，フッ素系であり耐酸性・耐熱性に優れ，燃料電池の隔膜としても使用されているが，陽イオン交換基をもっているがゆえにバナジウムを膜内に取り込もうとする力が働き，その結果，隔膜内にバナジウムを通過させるような働きを示すためである。

　一方，陰イオン交換膜では，陽イオン交換基をもち，陽イオンであるバナジウムをイオン反発によって近づけない働きを示し，その結果，隔膜内をバナジウムが通過しにくくなっている。勿論，同じ陽イオンであるプロトンも同様にイオン反発されるので，隔膜内を通過しにくくなっており，電圧効率は低下する。この場合も，電圧効率と電流効率のバランスが問題となるが，この場合には電圧効率に対する寄与に比べて電流効率に対する寄与が大きいため，陰イオン交換膜を使用して電流効率を維持することが適している。

　もう一つ隔膜の働きに寄与する大きな原因として，隔膜の厚みがある。隔膜の厚みが薄ければ薄いほど，プロトンの隔膜内を移動する距離は短くなるので，抵抗を減少させることができるが，

一方でバナジウムイオンもとおりやすいということになる。

以上の事項を考慮して，設計することが重要である。

2.2.2 電極

電極は，電解液を均一に流す機能が必要であり，双極板との接触抵抗を低減するためには弾力性が必要である。また，電解液との反応性をよくするため接触面積を増やすことも重要である。電極の材料として，当初はカーボンファイバークロスを使用していたが，最近ではカーボンフェルトを採用している。

また，水溶性の電解液との反応性をよくするため電極表面に親水性の処理をしており，最近では電解液を通しやすくするために電極に溝を設けている。当初の鉄ークロム系電解液では，負極の水素ガス発生の副反応を抑制することが大きな課題であった。

2.2.3 双極板

双極板に要求される機能は，正極と負極の電解液を完全に分離できること，電気伝導性がよいことの2点である。

現在使用しているプラスチックカーボンは，プラスチックにカーボンを練りこんだ薄い板であるが，電解液の流れを邪魔しないよう均一に製造することが要求される。また，プラスチックカーボン自体の抵抗は他の材料に比べ無視できるほど小さいものであるが，電極とは接触しているだけであり，電極を機械的に圧縮させることで接触抵抗を低減させている。

2.2.4 電解液

正極の金属イオンと負極の金属イオンとの標準電圧の差が大きいほど高電圧の電池電圧が取り出せる。鉄ークロム系では約1Vであるが，バナジウム系では約1.4Vである。電解液中の金属イオン濃度を高めると，単位体積あたりのエネルギー密度を高めることができる。すなわち，レドックスフロー電池のコンパクト化が図れる。現在は2モル/L程度まで高濃度化している。

硫酸濃度とバナジウム濃度は導電性に大きく影響し，またその溶解度はお互いに関係があるので，その最適濃度を求めることが重要である。さらに，電解液中に含まれる不純物は少なければ少ないほど電解液の性能がよくなるが，高純度の電解液は製造コストが高くなるため，電池反応に悪影響のないレベルに低減することが重要である。

2.2.5 電解液タンク

電解液の比重は約1.4であり，タンクはその電解液の重さを支える必要がある。また，電解液は強酸であるから化学的に耐えられるものでなければならない。さらに，電解液には電圧が加わるので外部とは電気的に絶縁されている必要がある。

現在までに製作したレドックスフロー電池システムのタンクの内，450kWシステムに使用した「鉄タンクと塩ビライニング」は，コスト面やその取り扱いやすさに優れているが，塩ビ板間

第4章　レドックスフロー電池による電力貯蔵技術

を接続する塩ビ溶接部分の絶縁性に課題がある。この問題を解決するため，図3の左図のようなゴム製のタンクを新たに開発した。そして，このゴム製のタンク開発により，レドックスフロー電池の中で大きな体積を占めるタンク部分をビルの中の遊休空間である湧水槽などに格納することが可能になり，ビル設置用レドックスフロー電池の実用化が可能になった。

2.2.6　その他設備

レドックスフロー電池システムを構成する上で，その他の付随設備として，空冷式冷却装置，電解液循環ポンプがある。各々の役割等は以下のとおりである。

(1)　空冷式冷却装置[2]

放電時の発熱反応により電解液の温度上昇を伴い，電解液温度が高温になった場合には電解液の析出など，レドックスフロー電池システムの性能に支障をきたす恐れがある。このため，電解液温度の上昇を抑えるための冷却装置が必要となる。当初，冷却装置としてフッ素樹脂製のシェルアンドチューブ式熱交換器（市販品）を使用した水冷式冷却システムを採用していたが，①冷却水配管が必要であり，システムの設置場所によっては設置困難な場合がある　②冷却塔のメンテナンスが必要　③コスト高であるといった課題もあったため，空冷式冷却装置も開発し，標準的に使用されている。

(2)　電解液循環ポンプ

電解液をタンクからセルへ，またセルからタンクへ循環させるのに重要である。循環する経路には，耐酸性および絶縁性に強い塩ビ配管を使用している。また，電解液の送液量は，電池制御盤にてポンプの周波数を変えることで変更することができる。

2.3　特徴[3]

レドックスフロー電池には以下のような特徴があり，特に大容量の電力貯蔵用システムに最適である。

(1)　原理が単純

活物質として電解液中のバナジウムイオンを用いており，電池反応はそのイオン価数変化のみで行われる。

(2)　レイアウト設計の自由度が高い

電池出力（セル部）と電池容量（タンク部）が分離できる構造であるため，設置場所に応じたレイアウトやタンク形状の設定が可能である。例えば，ビル地下の湧水槽などのデッドスペースを活用する場合，搬入するための開口部を新たに設ける必要がなく，折り畳んでマンホールから搬入することができるゴムタンクを使用する。出力，容量の各々に対して，お客さまのニーズにあった設計が可能である。

57

(3) 高速応答

レドックスフロー電池単体のステップ応答時間は数百 μs と非常に速く（図5）[4] レドックスフロー電池システムによる瞬低補償動作の切り替え時間は、1/4サイクル程度（約4ms）である（図6）。

(4) 高出力対応

セルスタックの出力を決める主な因子として、①電極、隔膜などの電気抵抗、反応抵抗に関わる抵抗、②流量、電解液量に依存する抵抗、③電解液の充電状態が挙げられる。長時間放電ではこれらの因子が関与することになるが、秒オーダーの放電では②の影響が少ないため、出力制限要素が緩和されて高出力が得られる。例えば、秒オーダーの場合、電解液の充電状態によっては通常使用の3倍以上の高出力で使用できるため、瞬時の電圧低下などに対して安定した電力を確保できる。

(5) 保守管理が容易

同じタンクから電解液が各セルに供給されるため、各電池セルの充電状態は同一であり、均等充電などの特別な作業が不要である。また、常温動作で電解液が比較的安全なため、保守管理も容易である。

(6) 環境に優しい

化石燃料を必要としないため環境に優しい。また、電解液中のバナジウムは半永久的に利用でき、発電所からの廃バナジウムが利用可能である。

(7) 多機能性

負荷平準化機能に加え、瞬低補償機能、停電補償機能および非常用電源機能をお客さまのニーズに合わせて、必要な装置を追加させることで、自由に組み合わせることができる。例えば、瞬

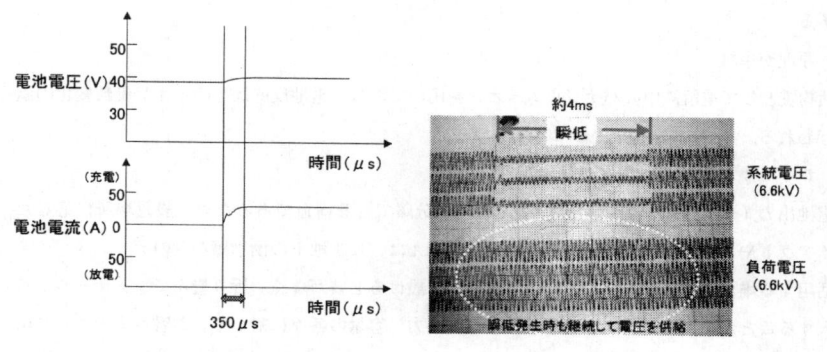

図5　レドックスフロー電池単体の応答特性　　図6　レドックスフロー電池システムの瞬低補償動作

第4章 レドックスフロー電池による電力貯蔵技術

低を検出する「瞬低補償検出器」や，瞬低が起こったときにお客さまの負荷を商用電源系統から切り離す「高速スイッチ」を追加することで，瞬低補償機能を持たせることができ，電解液タンクの容量（充電容量）を管理することで，停電補償機能および非常用電源機能を持たせることができる。

3 開発動向

3.1 開発の経緯[5]

レドックスフロー電池の原理は19世紀から知られているが，本格的な開発としては，1974年のNASAの原理発表以降，1983年に電子技術総合研究所（産業技術総合研究所の前身，以下「産総研」）で1kW級システムが試作され，以後，ムーンライト計画にて10kW～60kW級システムの開発が進められた。1985年からは，電力需要を平滑化し，電力設備の利用率を向上させる負荷平準化を目的に，関西電力（株）および住友電気工業（株）（以下，「住友電工（株）」）が共同で様々な容量のシステムを開発しており，2001年度には商品としてお客さまのところに設置されている。

3.1.1 鉄－クロム系レドックスフロー電池

1977年当時は，レドックス系として鉄－クロム系電解液の採用を決定した段階であって，レドックスフロー電池用電解液の具備すべき条件についてシステム分析するとともに，クロム，チタン，鉄系レドックスフロー電池についての基礎的な実験結果を併せて，鉄－クロム系が有望であるとされていた。そのため，1980年からのムーンライト計画「新型電池電力貯蔵システム」に鉄－クロム系レドックスフロー電池が採択され，最終的には1989年度に60kW～480kWhのシステムを，上記プロジェクトで，三井造船(株)が新エネルギー・産業技術総合開発機構（以下，「NEDO」）からの研究開発委託により完成した。

鉄とクロムはステンレス鋼の原料として大量に用いられているので安価と推定されたが，電解液を精製するのに予想外の経費がかかることが判明した。また，電池スタックの大型化には成功したものの，鉄－クロム系レドックスフロー電池の起電力が約1Vと低く電極反応も遅いためエネルギー密度が低く，スタック構成材料および部材の加工・組み立てコスト高の問題をクリアすることが困難であった。このため，三井造船(株)では正極液に鉄の代わりに臭素を使用する臭素－クロム系レドックスフロー電池を研究開発したが，実用化に至らなかった。

一方，産総研では，1989年に起電力が高く電極反応が迅速なバナジウム系レドックスフロー電池の研究開発を開始したが，これには次のような経緯がある。

3.1.2 全バナジウム系レドックスフロー電池

バナジウム系レドックスフロー電池は負極液にV^{2+}/V^{3+}, 正極液にVO^{2+}/VO_2^+を使用するので全バナジウム系レドックスフロー電池ともいう。未開発のバナジウム資源のあるオーストラリアでは1985年ごろから基礎研究が行われてきた。

ところが，三菱化学(株)の研究者が産総研を見学して，関連会社の鹿島北共同発電(株)で火力発電所の排煙煤からバナジウムを回収する技術を1987年に開発し，回収バナジウムの用途を検討しているとの情報提供が1989年にあった。そこで，鹿島北共同発電(株)と産総研は上記のバナジウム回収プロセスを基に，バナジウムレドックスフロー電池用電解液の製造技術を開発した。

バナジウム系レドックスフロー電池の出力電圧が約1.4Vと高く電極反応も迅速であるため、スタックのエネルギー密度が鉄ークロム系の数倍に達し，鉛蓄電池に匹敵する経済性が見込まれるようになった。このような経済性の見通しと，鉄ークロム系レドックスフロー電池の技術が利用できたこともあり，その後，技術開発が急進展し，産総研と(株)荏原製作所が1990年に1kW級バナジウム系レドックスフロー電池を，三井造船(株)が1991年に10kW級を開発した。さらに，三菱化学(株)と鹿島北共同発電(株)のグループはNEDOの「太陽光発電システム実用化技術開発」の研究委託（平成5年度～平成8年度）を受けて，1993年に2kW級レドックスフロー電池を完成して性能向上をはかるとともに，これとは別に10kW級を1994年に，200kWシステムを1997年に完成した。

また，住友電工(株)と関西電力(株)のグループは，1985年から共同研究を開始し，1989年に完成した60kW級鉄ークロム系レドックスフロー電池をもとに，独自にバナジウム系レドックスフロー電池の開発をすすめた。

1996年に完成した，150kWモジュールを3直列した450kWのレドックスフロー電池システムは，電解液を鉄ークロム系からバナジウム系に変更した。これは，鉄ークロム系に比べバナジウム系はエネルギー密度が高くコンパクトにできる点と，鉄ークロム系では水の電気分解などの副反応により，充放電に伴う電池容量低下が生じるという問題があったからである。この容量低下は，電解液のリフレッシュ化により容易に回復するものであるが，鉄ークロム系の場合は頻繁にその操作が必要で，通常はリバランス装置の常設が必要であった。

450kWの建設当初は，インバータの度重なる故障や，鉄タンクの絶縁性低下などの種々のトラブルに悩まされたが，現在では，それらの問題を全て解決している。

以上の開発経緯をまとめたものを表1に示す。

第4章　レドックスフロー電池による電力貯蔵技術

表1　開発の経緯

年	研究開発内容
1974	レドックスフロー電池の原理発表（NASA），電総研研究開発開始
1978	ムーンライト計画先導的基盤的研究（電総研）開始
	NASA（太陽光発電用：鉄―クロム系　1kW―8kWh）
1980	ムーンライト計画「新型電池電力貯蔵システム」プロジェクト発足
1980～1983	ムーンライト計画，電総研（鉄―クロム系　1kW―8kWh）
1984～1987	同上，三井造船（鉄―クロム系　60kW―480kWh）
1984	電総研太陽光発電用研究開始（鉄―クロム系　サンシャイン計画）
	三井造船（太陽光発電用：クロム―臭素系，間欠運転）
1985年ごろ	オーストラリアNSW大バナジウム系レドックスフロー電池研究開発開始
	住友電工―関西電力（鉄―クロム系　60kW―480kWh）研究開始
1985～1992	荏原製作所（NEDO）太陽光発電用（鉄―クロム系，サンシャイン計画）
1987	電総研教材用バナジウム系レドックスフロー電池研究開発開始
1989	住友電工―関西電力（鉄―クロム系　60kW―480kWh）
	電総研―鹿島北共同発電からのバナジウム系電解液製造技術研究開発開始
1990	電総研―荏原製作所（バナジウム系　1kW）
1992	三井造船（バナジウム系　10kW）
1993～1996	三菱化学―鹿島北共同発電　太陽光発電用バナジウム電池電解液製造技術の研究開発(NEDO)
1996	住友電工―関西電力（バナジウム系450kW（150×3）―1,000kWh）
1997	鹿島北共同発電―三菱化学（バナジウム系　200kW―800kWh）
1998	同上　10kW級RSCを車載試験

3.2　各機能

3.2.1　負荷平準化機能

　レドックスフロー電池の導入に伴い，軽負荷時間帯に充電し，重負荷時間帯に放電させることにより，日最大電力需要を抑制して負荷平準化を図ることができる（図7）。電力を供給する系統側では，夏季の冷房需要増加により，負荷率（平均電力と最大電力の比率）が低い傾向にあるため，その対策として発電所や変電所に電池を設置して，負荷平準化を行うことにより負荷率の向上を目指してきた。一方，電力を消費する受電側では，ビルや工場等に設置すれば，夜間に充電し昼間に放電することにより，受電負荷の平準化，すなわち電気料金の削減と受電設備の縮小

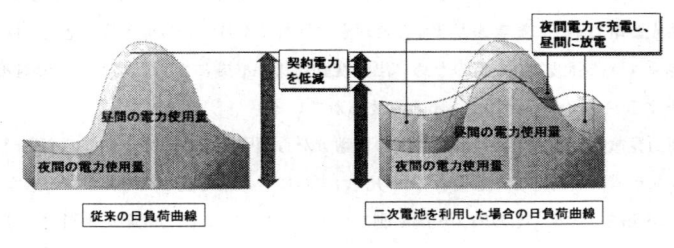

図7　負荷平準化効果

電力システムにおける電力貯蔵の最新技術

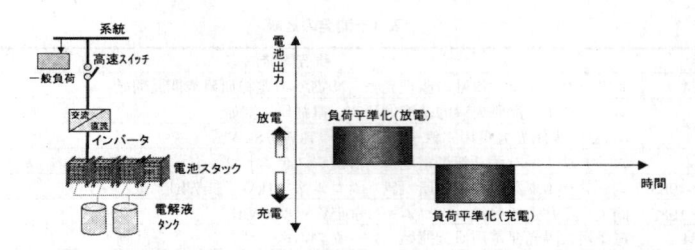

図8 負荷平準化機能をもたせたシステム構成および充放電パターン

化を図ることができる。システム構成および充放電パターンを図8に示す。レドックスフロー電池システムでは，セルスタック数および電解液量を変えることによって，お客さまの負荷に合わせた設計が可能である。

3.2.2 瞬低補償機能・非常用電源機能

近年，電子技術を駆使した機器やシステムが広範囲に普及し，特に瞬時電圧低下（以下，「瞬低」）の影響がクローズアップされている。瞬低の発生状況によると，0.2秒以内程度までに発生回数の80％以上が集中している。瞬低発生直後に負荷側で1秒間程度の電力バックアップができれば，影響を最小限に食い止めることが可能となる。

レドックスフロー電池は元々，負荷平準化用途で開発され，長時間放電を想定していた。瞬低対策用途の短時間放電の場合にも，長時間放電時とは異なった性能を有するため，最近では瞬低対策装置としても利用されている。

瞬低補償機能および非常用電源機能のシステム構成，充放電パターンを図9および図10に示す。

3.2.3 風力発電の出力平滑化機能[6]

風力発電は近年，技術革新や大規模化による設置コストの低減，導入補助などの効果により，風況のよい北海道，東北地方を中心に大規模風力発電システム（以下「ウィンドファーム」）などの導入が進展してきている。しかしながら，風力発電は風況によって発電出力が変動することから，連系する電力系統に影響を及ぼすことが懸念されており，今後導入量の増大に伴って，電力系統の品質（特に周波数）維持のため，出力変動対策が必要になってくる。その対策として，電池を併設するシステムが有効であると考えられている。

一般に風力発電の変動は，比較的長周期の変動分から短周期のものまで種々の変動が含まれるが，電池システムは瞬時応答にも優れており，いずれにも対応可能な点で非常に好適なシステムとなることが期待できる。その内，短周期側のウィンドファーム出力変動を平滑化させるための蓄電システムの制御技術などを開発し，経済的システムを構築することを目的として，「風力発

第4章 レドックスフロー電池による電力貯蔵技術

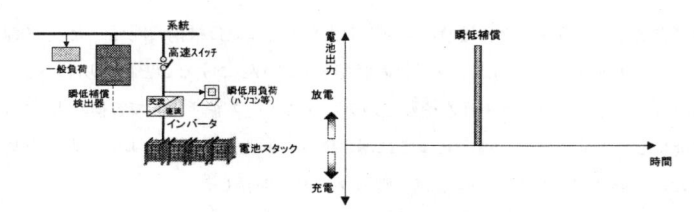

図9 瞬低補償機能をもたせたシステム構成および充放電パターン

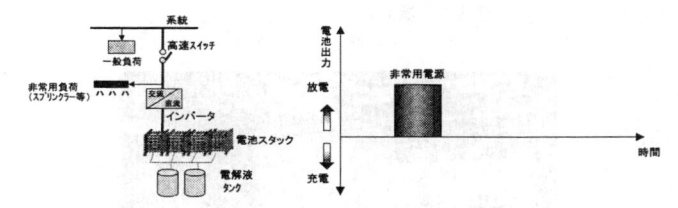

図10 非常用電源機能をもたせたシステム構成および充放電パターン

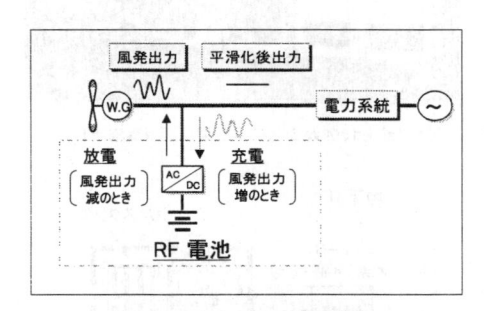

図11 風力併設のレドックスフロー電池システム

電電力系統安定化等技術開発」を2003年度から2007年度までの5年間の事業として実施されている。

風力併設のレドックスフロー電池システムを図11に示す。

4 導入例

4.1 100kWシステム（負荷平準化）（事務所ビル 2000年3月運転開始）

レドックスフロー電池をオフィスビルへ適用する場合，スペースに制約があるためコンパクト化が重要な要素である。このため，①電池の内部抵抗低減による高出力化（高電流密度化），②

電力システムにおける電力貯蔵の最新技術

電解液の高濃度化によるタンク容量のコンパクト化を中心に改良技術の開発を進め,実証試験設備と比較して,セルスタックおよびタンクの容積ともに1/2にすることに成功した。

ビル内設置に当たっては,地下湧水槽などのデッドスペースを活用して容積の大きい電解液の収納を可能にした。また,特に既設ビルでは湧水槽への通路がマンホールしかないため,搬入・据付けにおいて形状がフレキシブルなゴム製のタンクを開発した。

上記のような技術開発の経緯があり,既設ビルへのレドックスフロー電池の設置技術を確立することを主な目的として,2000年3月,地下1階,地上11階建ての中規模一般事務所専用ビルに100kW級レドックスフロー電池を設置した。

図12(a)　100kWシステム設置状況(事務所ビル)

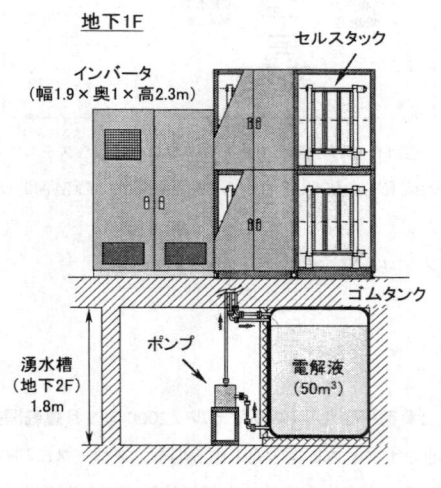

図12(b)　100kWシステムイメージ図

第4章　レドックスフロー電池による電力貯蔵技術

　図12に示すように，セルスタックとインバータは駐車場として使われている地下1階に設置している。電池盤とインバータの設置面積は約7.0m^2（メンテナンス空間は含まず）で車1台分程度のスペースである。また，電解液は50m^{3}であり，高さ2mのタンクとしても設置面積は25m^{2}以上必要であるが，このタンクはポンプと一緒に地下2階に相当する湧水槽と呼ばれる遊休空間に格納した。さらに，夏場に電解液温度が上昇しすぎるのを防止するため，配管部に熱交換器を取り付け，屋外に設置したクーリングタワーで冷却できるようになっている。

　工事に際しては，地下1階から湧水槽につながる点検用マンホール（内径600mm）から全ての資材を搬入した。ゴムタンクも折り畳んでマンホールから搬入し，湧水槽内部で広げ壁面に吊り下げるように設置した。

4.2　168kWシステム（負荷平準化）（関西電力(株)巽実験センター　2001年1月運転開始）

　巽実験センターに168kWシステムを建設し，2001年1月より運転を開始している。図13にシステム構成を示す。電池セルスタックは，1スタックあたりのセル積層数を増し，100kW級システムと同様の4セルスタック構成としている。

　一方，電解液タンクやポンプはシステム設置面積のコンパクト化を図るため地下に設置しており，このタンクの高さは約4mとした。これは，既設ビル等の湧水槽には種々の形状があり，高さ4mの湧水槽が建設される場合を想定している。また，電解液の冷却には新たに開発した空冷方式を採用している。

4.3　1,500kWシステム（負荷平準化＋瞬低補償）（液晶工場　2001年4月運転開始）

　液晶や半導体工場では，瞬低発生によって製造機器に悪影響を及ぼしたり，また正常な操業に回復するまでに長時間を要するなど，相当な被害額となる場合がある。このため，多くの工場で

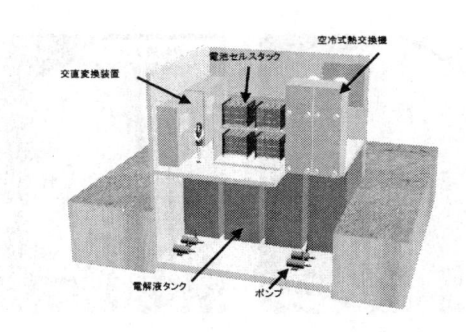

図13　168kWシステムイメージ（巽実験センター）

は瞬低対策装置の導入や対策が進められている。

　瞬低対策装置としては，ニーズに合わせて適切な方式が選ばれている。大規模工場では瞬低対策装置としてMW級の出力を必要とするため，従来，常用自家発電機が多用されていた。しかしながら最近では，大型の常用自家発電機の新設には環境アセスメントを条例で義務付ける地方自治体もあり，排気ガスの出ない瞬低対策装置が望まれていた。

　液晶工場に設置された瞬低対策装置を図14に示す。この装置は，昼間負荷のピークカットとしてAC1.5MW×1時間を放電し，瞬低発生時にはピークカット出力の2倍に相当するAC3.0MWを1.5秒間放電する。常時インバータ給電方式を採用しており，瞬低発生時には無遮断で負荷へ電力供給を継続する。毎日のピークカット動作は1日の負荷平準化を図ることができるとともに，装置の健全性も確認できる。

4.4　500kWシステム（負荷平準化）（大学　2001年7月運転開始）

　大学の受電最大電力は，学部棟，総政，図書メディア棟，新厚生棟の開校に伴い，最大電力は昼間に2,500kWと想定された。このため，レドックスフロー電池システムを導入することにより，負荷平準化（500kW分をピークシフト）され，受電最大電力は2,000kWと，昼間電力を下げることができる。また，最大電力を2,000kW以下にすることで高圧のままで受電が可能となり，特別高圧受電設備が不要となる。また，長期的な最大使用電力の増加への対応については，電池の容量を増設することで対応が可能であると想定された。

　大学に設置されたレドックスフロー電池の概要を図15に示す（168kW×3バンク，500kW，5,000kWh）。

　電解液タンクは，高さが約4m，実容積31m^{3}のゴムタンクを使用した。完全に6面を支持するため，ゴムタンクの上辺につり紐を掛けられるようにフックを付け，タンク室外部から吊り上げ

図14　1,500kWシステム（液晶工場）

第4章 レドックスフロー電池による電力貯蔵技術

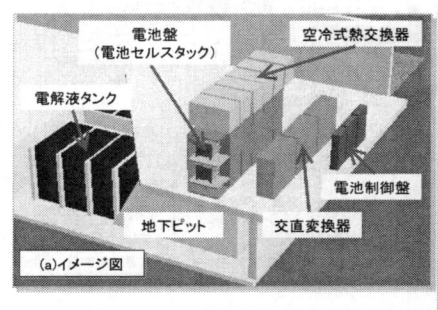

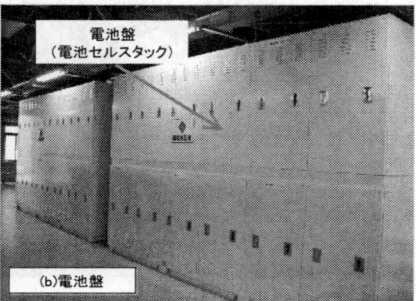

図15 500kWシステム（大学）

られる「吊り上げ工法」を開発，採用された。

4.5 120kWシステム（負荷平準化＋消防非常用電源）（事務所ビル　2003年5月運転開始）

　通常，ビルなどではスプリンクラーなどの消防設備と停電時にこれらの電源を確保するための非常用電源の設置が義務付けられている。そこで，レドックスフロー電池の負荷平準化機能に加えて消防非常用機能を備えた消防非常用システムが実現できれば，負荷平準化のメリットのほかに，非常用自家発電機や鉛蓄電池設備代替のメリットが付加されることになる。

　そこで，消防非常用電源機能付きシステムを2003年3月に事務所ビルに設置し，実際の使用環境で消防用スプリンクラーポンプや消防用水ポンプの起動特性を取得するなど，実証試験を行った。地下3階に電池盤を，その階下の湧水槽に電解液タンクを設置し，デッドスペースの有効活用を図っている。

　負荷平準化用スタックと非常時の起動用スタックを分離させるシステム構成も考えられるが，本システムではそのスタックを兼用させることで構成を単純化，コンパクト化を図っている。こ

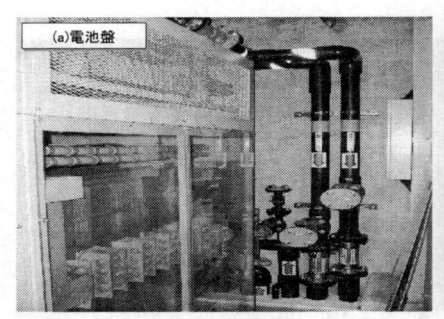

電力システムにおける電力貯蔵の最新技術

図16　120kW システム（事務所ビル）

のため，停電発生時にポンプが停止してもスタック内の電解液エネルギーで初起動ができるようにし，スタックへの供給配管に逆止弁をつけることでスタック内に電解液を溜める構造としている。さらに，交直変換装置に高速スイッチを設けて瞬低補償機能も付加している。

本システムは図16に示すように，電解液タンクは負荷平準化用タンクのほかに，常に電解液が満充電されている消防非常用タンクを備えている。

負荷平準化運転の放電終了時に火災・停電が発生した場合は，この消防非常用タンクにバルブを切り替えて電解液をスタックに送り込み，図16右側に示すように消防機器などへ電力を供給するものである。

4.6　100kW 級多機能型システム（負荷平準化＋消防非常用電源＋瞬低補償）

（事務所ビル　2004年12月運転開始）

事務所ビルに100kW級多機能型システムを設置し，2004年12月より運転を開始している（図17）。このシステムは，レドックスフロー電池の特徴のひとつである多機能性に着目し，複数の機能を併せ持つシステムである。すなわち，夜間に充電して昼間に放電することにより，事務所ビルの負荷平準化が行える負荷平準化機能のほかに，非常用電源機能，瞬時電圧低下補償機能を備えており，ひとつの電池システムで3つの機能を果たしている。

本システムの特徴として，このシステムには電極面積が従来のセルスタックの約1/3である小容量セルスタックを採用しているところにある。電極面積を小さくすることにより，セル内での電解液の流路を短縮することができ，それに伴い，セルの入口と出口の電解液の圧力差である圧損を低減することができるため，流量増加が可能である。その結果，単位面積あたりに流せる電流を増加させることができるため，単位面積あたりの出力も増加する。また，セルスタックを直列に接続している電池システムにおいて，同一容量の電池システムを構成する際に，電極面積を

第4章　レドックスフロー電池による電力貯蔵技術

小さくすることによってセルスタックの直列数を増やせ、セルスタックの端子電圧合計を高くすることができる。その結果、インバータの直流電圧を高くすることができ、インバータ損失の軽減が図れる。従って、小容量セルスタックを採用することにより、従来セルスタックのシステムに比べて、コンパクトでかつ高効率なシステムとすることができる。

さらに、負荷平準化機能と非常用電源機能を兼用している場合には、非常用電源としての容量を常に確保しておく必要があるが、本システムでは精度よく容量管理するために、電池の開放電圧を測定することのできるモニターセル（図18）を導入し、電力供給中においても、電池の残容量を確実に管理し、非常用電源の容量を確保できるようにしている。

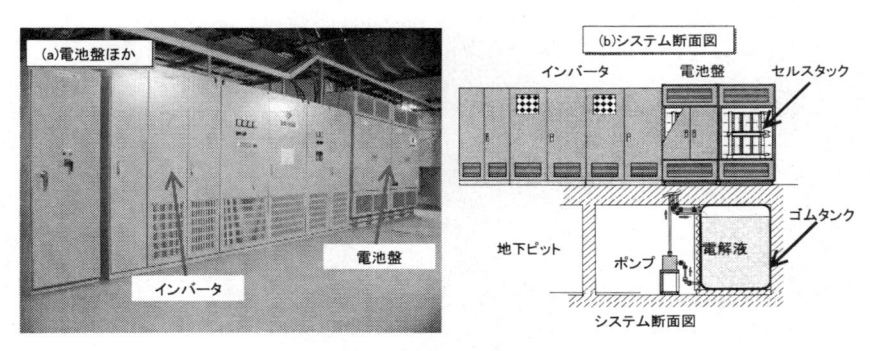

図17　100kW級多機能型システム（事務所ビル）

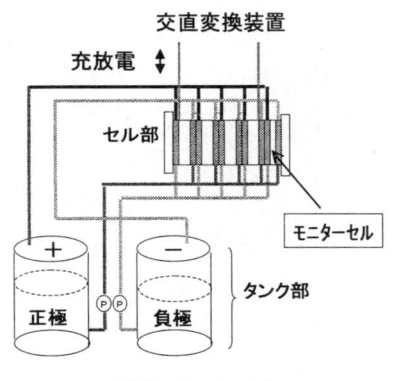

図18　モニターセル

電力システムにおける電力貯蔵の最新技術

文　献

1) 徳田，"電池技術"(社)電気化学会電池技術委員会，第13巻(2001)
2) 西村，"レドックスフロー電池用空冷式冷却装置の開発"，SEM TECHNICAL REVIEW Vol.21
3) 上野，"電力貯蔵用レドックスフロー電池の技術開発動向"，OHM 9(2003)
4) 榎本ほか，"レドックスフロー電池の応答特性とモデリングに関する考察"，T.IEE Japan, Vol.**122-B**, No.4(2002)
5) 根岸ほか，"電力貯蔵用バナジウム系レドックスフロー電池の電解液"，電子技術総合研究所，第63巻，第4,5号
6) 徳田，"ウィンドファームの出力平準化技術"，*IEEJ Journal*, Vol.**125**, No.11(2005)

第5章　シール鉛蓄電池による電力貯蔵技術

辻川知伸*

1　はじめに

　一般にエネルギーを蓄積する技術としては，揚水発電（位置エネルギー），フライホイール（運動エネルギー），氷等による蓄熱（熱エネルギー），蓄電池（電気化学エネルギー）などが挙げられる。この中で蓄電池は，エネルギーを電気化学的に蓄積できるため変換によるロスが少なく，最も効率の良いエネルギー蓄積媒体である。電力貯蔵のための蓄電池としては，ナトリウムイオウ電池，レドックスフロー電池，シール鉛蓄電池が実用化されている[1]。

　シール鉛蓄電池は他の蓄電池と比較して安価である点，長年にわたる安定した使用実績から信頼性が高い点，危険物を使用していないので建物内に設置しやすい点などが優れている。一方，エネルギー密度が低いため，多くの設置スペースを要する点，重量物なので設置場所の床加重を考慮しなければならない点がデメリットである。また，蓄電池の単セル容量（現在，最大で1,500Ah）には限界があるため，中規模（200kVA程度）以下の電力貯蔵システム用の貯蔵媒体として適用されている。

2　シール鉛蓄電池の原理とサイクル特性の改善

2.1　シール鉛蓄電池の原理

　シール鉛蓄電池は，正極の活物質として二酸化鉛（PbO_2），負極の活物質として鉛（Pb），電解液として希硫酸（H_2SO_4）を使用している。充放電時の化学反応は次式で表現できる。

$$\text{正極}: PbO_2 + 4H^+ + SO_4^{2-} + 2e^- \underset{\text{放電}}{\overset{\text{充電}}{\Leftrightarrow}} PbSO_4 + H_2O$$

$$\text{負極}: Pb + SO_4^{2-} \Leftrightarrow PbSO_4 + 2e^-$$

$$\text{全反応}: PbO_2 + 2H_2SO_4 + Pb \Leftrightarrow 2PbSO_4 + H_2O$$

---

*　Tomonobu Tsujikawa　㈱エヌ・ティ・ティ ファシリティーズ　研究開発本部　主任研究員

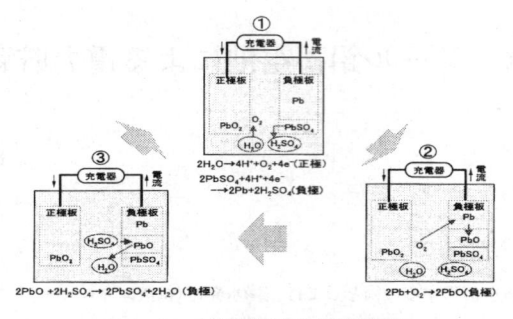

図1 シール鉛蓄電池の負極吸収反応

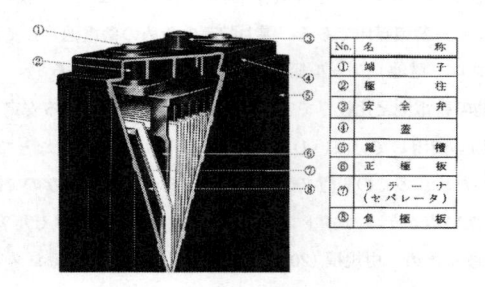

図2 シール鉛蓄電池の構造

　充電が進み満充電状態となると液式鉛蓄電池は，電解液中の水分が電気分解され，正極からは酸素ガス，負極からは水素ガスが発生し電解液が減少するが，シール鉛蓄電池は電気化学的に負極の一部を放電状態とすることにより，水素ガスの発生を抑え電解液の減少を抑制している。これを負極吸収反応と呼び，その模式図を図1に示す。つまり，電気分解によって酸素が発生するが，その酸素は即座に負極活物質である鉛を酸化することに消費される。生成した酸化鉛は硫酸鉛を経て，再び鉛に還元される。

2.2 シール鉛蓄電池の構造材料

　シール鉛蓄電池の構造の一例を図2に示す。シール鉛蓄電池は，正極板，負極板，セパレータ，電槽および蓋，端子，安全弁等から構成される。

(1) 正極板

　主に，ペースト式極板とクラッド式極板がある。ペースト式極板は格子状に鋳造した鉛合金の表面に，反応に寄与する活物質である二酸化鉛(PbO_2)ペーストを充填したものである。クラッ

第5章　シール鉛蓄電池による電力貯蔵技術

ド式極板は，櫛菌状に鋳造した鉛合金製の芯金を中心に配置したチューブの中に，活物質を充填したものである。一般的にペースト式極板の方が製造コストは安い。

活物質は電解液と反応して電気エネルギーを蓄積・放出する。また，格子および芯金は導電体である。蓄電池が過充電になったときに正極板では酸化反応が起こっており，格子および芯金は徐々に腐食する。そこで，格子厚の増加，スズなどを添加した耐食合金を使用することで導電部分を確保している。

(2) **負極板**

負極板も，格子状に鋳造した鉛合金の表面に，活物質である鉛 (Pb) を充填したものである。鉛が放電し硫酸鉛に変化すると体積膨張を伴う。また充電されると元の鉛に戻り収縮する。そこで，膨張収縮に耐えうるように海綿状鉛を使用している。過充電時に負極板では還元反応が起こっており格子腐食は発生しないので，負極板はできるだけ薄く加工される。

(3) **セパレータ**

正極板と負極板を電気的に絶縁するためにセパレータが挿入される。また，セパレータは電解質である硫酸を通過させるために，多孔体でなければならない。一般的にシール鉛蓄電池では，多孔性のガラス繊維に硫酸を含浸させたものを使用している。硫酸の余剰液は存在しないので，蓄電池を横倒しで使用しても外部に漏れ出すことはない。このため，蓄電池を多段積みで設置することが可能となり，スペースの有効利用を図ることができる。また，化学反応を促進させる目的と，活物質と格子体の密着性を確保する目的で，セパレータのクッション性を利用して，極板とセパレータを積み重ねた後に加圧して電槽に挿入している。

(4) **電槽および蓋**

電槽および蓋には，主にPP (ポリプロピレン) 樹脂やABS (アクリロニトリル・ブタジエン・スチレン共重合体)樹脂の成型品が使用される。機械的強度，透湿性，耐酸性，耐電圧性，耐薬品性を考慮し，材質，厚みが決定される。蓄電池からの不慮の漏液によって，火災に至るケースがあるので，安全性を考慮する場合は電槽材料を難燃化している。

シール鉛蓄電池は完全に気密を確保する必要がある。そこでABS樹脂の場合，電槽と蓋間は接着剤を使用して接合している。PP樹脂の場合接着剤は使用できないので，熱溶着で接合している。また，極柱の貫通部分には，あらかじめ蓋に鉛ブッシングを埋め込んで成形しておき，極柱と溶接する方法がとられている。

(5) **端子**

端子には，放電時に電気エネルギーを蓄電池の内部から外部へ，充電時に外部から内部へ安全に伝達する役割がある。据置式鉛蓄電池の場合，ボルトのみを締め込むことによって外部導体と接続することができるナットインサート端子，ボルトとナットで外部導体と接続するL形端子が

使用される。端子材料には鉛合金が使用される。端子部の電気抵抗を下げる目的で、鉛合金端子内部に銅や真鍮の芯を鋳込むことがある。

(6) **安全弁**

通常より高い電圧が印加された場合や、周囲温度が著しく上昇した場合には、蓄電池は過充電となり内部で可燃ガスが発生し、内圧が上昇する。このときにガスを外部へ放出し蓄電池を破壊から守るものが安全弁である。一般的に安全弁にはフッ素ゴムやクロロプレンゴム等の耐酸性ゴムが使用される。また、安全弁が開いたときに外部の火種が蓄電池内部に引火すると爆発の原因になるので、安全弁とセットで防爆フィルタを設けている。安全弁は通常時には閉じており、外部から酸素ガスが蓄電池内部へ進入することを防いでいる。

2.3 サイクル特性の改善

シール鉛蓄電池の適用領域を図3に示す。蓄電池の使用形態はバックアップ用途とサイクル用途の二つに大きく分けることができる。バックアップ用途蓄電池は、常時は整流装置に負荷と並列に接続し、常に一定電圧を加え充電状態にしておき（フロート充電）、停電等が発生した場合に放電する蓄電池（通信用の予備電源など）、または、負荷から切り離した状態で、絶えず微

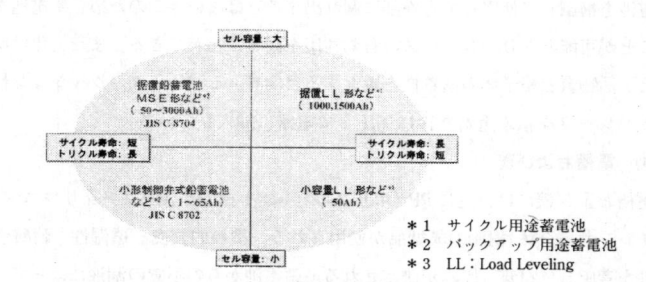

図3 シール鉛蓄電池の適用領域

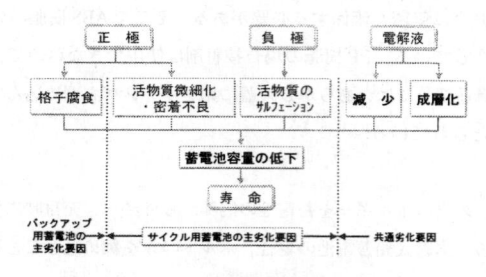

図4 シール鉛蓄電池劣化要因図

第5章　シール鉛蓄電池による電力貯蔵技術

少電流で充電しておき（トリクル充電），停電等が発生した場合に放電する蓄電池（UPS用など）である。一方，サイクル用途蓄電池は電力貯蔵システムのように充電と放電を交互に繰り返しながら運用される蓄電池である。従来のシール鉛蓄電池はバックアップ用途に設計されていることから，サイクル用途では短期間で劣化してしまうため電力貯蔵システムには適用できなかった。そこでシール鉛蓄電池のサイクル特性改善を図った。

　シール鉛蓄電池の主な劣化要因を図4に示す。従来のバックアップ用途では，過充電による正極格子腐食がシール鉛蓄電池劣化の主要因であった。一方，サイクル用途では，正極活物質の微細化・密着不良，充電不足による負極板のサルフェーション（負極板活物質の海綿状鉛が，不還元性の硫酸鉛結晶になること）や化学反応により電気を放出・蓄積する活物質粒子の軟化・脱落がシール鉛蓄電池劣化の主要因であり，バックアップ用途とは劣化要因が異なっている。そこで，この劣化要因の解析結果を基に，通信用電力設備のバックアップ用電源として使用されている期待寿命15年の2V系据置シール鉛蓄電池[2]をベースに，正極板には高密度で高強度の活物質を使用し，サルフェーション対策として電流の受け入れを良くするための添加剤や充電条件の検討を行い，短時間でも充電が確実にできるように充電受け入れ特性を高める[3]ことや，蓄電池上下間で電解液比重を均一に保つため，極板が水平になるように蓄電池が設置される金枠構造を採用することにより，サイクル特性の改善を図った。

2.4　サイクル用シール鉛蓄電池の電気的特性

(1) 放電特性

　図5にサイクル用シール鉛蓄電池の放電特性の一例を示す。鉛蓄電池は，放電電流，放電終止電圧，周囲温度によって取り出せる電気量が変化する。電力貯蔵システムに搭載する蓄電池の容量は，これらの要素を考慮して放電時間，消費電流，放電終止電圧，周囲温度，放電深度から

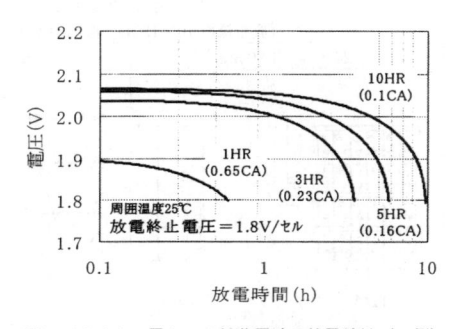

図5　サイクル用シール鉛蓄電池の放電特性（一例）

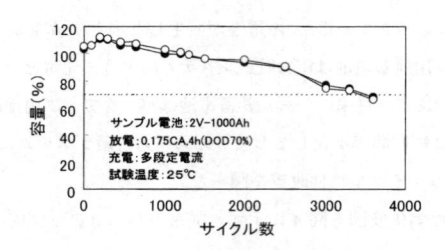

図6 サイクル用シール鉛蓄電池の寿命特性（一例）

選定する必要がある[4]。

(2) 寿命特性

図6にサイクル用シール鉛蓄電池の寿命評価試験の一例を示す。一般にシール鉛蓄電池の寿命は，放電可能容量が定格容量の70％を下回った時点と定義されている。2.3項で述べたサイクル特性向上のための対策を行ったサイクル用シール鉛蓄電池の期待寿命は，3,000回（放電深度70％，蓄電池周囲温度25℃，多段定電流充電方法[5]）で，これによって，充放電を毎日繰り返す電力貯蔵システムに適用が可能となった。

2.5 サイクル用シール鉛蓄電池の組電池構造

サイクル用シール鉛蓄電池の主要諸元を表1に示す。セルは1,000Ahと1,500Ahの2種類でありそれぞれ金枠に収容され，床荷重の点から24セルまたは12セルを1つのブロックとして，

表1 サイクル用シール鉛蓄電池の諸元（LL形）

定格容量	1,000Ah	1,500Ah
公称電圧	2V/cell	
充電効率	85％以上	
サイクル寿命	期待寿命：3,000回 （放電深度70％DOD，周囲温度25℃）	
ブロック質量	24セル：1,800kg	12セル：1,340kg
ブロックの外形図	1456 × 1145 / 590	1519 × 799 / 590

第5章　シール鉛蓄電池による電力貯蔵技術

必要なブロック数を使用して組電池を構成し，用途に応じた必要な電圧，容量を選定できるようにしている。このブロックは，実機による振動試験によって水平方向1G，垂直方向0.5Gの耐震性能を有することを確認している。

一方，蓄電池設備の設置に当たっては，消防法によって4,800Ah・セル以上の蓄電池は防火機能を有する専用蓄電池室内への収容が要求されており，このような専用蓄電池室が無い場合には，防火機能を有する筐体内への収納が義務付けられている。そこで従来は蓄電池全体を防火用の金属箱に収容する，キュービクル式蓄電池設備が使用されてきた。一方，開発したサイクル用シール鉛蓄電池は，端子面の他は既に金属製の枠に収容されていることに注目して，端子面に鉄製の蓋を取り付けることにより，防火用の金属箱と同様の機能を持たせることを可能とし，コンパクト化と低コスト化を実現した[6]。

3　電力貯蔵システムの構成とシステム運用

3.1　システム構成

シール鉛蓄電池を貯蔵媒体としている電力貯蔵システムには，UPSタイプと双方向タイプの2種類がある。それぞれのシステム構成を図7および8に示す。

UPSタイプは，整流装置，インバータ，専用の充電装置，サイクル用シール鉛蓄電池，システム監視装置（蓄電池管理ユニット，統合管理ユニット，監視サーバ）から構成される。

このシステムが従来のUPSと最も大きく異なる点は，蓄電池を単なるバックアップ用として常に満充電状態でスタンバイさせているのではなく，電力需要の平準化を目的として必要に応じて繰り返し充放電させながら運用する点である。このため，従来のUPSと比べると蓄電池容量

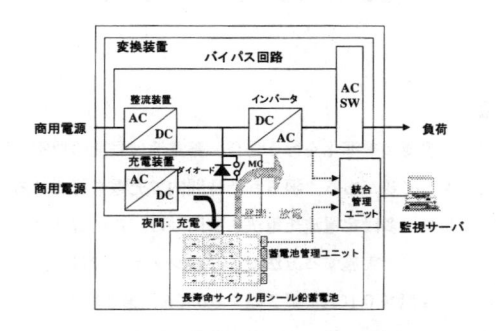

図7　UPSタイプ電力貯蔵システム構成

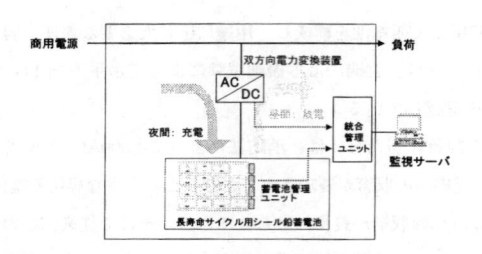

電力システムにおける電力貯蔵の最新技術

図8 双方向タイプ電力貯蔵システム構成

が大きくなっており，電力需要の平準化はこの容量増加部分を利用して行われる。また，通常のUPSと同様に高精度の交流電力を供給することができ，商用電力の停電時には無瞬断で給電を継続できる。この電力貯蔵システムはあらかじめ選定した負荷に高信頼で給電できるとともに，蓄電池の充放電を行うことにより電力需要の平準化を行うことができる。

双方向タイプは，電力変換部であり整流機能とインバータ機能を一つの回路で行う双方向電力変換装置，サイクル用シール鉛蓄電池，システム監視装置から構成される。

この双方向タイプもUPSタイプと同様に蓄電池を充放電させながら運用し，電力需要の平準化を行うことができる。システム構成がUPSタイプと比較すると簡単なため小型化が図れ，また商用電力と連系して給電することができるため，あらかじめ電力を供給する負荷を選定する必要がない。しかし，UPSとは異なり常時は商用電力を直送給電するため，給電品質は常時商用UPS並である。

両タイプのシステムで使用する蓄電池は，防災用設備や非常用設備へ電力供給可能な消防法・建築基準法に適合した構成(以下，キュービクル式蓄電池設備)となっている。そのため，非常用エンジンの代替や非常用照明装置の代替などに適用可能である。

3.2 構成要素

3.2.1 急速充電方法

電力貯蔵システムで電力需要の平準化を行う場合，蓄電池は昼間の放電に備えて夜間に昼間放電した電力を完全に充電する必要がある。限られた時間内で充電を行わせるために，短時間で効率よく充電可能な方法として，多段定電流充電法を適用した。この方法は，定電流による充電を電流値の異なる複数のステップで実施する方法で，このシステムでは，図9に示す3段階充電法を採用した。電流値は，第1段を0.1CA，第2段を0.05CA，第3段を0.02CAとし，第3段では2.42V/セルで定電圧充電となる制御を行っている。各段への充電ステップの移行は，2.42V/セルに到達した時点とし，通電電気量の合計が放電電気量の102%に到達した時点で蓄電池保護機能

第 5 章　シール鉛蓄電池による電力貯蔵技術

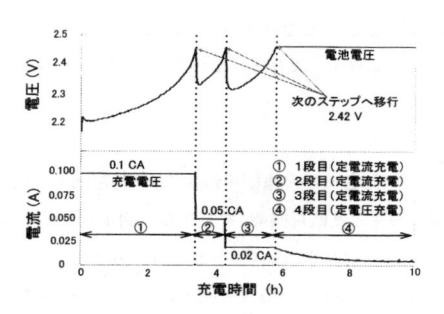

図 9　急速（多段定電流）充電パターン

により充電を終了し，蓄電池の過充電を防止している。

さらに何らかの原因で，蓄電池が完全充電状態であるにも関わらず，充電が開始された場合には，蓄電池の状況を判断して，充電を停止する安全機能を付加している。

UPSタイプで電力需要の平準化を行う場合，放電した蓄電池を限られた夜間電力時間帯で充電するには，従来のUPS整流部の出力だけでは容量が不足している。そこで，蓄電池専用充電装置を別に備えた。また，蓄電池放電回路には，短絡用電磁接触器（以下，MC）とブロックダイオードを設置し，蓄電池の充電時および待機時にはブロックダイオードを挿入した状態とし，UPS整流部電圧を充電電圧より高い電圧に設定し，充電時や待機時においてもシステムへの支障が生じないようにした。蓄電池から電力を放電する際には，MCを短絡することで電力損失を防止している。

3.2.2　システム監視装置

システム監視装置は，蓄電池管理ユニット，統合管理ユニット，監視サーバから構成されている。各ユニットの外観を図10に示す。統合管理ユニットとUPS間，統合管理ユニットと充電装置間，統合管理ユニットと各蓄電池管理ユニット間はそれぞれ相互に接続され，これらの情報が

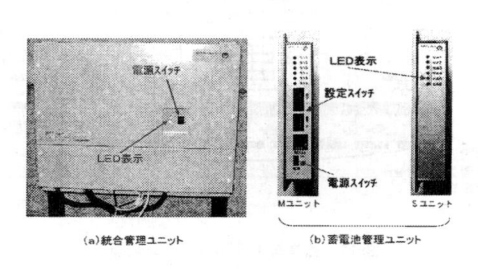

図10　蓄電池管理ユニットの外観

統合管理ユニットで集約された後，監視サーバへLANインタフェースを介して転送される。なお，監視サーバからシステム制御する場合は，統合管理ユニットを介して充電装置の充電装置制御部へ信号を送出する。

(1) 蓄電池管理ユニット

蓄電池管理ユニットは，常時各セルの電圧を監視する「蓄電池電圧監視機能」と，蓄電池の周囲温度を監視する「蓄電池周囲温度監視機能」を有する。測定した情報は統合管理ユニットへ送出される。蓄電池管理ユニットにはMユニットとSユニットがあり，Mユニット1台とSユニット3台を基本構成とし，24セルまで監視可能である。この基本構成を縦列接続することにより，電力貯蔵システムで使用する全てのセルに対応することができる。

(2) 統合管理ユニット

統合管理ユニットは，変換装置，充電装置，双方向電力変換装置，各蓄電池管理ユニットからの情報を集約し，LANを介して監視サーバに転送する機能を有する。

(3) 監視サーバ

監視サーバは，統合管理ユニットを介して充電装置の制御部へ信号を送出することでシステムを制御することができる。また，統合管理ユニットからのデータを収集してシステムの運転状態をリアルタイムで監視するほか，変換装置，充電装置，双方向電力変換装置の故障警報，更には各蓄電池のセル電圧や蓄電池温度，充放電サイクル数などの状態を表示する。図11に監視サーバのメイン画面を示す。通電している経路を点線で表示することによって，システムの状態(充電，放電，休止)を確認できる。また，各計測値や故障発生の有無も確認できる。図12にセル電圧モニタリング画面を示す。リアルタイムにブロックごとに切り替えながら，各セル電圧をモ

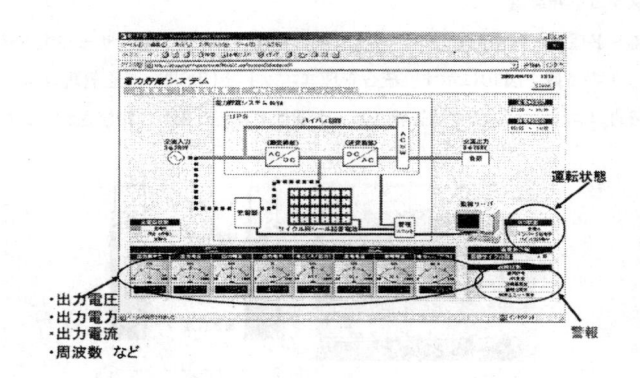

図11 監視端末画面（メイン画面）

第 5 章　シール鉛蓄電池による電力貯蔵技術

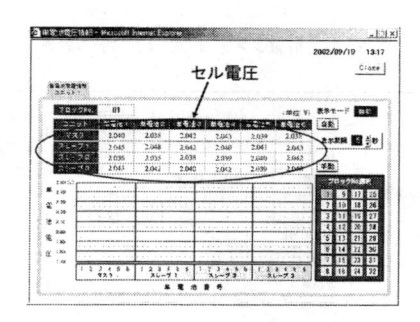

図 12　監視端末画面（セル電圧モニタリング）

ニタリングすることが可能である。

　これらの情報は，一般回線やインターネットを介して，遠隔地に設置した端末でもブラウザを利用して確認できる。さらに，警報発生時に指定場所へEメールを送出することができる。

3.3　運用方法

　電力貯蔵システムは割安な夜間に電力を蓄え，電力消費量の多い昼間の特定時間帯に蓄えた電力を負荷に供給すること(ベースカット放電)や，デマンド情報をフィードバックしながら電力消費量があらかじめ設定した値を超えた時に電力を負荷に供給すること(ピークカット放電)ができるシステムであり，図13にベースカット放電の例を示すとおり基本料金及び電力量料金の経費削減が可能である。さらに，昼夜電力の平準化による電気料金削減効果を生むばかりでなく，商用電力の停電時に電力を供給することができる機能も有している。

　つまり，このシステムには次の2つの機能がある。

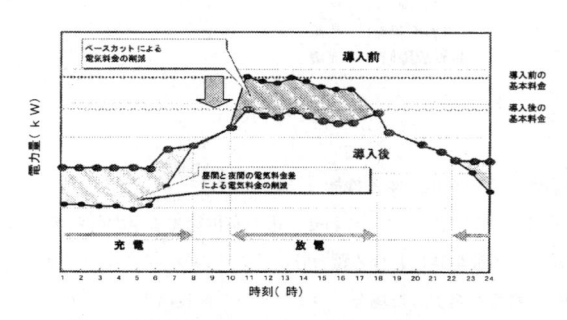

図 13　電力貯蔵システムによる負荷平準化のイメージ

表2 電力貯蔵システムの主なシステム動作

(a) UPSタイプ

		変換装置	充電装置		蓄電池
			状態	MC	
通常運転時	休止	整流装置, インバータ運転	停止	短絡	待機
	放電				放電
	充電		運転	開放	充電
	浮動充電				
商用停電時	休止	インバータ運転	停止	開放	放電
	放電			短絡	
	充電			開放	
	浮動充電				
UPS故障時	休止	バイパス給電	停止	開放	待機
	放電			短絡	
	充電		運転	開放	充電
充電装置故障時	充電	整流装置, インバータ運転	停止	開放	待機

(b) 双方向タイプ

		変換装置	蓄電池
通常運転時	休止	停止	待機
	放電	双方向電力変換装置運転	放電
	充電		充電
	浮動充電		
商用停電時	休止	双方向電力変換装置運転	放電
	放電		
	充電		
	浮動充電		
双方向電力変換装置故障時	休止	停止	待機
	放電		
	充電		

①無瞬断で高信頼な電力を供給する機能
②夜間電力を貯蔵し昼間のピークに合わせて電力を供給する電力貯蔵機能

　通常時,停電時,装置故障時における電力貯蔵システムの主なシステム動作を表2に示す。また,季節別時間帯別料金を選択した場合,つまり平日のみ負荷平準化を行う時のスケジュール運転の一例を図14に示す。

第5章 シール鉛蓄電池による電力貯蔵技術

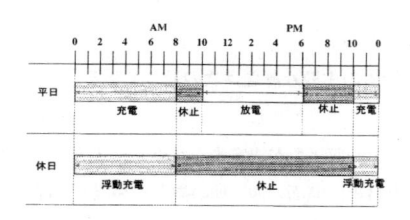

図14 運転スケジュールの例（ベースカットの場合）

　システム監視装置は，変換装置，およびサイクル用シール鉛蓄電池の状況をリアルタイムで監視できる。さらに，システム監視装置はLANインタフェースを備えているため，ネットワークを介して接続した遠隔端末によってブラウザを利用した監視が可能である。システムの運転制御は，充電装置（UPSタイプ）または双方向電力変換装置（双方向タイプ）内のメモリに運転パターンを記憶させることによって実行可能である。また，運転パターンの変更は監視サーバから行うことができる。

4 課題と開発動向

4.1 電力貯蔵システムの課題

　電力貯蔵システムの導入により，昼夜間の負荷平準化が図られ電気料金が削減できるメリットがある。国内の工場（業種：食品，繊維，医薬品，金属，機械，電気など，電力消費量：5千kW～10万kW）に対する「電力負荷の平準化を行う必要性を感じているかどうか」のアンケート調査結果[7]を参照すると図15に示すとおり，必要性を感じている工場は8割に達している。さらに，「電力貯蔵システム導入検討の際に考慮する点」の調査結果は表3のとおり，上位に「コスト」および「蓄電池寿命」があり，電力貯蔵システムを設置する費用を如何に短期間で回収する

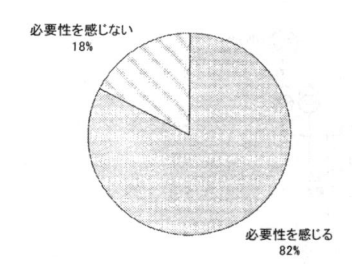

図15 負荷平準化の必要性調査
（調査対象：国内40工場）

表3 電力貯蔵システム導入検討時の課題
（有効38社，複数回答）

課題	回答数
コスト	34
蓄電池寿命	18
信頼性	15
メンテナンス	12
安全性	10

かという点に注目が集まっている。

以上から電力貯蔵システムの主要な課題は次の通りである。

① 低コスト化

設備のイニシャルコストで回収年数が決定するため、システムの更なる低コスト化が必要であり、回路の簡素化といった技術的側面の他、他の機器や装置との部品共有化、大量生産によるマスメリットを出すことが考えられる。

② 長寿命化

蓄電池充放電可能サイクル数の長寿命化を図り、ライフサイクルコストを下げることによって、イニシャルコストの回収が可能である。しかし、長寿命化を図った蓄電池のコストが上昇しないことが条件となる。

4.2 蓄電池長寿命化の動向（サイクル寿命）

蓄電池のサイクル寿命特性を向上させるための改善ポイントは、2.3項に示したとおり、蓄電池を構成する正極板および負極板の改良である。正極板の活物質高密度化、負極板の活物質添加剤（カーボンなど）の最適化、セパレータの材質見直しによるへたり防止等の改善によって、サイクル特性を長寿命化する技術が報告されている[8]。さらに、正極格子の耐食性向上、活物質の高密度化、封口部等の改良によって、寿命を4,500サイクルに延伸する研究が報告されている[9]。

4.3 適用領域拡大への動向

一般の個人住宅向けに小規模電力貯蔵システムを適用して、電気料金削減をシミュレーションした報告がある[10]。また、電力貯蔵システムを住宅に展開する目的で、12V50Ahのモノブロックタイプのサイクルシール鉛蓄電池を開発し、3kVAの電力貯蔵システムを試作し評価を実施している例がある[11]。

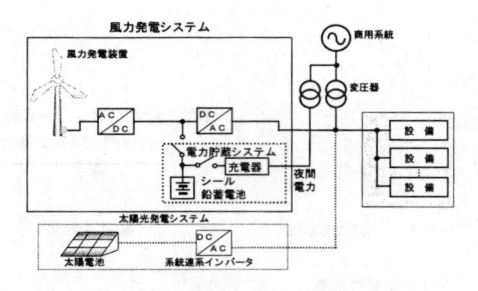

図16 風力発電や太陽光発電との組合せ例

第5章　シール鉛蓄電池による電力貯蔵技術

今後の展開として，図16に示すような風力発電システムや太陽光発電システムと電力貯蔵システムを組み合わせて，自然エネルギーを有効利用しながら系統の安定化や負荷の平準化を可能とするシステムも考えられる。

京都議定書が発効された現在，温室効果ガス削減に効果があるので，今後の普及が期待されるが，そのためには普及促進のための補助金，夜間電力を有効に活用できる料金体系の設定など，支援制度が確立されることが望まれる。

5　導入例

シール鉛蓄電池を使用した電力貯蔵システムの導入例を表4に示す。これらのうち，オフィスビルに導入された例について紹介する。

表4　シール鉛蓄電池を使用した電力貯蔵システムの導入事例

設置場所	設置容量	用途
事務所ビル	68kW×4時間	負荷平準化
インテリジェントビル	75kVA×8時間	負荷平準化 UPS代替
事務所	200kVA×4時間	負荷平準化 UPS代替
工場	75kVA×4時間	負荷平準化 UPS代替
通信ビル	50kVA×8時間	負荷平準化 UPS代替
病院	100kVA×8時間	負荷平準化 UPS代替

5.1　インテリジェントビルへの導入例（UPSタイプ）

NTTグループの高層インテリジェントビルに，2001年10月に75kVAタイプの電力貯蔵機能付UPSを導入した。導入したシステムの概要および運用状況について示す。

5.1.1　システム構成

導入した電力貯蔵システムの主要諸元を表5に示す。

このシステムは，定格容量75kVAのインバータ，150kWの充電装置および容量2,000Ahの蓄電池から構成される。電力貯蔵機能は負荷容量見合いから35kVAの8時間（10時から18時）放電，UPS機能はバックアップ時間30分として設計した。機器配置を図17に，システムの外観を図18に示す。

2.5項で述べたとおり，蓄電池は防火機能を有する専用蓄電池室内への収容が要求されている

表5 インテリジェントビルに導入されたUPSタイプシステムの主要諸元

項目			定格および特性
電力変換装置		定格出力容量	75kVA
		運転方式	単独運転
		冷却方式	強制空冷
	入力	定格電圧	AC3φ200V±10%
		定格周波数	50Hz±5%
		電流高調波歪率	5%以内
	出力	定格電圧	AC3φ200V±1.5%
		定格周波数	50Hz±0.01%
		効率	88%以上
蓄電池		形式	サイクル用シール鉛蓄電池
		10時間率定格容量	2000Ah
		公称電圧	2V/cell
		充電効率	85%以上
		期待寿命	3,000回（25℃，DOD70%）

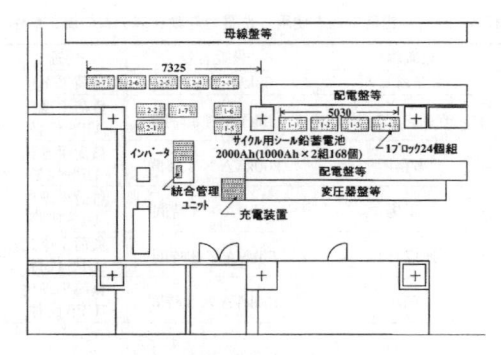

図17 導入システム機器配置

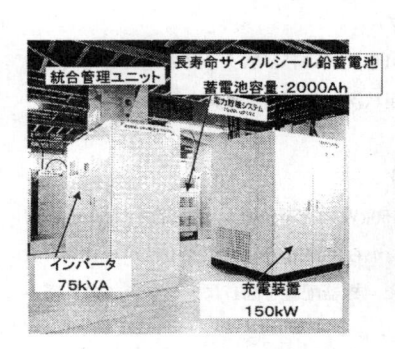

図18 システムの外観

図19 組電池とキャビネット外観

第 5 章　シール鉛蓄電池による電力貯蔵技術

が，現況では受電設備と同室となり専用蓄電池室を設けることは困難であったため，図19に示すとおり端子面を1.6mmの鉄板で覆うことで解決した．

5.1.2　試験データ

このシステムは年間を通じて，毎日蓄電池を充放電する設定としている．蓄電池放電時間は午前10時から18時までの8時間，充電時間は午後10時から翌日の午前7時頃までの時刻に設定している．

導入後1,200サイクル時点でランダムに蓄電池32個を抽出して，セル電圧の推移を調査した結果を図20に示す．放電中の単電池電圧のバラツキはセル間で0.04V以内であった．セル間バラツキがあるものの，充電不足による電圧低下は発生しておらず，また，システムとして良好に動作していることを確認した．

5.2　事務所ビルへの導入例（双方向タイプ）

NTTグループの通信ビルの事務所用として，2001年3月に68kW双方向タイプの電力貯蔵機能システムを導入した．導入したシステムの概要について示す．

導入した電力貯蔵システムの主要諸元を表6に示す．

このシステムは，定格容量68kWの双方向電力変換装置，および容量1,000Ahの蓄電池から構成される．電力貯蔵機能は設置場所の制約から4時間（10時から14時）放電として設計した．商用電力と連系している．機器配置を図21に，システムの外観を図22に示す．

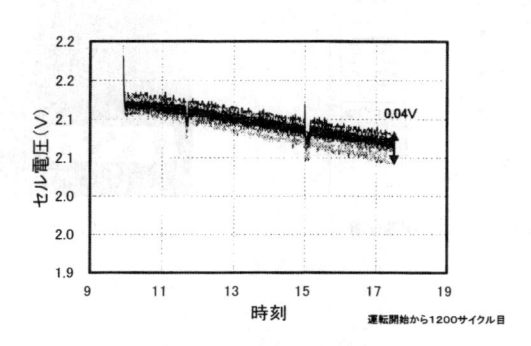

図20　各セルの放電特性（任意の32セル）

表6 事務所ビルに導入された双方向タイプシステムの主要諸元

項目			定格および特性
電力変換装置		定格出力容量	68kW
		運転方式	系統連系
		冷却方式	強制空冷
	入力	定格電圧	AC3φ 200V±10%
		定格周波数	50Hz±5%
		電流高調波歪率	5%以内
	出力	定格電圧	AC3φ 200V±10%
		定格周波数	50Hz±5%
	効率		93%以上
蓄電池		形式	サイクル用シール鉛蓄電池
		10時間率定格容量	1,000Ah
		公称電圧	2V/cell
		充電効率	85%以上
		期待寿命	3,000回（25℃，DOD70%）

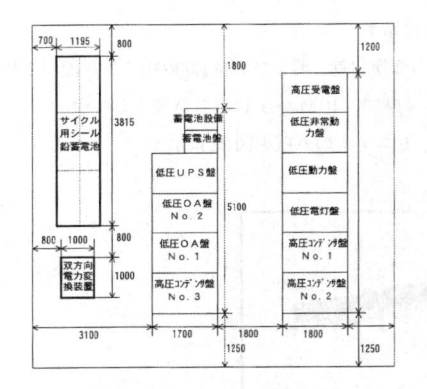

図21 導入システムの機器配置

図22 システムの外観

6 まとめ

　シール鉛蓄電池の原理およびサイクル特性改善について述べた。特性を改善したシール鉛蓄電池と整流装置，インバータ，充電装置，双方向電力変換装置および構成要素である急速充電方法，システム監視装置を組み合わせることによって，昼夜電力の平準化による電気料金削減および商用電力の停電時に電力を供給することができる電力貯蔵システムを実現した。

第 5 章　シール鉛蓄電池による電力貯蔵技術

　また，電力貯蔵システムの主な課題がコストおよび蓄電池の長寿命化であり，最近の開発動向として，シール鉛蓄電池の長寿命化のための技術開発が行われていることを示した。
　さらに，電力貯蔵システムを実際のビルに導入した例を示した。

文　　　献

1) 堀江利夫，石田靖仁，藤岡秀彰，電力貯蔵システムの最新動向，2004年度研究報告，NTT建築総合研究所（2004）
2) T. Tsujikawa, T. Murao, T. Motozu, and M. Shiraha, "Long Lifetime Large-sized VRLA Batteries for Telecommunications", INTELEC' 97, pp.319-324(1997)
3) 高林久顕，柴原敏夫，松田陽介，福井浩一，筈井真哉，松村康司，近藤悟，電力貯蔵用制御弁式据置鉛蓄電池の開発，電子情報通信学会　技術報告，EE2000-46, pp.31-36 (2001-1)
4) 据置蓄電池の容量計算法　SBA S 0601，電池工業会
5) I. Kiyokawa, T. Tsujikawa, T. Matsushima, and S. Muroyama, "UPS with Electric-Energy Storage Function Using VRLA Batteries", IEICE Trans Common, Vol. E87-B, No.12, Dec. 2004, pp.3500-3505
6) 日本国特許，特願2000-010340
7) 電力貯蔵システム市場調査資料，富士経済(2000)
8) 野口博正，菊地大介，高田利通，松本正幸，萬ヶ原徹，飯塚博幸，根兵泰夫，長寿命サイクルユース用制御弁式鉛蓄電池の開発，FBテクニカルニュース，No.57号(2001-12)
9) 高林久顕，下浦一朗，尾上晃一，松村康司，近藤悟，サイクル長寿命電力貯蔵用制御弁式鉛蓄電池LL-S形の開発，新神戸テクニカルレポート，No.15(2005-3)
10) 清川一郎，辻川知伸，本圖　有，室山誠一，小規模電力貯蔵システムの開発(個人住宅への適用シミュレーション)，電気学会研究会資料，IEA-01-32, pp.7-11 (2001-10)
11) 薮田火峰，松下傑，辻川知伸，室山誠一，小型サイクル用VRLA蓄電池の開発と電力貯蔵機能付UPSへの適用，電子情報通信学会総合大会，pp.288(2005-3)

第6章　リチウムイオン電池による電力貯蔵技術

寺田信之*

1　はじめに

　リチウムイオン電池は，小型ポータブル機器の発展に伴い，使用する電池の高性能化の要求が高まるなかで市場を拡大してきた。1991年に小形のリチウムイオン電池の市販が開始されたころには，我が国では電力貯蔵用などエネルギー用途に適した大型リチウムイオン電池技術開発の取組みが始動し，現在（2005年）も様々な形で続けられている。国プロジェクトなどの流れを中心にリチウムイオン電池による電力貯蔵技術の開発状況を概説する[1]。

2　原理および構造材料[2~4]

　電池（Battery）は化学エネルギーを電気エネルギーに変換できる（放電）反応系である。このうち，可逆的に電気エネルギーから化学エネルギーに戻すこと（充電）ができる電池を「二次電池」と呼ぶ。一般的には，鉛蓄電池，ニッケルカドミウム電池，ニッケル水素電池，およびリチウムイオン電池などが用途に応じて使用される。電力貯蔵用の二次電池としては，さらにナトリウム硫黄電池，レドックスフロー電池が含まれる。すべての二次電池は正極・電解質・負極の三層構造が基本であり，それぞれの特色ある充放電特性を示す様々な電池系の構成要素である。

　本章では「リチウムイオン電池」はリチウムイオンをイオン伝導体として含む電解質を用いる二次電池の総称であると広義にとらえることとする。したがって，「リチウム二次電池」や「リチウムイオン二次電池」と同義語とみなす。リチウムイオン電池では通常はイオン伝導体（電解質）として，有機溶媒とリチウム塩を混合した有機溶媒電解液が用いられる。電池グレードと称する含有水分量が少ない（20ppm以下）の有機溶媒が使用されている。

　リチウムイオン電池には，正極／電解質／負極の3構成要素に，種々の材料が検討されている。現在，最も一般的に販売されている典型例としては，正極活物質として層状構造を有するコバルト酸リチウムを用い，負極活物質としてはリチウムイオンの吸蔵能力をもつ黒鉛などの炭素材料を用いる（図1）。コバルト系のリチウムイオン電池の充電反応を示すと次式のようである。

---

　*　Nobuyuki Terada　㈶電力中央研究所　材料科学研究所　材料物性・創製領域リーダー

第6章　リチウムイオン電池による電力貯蔵技術

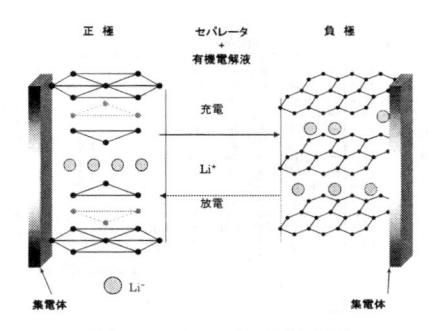

図1　リチウムイオン電池の原理

（正極）　$LiCoO_2 \rightarrow Li_{1-x}CoO_2 + x\,Li^+ + x\,e^-$

（負極）　C_6（炭素材料）$+ x\,Li^+ + x\,e^- \rightarrow Li_xC_6$

（全体）　$LiCoO_2 + C_6 \rightarrow Li_{1-x}CoO_2 + Li_xC_6$

すなわち，充電時には正極材の結晶構造内にあるリチウムイオンが引き抜かれ，電解質を経由して負極材のカーボンの黒鉛（グラファイト）層間へ挿入される。一方，電気的中性を維持するため外部回路を経由して電子が正極から負極へと移動する。放電時にはこの逆反応が進行し，負極材から正極材へとリチウムイオンと電子の移動が起きる。なおC_6の意味は理想的な層状構造を有する黒鉛面の六角面あたりに，ひとつのリチウムイオンが吸蔵できることを示す。電解質は原理的には，Li^+の伝導相であれば問題なく一定のイオン伝導体濃度を保ち，鉛電池のように充放電に伴う電解液（希硫酸溶液）の濃度変化は起きることはない。

　リチウムイオン電池としての特長のひとつは，電池電圧が4V級と高く，エネルギー密度を高くできることである。これは，リチウムの酸化還元電位が元素の中で最も卑であること（ー3.045Vvs.標準水素電極電位）と，比較的，貴な酸化還元電位を有する遷移金属酸化物（約＋1.5Vvs.標準水素電極電位）の組み合わせを利用する電池系であることに起因している（図2）。負極に，金属リチウムを使用した場合には充電に伴う樹枝状析出物（デンドライト）の問題が解決できず，実用化の大きな障壁となっていた。しかし，0.07～0.27V (vs.Li/Li+)の電位で，多くのリチウムイオンを吸蔵できる炭素材料を使用することにより活路を見出した。この4V級電圧においては，一般的な水溶液系では水分解が起きるため，非水溶媒すなわち水分を含まない有機溶媒が，リチウム一次電池とでも使用される。

　なお，「リチウム二次電池（Lithium Secondary Battery）」は金属リチウムを負極として用いる充電可能な非水電解質電池を呼ぶべきとする意見もある。また，"リチウムポリマー電池"の名称は，導電性ポリマー（例えば，ポリアニリン）を正極活物質として，負極には金属リチウムを

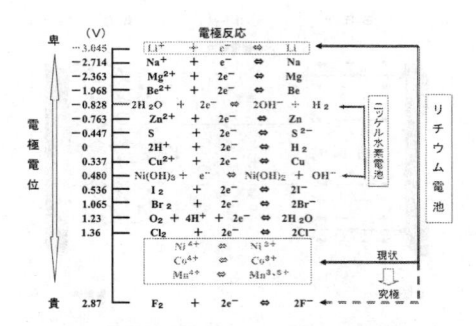

図2 元素の酸化・還元電位ならびに電池系(正極・負極の組合せ)の概念

用い,電解質にはポリマーゲル電解質もしくは有機溶媒電解液を用いる二次電池を示した時期がある。この電池は民生用のバックアップ用コイン電池として実用化された。しかし,今日ではリチウムポリマー電池(LPB；Lithium Polymer Battery)は,電解質にリチウムイオン導電性ポリマー(たとえば,PEO：Polyethylene oxides)を用いて,正極には典型的にはコバルト酸化物やバナジウム酸化物など,負極には金属リチウムもしくは炭素系などを使用した二次電池が一般的となっている。

このような名称の混乱は,リチウムイオンをイオン伝導体として含む電解質を用いる二次電池で,正極／電解質／負極のそれぞれに多様な材料・複合材料・混合材料を用いることが可能であり,その組合せ方によってさらに多様性を増すことができるためと言える。たとえば,正極自体が正極活物質(コバルト酸リチウムなど),導電助剤(アセチレンブラックなど)および結着剤(PVdF；Poly-vynilidenfluoride など)で形成される混合相である。現状では,正極活物質にはリチウムイオンを含む酸化物系の材料が用いられている。反応の特長としては活物質の基本的な格子形状を保持したまま(あるいは変形が少ない格子構造を維持しつつ)リチウムが出入りできる材料であり,インサーション反応,インターカレーション反応と呼ばれる反応場を提供する。また,負極活物質にも黒鉛を代表とする炭素系が主流であり,インサーション反応が起きる。このような電池をロッキングチェア電池と呼ぶこともある。

実際のリチウムイオン電池(単電池,セル)の基本構造としては,正極／電解質／負極の三層をスパイラル状に巻きつけて円筒形の容器に収納した形状と,全体としての温度管理・収納コンパクト製向上のために角形とした場合が考えられる(図3)。実際の電池では,正極・負極間を隔離するセパレータの機能,集電体(正極板,負極板,接続端子など)および電池ケースの材質・形状・構造など様々な技術開発が大きく最終製品の性能を左右していると考えられる。大型電池では電極の均一性を含め製造工程の技術向上が重要である(図4)。

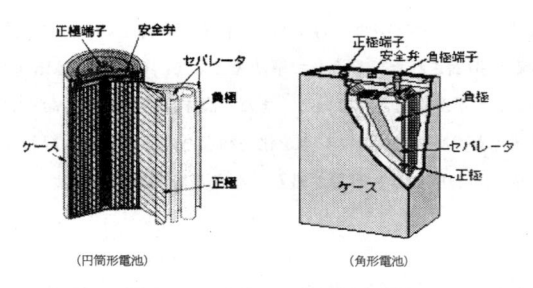

第6章 リチウムイオン電池による電力貯蔵技術

図3 リチウムイオン電池の構成例

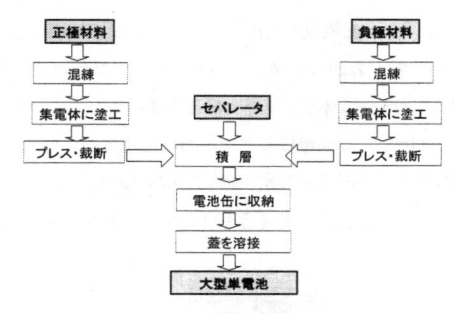

図4 大型リチウムイオン電池の製造工程の例

2.1 正極

歴史的には正極活物質には硫化物（二硫化チタン TiS_2，二硫化モリブデン MoS_2 など）も研究された。民生用に普及している携帯電話用リチウムイオン電池の正極活物質は層状化合物であるコバルト酸リチウムが主流となっている。そのほか、ニッケル酸リチウム（層状），リチウムマンガンスピネル（スピネル構造）について多くの検討がなされた（表1）。コバルト酸リチウム（$LiCoO_2$）は技術的にも成熟した材料と考えられるが、大型リチウムイオン電池の開発にあたっては、埋蔵資源量が乏しく、戦略物質として高価なコバルトの使用量を下げる方策が模索されて

表1 代表的なリチウムイオン電池の正極活物質

	Li_xCoO_2 (0.5 < x < 1.0)	Li_xNiO_2 (0.3 < x < 1.0)	$Li_xMn_2O_4$ (0 < x < 1.0)
理論容量	137mAh/g	193mAh/g	148mAh/g
実測容量	120mAh/g	150mAh/g	95mAh/g
平均電圧	3.7V	3.6V	3.9V
備考	資源量小，高価	資源量中，不安定	資源量大，高温不安定

きた。ニッケル酸リチウム(LiNiO$_2$)は，容量的には優れているものの，生成条件制御が難しく，熱的安定性にも課題が指摘された。こうした解決策として，Co，Ni，Mn を用いて Li 複合酸化物として正極材料とした系が検討されている。また，高温保存に弱く寿命も短いとされたマンガンスピネルへの異種元素置換や層状のマンガン化合物などの特性改良も行われて来た。そのほか最近ではオリビン構造の LiFePO$_4$ も研究が盛んになされている。

2.2 負極

負極活物質には炭素材料が使用されている。炭素は古くて新しい材料であり，多様な形状が知られている（図5）。リチウム金属は酸化還元電位が最も卑な元素で，電圧が高い電池を製造することが可能であった。しかし，充放電が可能な二次電池として使用すると，金属リチウムの溶解・析出に伴う樹枝状の析出物が表面に堆積し，微小短絡や容量急速低下の原因となった。この欠点を克服するため，炭素材料を母材として骨格構造を維持したままできる炭素材料が使用されるようになった。典型的な例としては層状の六角形面の連続体から形成される黒鉛（グラファイト）がある。黒鉛の構造からの理論容量密度は 372mAh/g とされ，最大挿入量 LiC$_6$ で表わされる。炭素材料には，黒鉛理論値を超える材料も存在することが知られ，用途により設計・使用

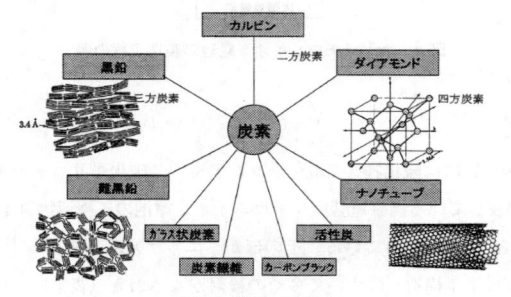

図5 炭素の多様性

表2 負極炭素材料の物性と初期クーロン効率の評価例

	A	B	C	従来型黒鉛
平均粒経 / μm	19.8	23.2	3.49	23
タップ密度 /g·cm^{-3}	0.77	0.78	–	0.65
真比重 /g·cm^{-3}	2.25	2.24	–	2.24
比表面積 /m^2·g^{-1}	2.98	2.82	–	3.61
初期放電容量 /Ahkg^{-1}*	358	365	–	321
初期クーロン効率 /%*	93	92.6	60.2	91.2

※ 初回の Li 電極に対する充電容量から算出

第 6 章　リチウムイオン電池による電力貯蔵技術

されている。炭素材料を負極とするためには，初期の充電反応（炭素へのリチウムの挿入）において，良好な表面皮膜の形成が必要とされ，そのため電気容量とともに初期の充放電効率は100％に近いほど有利であり，実用的にも90％以上であることが望ましい（表2）。こうした典型的な例として MCMB（Meso Carbon Micro Beads）はメソフェーズピッチ中に生じた微小球体を溶媒選別により選別し，表面に酸化膜を形成して高温処理によりラジアル構造の高黒鉛化合物を得たものである。大放電可能でかつ高容量・長寿命な材料とされる。さらに大容量を示す負極材料としてSn系，Si系などの提案もなされているが，充放電に伴う形状変化が大きいとされ，本格的な実用化への見通しは得られていない。

2.3　電解質（電解溶液）

リチウムイオン電池が3～4V以上の電圧で作動することから，その電圧範囲でも分解しない広い電位窓をもつ安定な電解質を使用する必要がある。現在は，炭酸プロピレン（PC），炭酸エチレン（EC）や，炭酸エチルメチル（EMC）など炭酸エステル系の有機溶媒を2～3種類を混合して用いられる（表3）。安定性・導電性向上などの目的で用いる添加剤は企業機密となっている。電解質塩としては六フッ化リン酸リチウム（$LiPF_6$）が中心であり，特殊な用途で四フッ化ホウ酸リチウム（$LiBF_4$），リチウムスルフォニルイミド（$LiN(CF_3SO_2)_2$）などが使用される。電解質の組成は，負極炭素表面に初期形成される表面不動態膜に大きく影響するとされ，電池性

表3　リチウムイオン電池に用いられる典型的な有機溶媒の物性

溶媒	略号	化学式 構造式	分子量	沸点 ℃	融点 ℃	粘度 cp	比誘電性	引火点 ℃	備考
炭酸エチレン	EC	CH_2CH_2OCOO	88.06	248	36.4	1.93 (40℃)	89.6 (40℃)	152	非危険物
炭酸ジエチル	DEC	$(C_2H_5O)_2CO$	118.13	127	－43	0.748	2.82	31	第2石油類 非水溶性
炭酸ジメチル	DMC	$(CH_3O)_2CO$	90.08	90	3	0.59	3.1	18	第1石油類 非水溶性
炭酸エチルメチル	EMC	$CH_3CH_2OCOCH_3$	104.11	107	－55	0.65	6.68	23	第2石油類

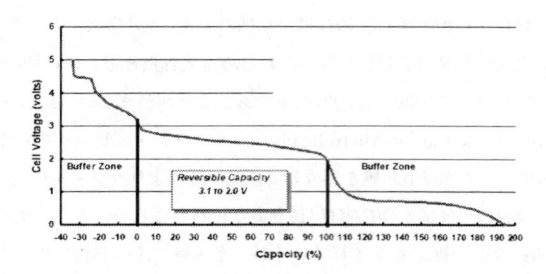

図6 リチウムメタルポリマー電池（LMP：VOx/Polymer Electrolyte /Li）の放電曲線と利用領域の関係

能にも左右する。初回の充放電効率は負極炭素材料の選定の指標となっている（表2）。有機溶媒は消防法・危険物規則で貯蔵量が規制される第4類引火性液体であることから、潜在的な危険性を含むと見なされている。このため、難燃化・不燃化の技術開発が試みられた。具体的な方策としては、リン酸エステル類の混合やフッ化物有機溶媒の使用である。これらの方策では確かに難燃性・不燃性の向上は認められるが、電池性能の全体的なバランスとの兼ね合いが微妙となる。

常温で作動できるゲル系ポリマー電池は、高分子マトリックスに、電解質塩と低分子溶媒を混合し作製するゲル電解質を使用するもので、熱可塑性ゲルと架橋ゲルに分類される。熱可塑性ゲルにはPVdF（ポリフッ化ビニリデン）、PAN（ポリアクリロニトリル）などを使う。また、メタアクリレート等の反応性モノマーを加えたのち、光・熱・電子線照射により弾力性に富んだ架橋ゲルが作製できる。これらは民生用小型リチウムイオン電池では商用化されている。

一方、作動温度は高くなるが、国外では固体高分子電解質を用いた系が開発されている。PEO（ポリエチレンオキシド）を主体とする真性高分子電解質を用いて、正極にはバナジウム酸化物を、負極には金属リチウムを用いて電池内部60℃～80℃で作動する大型のリチウム二次電池である。なお、酸化バナジウムは広い電圧範囲にわたり、リチウムイオンの脱挿入を行うことができるが、電解質の安定性や寿命の点で実用的な可逆的な電池電圧の使用範囲は決められている（図6）。

なお、不燃性・難燃性の電池を探求するために、研究室レベルではあるがイオン性液体（常温溶融塩）を用いる試みが活発化しつつある。

2.4 セパレータ

材質はポリエチレン（PE）やポリプロピレン（PP）など安価なプラスチック製品といえる。しかし、耐熱性や耐久性に優れた厚み25～30μm程度のポリオレフィン系の微孔膜によってリチ

第6章　リチウムイオン電池による電力貯蔵技術

ウムイオン電池は安全性を確保している。すなわち，PE製セパレータは120～130℃で溶融し，セパレータ自身の微孔を塞ぐことができる。PP製セパレータは160～170℃で溶融し同様の機能を果たす。この温度特性の違う2種類の膜を積層してセパレータとすることで安全性を増すことができる。このような機能が大型電池内部に過大電流が流れたときに，自己融解して絶縁膜被覆（シャットダウン）が作用するハイテク技術が要求される。

2.5　その他の材料

正極集電体には，金属アルミニウム箔，負極集電体には，銅箔が用いられる。集電体と電池端子間の電気的接続を如何にするか，電池を大型化し，高出力化するには大きな課題となっている。

三層構造に形成された電池構成材料を収納する外槽の材質は，特に重量エネルギー密度を大きく左右することから，様々な検討が行われている。炭素鋼，ステンレス鋼が当所一般的だったが，金属アルミニウムの加工技術の革新により封止の信頼性が飛躍的に向上し，アルミ缶が小型リチウムイオン電池で使われるようになった。電力貯蔵用もしくは電気自動車用でも同様の傾向があると思われる。また，最近ではアルミラミネートを用いてさらに軽量化を図る取組みが出てきている。アルミラミネートは平板構造にしやすいことから，放熱設計には有利であるが，電極の変形や水分管理など長期的な耐久性に関して疑問視する声もある。

2.6　セル

米国エネルギー省（USDOE）が試験法開発や劣化要因の究明のために小型の試験用モデルセルを研究組織に配付した[5]。その18650型セル（GEN2）の仕様では，正極活物質組成 $LiNi_{0.8}Co_{0.15}Al_{0.05}O_2$，負極は黒鉛で粒子径はそれぞれ約 $5\mu m$ である。正極の厚みは $35\mu m$，負極の厚みも $35\mu m$ である。電解質は1.2Mの $LiPF_6$/EC-EMC電解液を用いた。セパレータにはCelgard2325（商品名）でPE/PP/PEの三層構造の $25\mu m$ 厚みで空孔率40%であるとされている。

2.7　モジュール・電池パック

電力貯蔵用電池システムを考える場合，単電池（セル）を組み合わせたモジュール（単位電池）および電池パック（組電池）を構成するかがリチウムイオン電池にとっても大きな課題である。市販のポータブル用途では，3直列接続程度であり比較的簡単な単電池の電圧均等回路を有して電池パックは構成される。ところが，大型化・高電圧化する用途でも現状は各セルの電圧をモニターしながら運転することが前提となっており，安全性・信頼性を確保している。こうした電池制御回路装置（BMS；電池管理システム，ECU：電気回路制御ユニット）の技術も，インバータ技術と相俟って最適化が必要となろう。大型電池，大型電池システムと巨大化するにつれて，

電池パック内部の温度管理は重要となる。電気自動車では空冷あるいは水冷方式が，前提となっているが，定置型で用いられる電力貯蔵システムの場合には，熱の問題がリチウムイオン電池の大型化の限界因子となる可能性が高い。

3 開発動向[1,5~7]

リチウムイオン電池は，技術的には1991年に民生用小型電池が市販されるまでに発達した。一方，エネルギー分野における1990年ごろの動きを見ると，日本では昼夜間の電力需要の不均衡を是正するための負荷平準化技術の開発が進みつつも普及には至らず，国外では大気汚染の回復を目指すクリーンな自動車への要求の高まりがあった。こうした状況の中で，民生用小型電池販売開始を追うように，1992年度には経済産業省技術開発（旧：通商産業省工業技術院ニューサンシャイン計画）の一環として，「新型電池電力貯蔵システム技術開発 分散型電池電力貯蔵技術開発」が開始された[1]。なお，日本では電力会社や自動車メーカ等の企業が，大型リチウムイオン電池の独自の開発に取り組んだ例もある（表4）。

このころ，米国ではカリフォルニア州の大気汚染低減を図るための規制強化策（ZEV：Zero Emission Vehicle 規制）が取り組まれた。ビックスリー（ゼネラルモータース，フォード，クライスラー）等が米国先進電池研究組合（USABC：United States Advanced Battery Consortium）を組織し，米国エネルギー省（USDOE：United States Department of Energy）とともに新型電池（リチウム二次電池，ニッケル水素電池等）開発に取り組み，電池製造企業が資金援助を受け

表4 エネルギー用途へのリチウムイオン電池の技術開発の展開

年代	日本	世界
1990以前	'81 負極黒鉛層間へのLi挿入利用【特許出願】	'80 $LiCoO_2$等Li挿入型化合物【特許出願】 ・加HQ社がLiPolymer電池開発着手 ・加MOLIエナジー社40Ah級セル発表
1991～2000	'91 LIB（民生用）市販開始 '94 Sony/Nissan EV用電池システム発表 '94 関電/住友電工 1kWhLIBセル発表 ・MITI/NSS「分散型電池電力貯蔵技術開発」（FY1992-2001）	'92 米USABC発足（EV用電池開発等） '92 仏EDF/BolloreがLiPolymer電池開発着手 '93 米PNGV計画発足
2001以降	'02 九電/三菱重工 16kWh級LIBシステム発表 ・METI「燃料電池自動車等用Li電池技術開発」開始（FY2002-2006）	2001 EVS17 LMP電池搭載車両発表 2002 米FreedomCAR計画発表

【略語等注釈】LIB：リチウムイオン電池，MITI/NSS：通商産業省／ニューサンシャイン計画，METI：経済産業省，USABC：United State Advanced Battery Consortium，PNGV：Partnership for a New Generation of Vehicles，EDF：フランス電力公社，HQ社：HydroQuebec電力公社（加）

第6章 リチウムイオン電池による電力貯蔵技術

つつ開発する体制が整った[5]。

3.1 日本における開発動向

電池開発は材料の基礎的研究から10ヵ年計画として策定された。将来の電気文明社会に大量に導入されるべき「高性能未来型電池」として，リチウム（イオン）二次電池が必然的に選択されることになった。すなわち，市販開始当時は1Wh級であったリチウムイオン電池を大型化・大容量化・高電圧化してWh/Wの世界からkWh/kW級の千倍以上の規模まで技術革新を行うことにより電力貯蔵技術として，最小限の利用見通しをつけることが最低要件となった（図7）。

将来の利用方面としては，定置型の電力貯蔵装置（夜間電力負荷平準化機能，電力品質確保，無停電・瞬時電圧低下対策保障，および太陽光発電の緩衝機能），ならびに移動体用の電源（電気自動車など）が想定された。定置型の電力貯蔵装置については(財)電力中央研究所が提唱した「ロードコンディショナー」の概念をほぼ踏襲することとなり，そのために用いる二次電池としてのリチウム（イオン）二次電池の可能性として検討が開始された。「分散型電池電力貯蔵技術開発」は新エネルギー産業技術総合開発機構（NEDO）の指導のもと，13法人が各担当項目を分担して推進された（表5）。そのうち，電池開発（電池モジュール開発）では，4種類の電池系が特色を生かしつつ，技術開発を行うことができた。2度の基本計画変更などを経て，最終的に

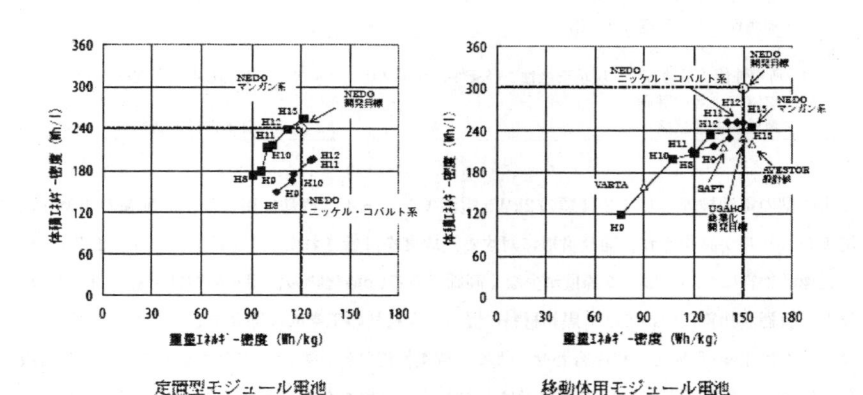

参考：開発目標値（定置型は8時間率放電，移動体用は5時間率放電による）		
モジュール電池	重量エネルギー密度	体積エネルギー密度
定置型 2kWh級	120Wh/kg	240Wh/dm^3
移動体用 3kWh級	150Wh/kg	300Wh/dm^3

図7 分散型電池電力貯蔵技術開発による電池モジュールのエネルギー密度の進展
（一部は単電池データからの換算値による）

表5 分散型電池電力貯蔵技術開発における研究計画概要（第2次基本計画以降）[1]

項目	概　要	開発担当法人
I	〈高能率未来型電池の研究〉 【電池モジュールの開発】 　下記の4電池系について，定置型および移動体用の数100Wh級単電池およびこれを組み合わせた2～3kWh級電池モジュールの要素研究および試作研究を行い，単電池の大容量化，単電池および電池モジュールの高性能化向上を図る。また電池ユーザーとなる電力会社，自動車会社等による評価を適切に反映させながら研究開発を行う。 ［定置型］ ・ニッケル・コバルト系（ニッケル・コバルト酸化物／有機電解液／黒鉛コークスハイブリッド炭素）	 ・三洋電機㈱
	・マンガン系（マンガン酸化物／有機電解液／金属・黒鉛複合） ［移動体用］	・㈱日立製作所／新神戸電機㈱
	・ニッケル・コバルト系（ニッケル・コバルト酸化物／有機電解液／黒鉛）	・日本電池㈱／三菱電機㈱
	・マンガン系（マンガン酸化物／有機電解液／黒鉛複合） 【開発支援】	・松下電池工業㈱
	・炭素材料	・大阪ガス㈱
	・電池安全性技術 【次世代電池技術開発】	・㈱東芝
	・高分子固体電解質系電池技術	・㈱ユアサコーポレーション
	・リチウム金属系電池技術	・デンソー㈱
	・難燃性・不燃性電解液技術	・三菱化学㈱
II	〈トータルシステムの研究〉 ・所用性能，最適容量，環境安全性，経済性，ライフサイクルアセスメント等の評価	・㈶電力中央研究所
	・電池安全性試験	・日本電信電話㈱

は定置型の電池技術として2種類の2kWh電池モジュール，移動体用として2種類の3kWh電池モジュールが試作され，開発目標に対する達成度を評価された[1]（写真1，表6，表7）。

　正極活物質については，資源量が少なく高価であるCo酸化物の使用を極力抑える方針とした。また，負極活物質については，黒鉛材料に優る炭素材料の工学的な開発を志向した。電解液・セパレータは正極・負極との組み合わせによる充放電性能特性，寿命，安全性などを考慮して最適化を図った。電池形状や材料の検討では大型電池の信頼性を向上させるための，製造工程の開発・改良が実施された。

　そのほか[6]，独自の開発としては，リチウムイオン電池が市場に現れた僅か数年後にソニーと日産自動車により，94Ah級リチウムイオン電池を96個直列接続したEV用電池を搭載した電気自動車（プレーリージョイ）が試作されたことは驚くべきことである。また，関西電力㈱は住友電工とコバルト系酸化物を用いて大型リチウムイオン電池として1kWh級単電池の試作を発表し

第6章 リチウムイオン電池による電力貯蔵技術

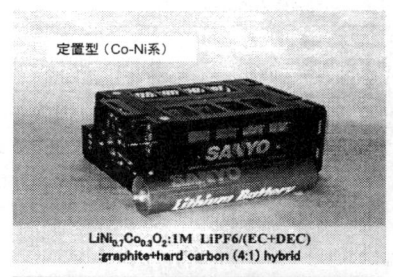

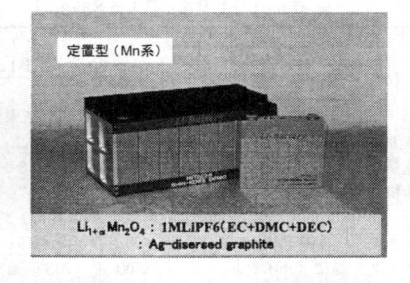

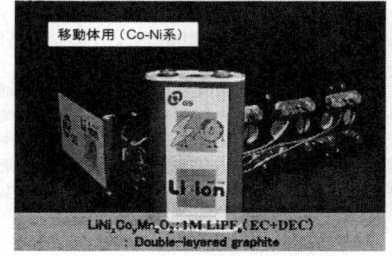

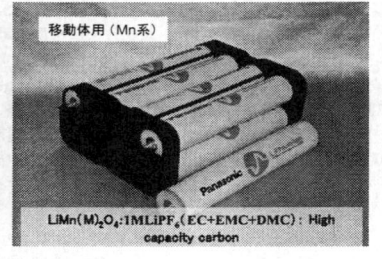

写真1 分散型電池電力貯蔵技術開発による単電池および電池モジュールの概観[1]
(定置型2kWh級モジュール電池，移動体用3kWh級モジュール電池)

モジュール寸法	
定置型（Co-Ni系）	L328×W265×H135
定置型（Mn系）	L351×W164×H171
移動体用（Co-Ni系）	L487×W135×H224
移動体用（Mn系）	L440×W280×H140

た．また，九州電力㈱は三菱重工業とマンガン系の正極を用いる電池システムを開発した．

電力会社の研究開発対象となる電池電力貯蔵システム[8]には，電力供給サイドと電力需要サイドに設置する利用形態が想定できる．また，今後の電力系統のあり方から設置形態も様々に考えられる．電力供給サイドでの用途としては（a）負荷平準化用，（b）出力安定化用（電力品質確保），一方，需要家サイドの用途として（c）CVCF（UPS）の安定化電源・非常用電源，（d）電気自動車（駆動用）などがある．

また，開発動向となると，電池製造企業が注目されるが，リチウムイオン電池の材料は多様性に富み，素材としても無機・有機の各種化合物が関係しうること，また民生用には4000億円規模の市場に成長していることもあり，材料開発に携わっているあるいは志向した材料メーカは数多くあり，このような情報も各種の調査会社等から提供されている．

以下に主要な国内のリチウムイオン電池動向をしめす．

表6 「分散型電池電力貯蔵技術開発」による開発目標の達成度（定置型）[1, 7]

「定置型」開発目標		ニッケル・コバルト系 （H12年度開発品） 円筒形		マンガン系 （H13年度開発品） 角形	
		試験結果[*1]	達成度	試験結果[*1]	達成度
電池電力容量（kWh）	2	2.32	達成	2.49	達成
重量エネルギー密度（Wh/kg）	120	128	達成	122	達成
体積エネルギー密度（Wh/l）	240	197 (245)[*2]	82.0% （達成）[*2]	255	達成
エネルギー変換効率（%）	90	97.9	達成	96.1	達成
サイクル寿命（サイクル）	3500	795経過[*3] (H14-3-15) 小型単電池で 2350実証	（達成見込）	812経過[*4] (H14-3-15) 小型単電池で 3000超実証	（達成見込）
①安全性，サイクル特性確保のための電池制御・保護機構等の設置 ②環境への安全性，リサイクルへの配慮		①250Wh級単電池用のPTC素子を開発。外部短絡時にPTC素子の温度上昇による電流遮断効果を確認し，外部短絡に対する安全性が向上。 ②コバルト，ニッケル，リチウムの回収による資源化を提案（電力中央研究所によるH13年度調査）。		①電池制御システム（単電池の電圧と温度を監視，異常時に信号を発生，容量バラツキを調整）を開発。過充電・過放電・温度異常に対する安全性が向上した。 ②リチウム回収による資源化，マンガンの集積貯蔵を提案（電力中央研究所によるH13年度調査）。	
20kWh級装置の設備コストを電気料金の昼夜間格差等から賄えるコストの見通し		15万ユニット/年生産時のコスト24,800円/kWh，初期コストを約7年で回収（電力中央研究所によるH13年度試算）		15万ユニット/年生産時のコスト22,900円/kWh，初期コストを約6.5年で回収（電力中央研究所によるH13年度試算）	

*1：㈶電力中央研究所における性能試験（小型単電池のサイクル寿命試験を除く）の結果。「分散型電池電力貯蔵技術開発 大型電池・モジュール技術開発 平成10年度評価報告書」（平成11年3月 新エネルギー・産業技術総合開発機構）記載の試験方法および「分散型電池電力貯蔵技術開発 モジュール電池開発試験マニュアル」（平成13年度第1回新型電池電力貯蔵システム技術開発検討会資料）に基づき試験を実施。
*2：単電池の形状を円筒形から角形に形状変更した場合に設計上見積もることができるモジュール電池の体積エネルギー密度。円筒形単電池のエネルギー密度実測値から換算係数を用いて角形電池構成モジュール電池の体積エネルギー密度を算出（平成12年度第1回新型電池電力貯蔵システム技術開発委員会資料）。
*3：平成12年度開発大型単電池の試験の途中結果。試験装置の制約のために大型モジュール電池の試験は実施せず（平成12年度第1回新型電池電力貯蔵システム技術開発委員会資料）。
*4：平成12年度開発大型モジュール電池の試験結果。

①三洋[9]

「分散型電池電力貯蔵技術開発」においてニッケル系酸化物を用いた2kWh級電池モジュール試作の実績がある。その後，自社開発としてスピネルマンガン酸リチウムを用いた電極や，$LiCoO_2$と$LiMn_2O_4$の混合正極を用いた電池を発表している。2005年東京モーターショウでハイ

第6章 リチウムイオン電池による電力貯蔵技術

表7 「分散型電池電力貯蔵技術開発」による開発目標の達成度（移動体用）[1, 7]

「移動体用」開発目標		ニッケル・コバルト系 （H13年度開発品） 長円筒形		マンガン系 （H13年度開発品） 円筒形	
		試験結果[*1]	達成度	試験結果[*1]	達成度
電池電力容量（kWh）	3	3.75	達成	4.13	達成
重量エネルギー密度（Wh/kg）	150	150	達成	155	達成
体積エネルギー密度（Wh/l）	300	252 (323)[*2]	84.0% （達成）[*2]	244 (323)[*2]	81.3% （達成）[*2]
出力密度（W/kg）	400	489	達成	438	達成
エネルギー変換効率（%）	85	96.6	達成	95.7	達成
サイクル寿命（サイクル）	1000	570 終了[*3] 小型モジュールで 1000超実証	57.0% （達成見込）	580 終了[*3] 小型単電池で 1000実証	58.0% （達成見込）
①安全性，サイクル特性確保のための電池制御・保護機構等の設置 ②環境への安全性，リサイクルへの配慮 ③電気自動車における使用環境下での諸特性（温度特性，振動特性，走行モードを踏まえた充放電特性等）を満足		①保護回路，バランサーを開発し，過充電・過放電・温度異常に対する安全性，サイクル特性が向上した。 ②コバルト，ニッケル，リチウムの回収による資源化策を提案（電力中央研究所によるH13年度調査）。 ③各種試験を実施し，基本データを蓄積。		①電池制御システム（単電池の電圧と温度を監視，異常時に信号を発生，容量バラツキを調整）を開発。過充電・過放電・温度異常に対する安全性を確認。 ②リチウム回収による資源化，マンガンの集積貯蔵を提案（電力中央研究所によるH13年度調査）。 ③各種試験を実施し，基本データを蓄積。	
45kWh級装置の電池システム搭載の電気自動車の生涯走行に要する深夜電気料金とガソリン自動車での同一距離走行に要する燃料費との差額から電池コストを賄えるコスト水準の見直し		10万パック／年生産時のコスト23,700円/kWh，初期コストを約11万km走行で回収（電力中央研究所によるH13年度試算）。		10万パック／年生産時のコスト21,900円/kWh，初期コストを約10万km走行で回収（電力中央研究所によるH13年度試算）。	

[*1]：(財)電力中央研究所における性能試験の結果。
 「分散型電池電力貯蔵技術開発 大型電池・モジュール技術開発 平成10年度評価報告書」（平成11年3月 新エネルギー・産業技術総合開発機構）記載の試験方法および「分散型電池電力貯蔵技術開発 モジュール電池開発試験マニュアル」（平成13年度第1回新型電池電力貯蔵システム技術開発検討会資料）に基づき試験を実施
[*2]：単電池の形状を円筒形から角形に形状変更した場合に設計上見積もることができるモジュール電池の体積エネルギー密度。円筒形単電池のエネルギー密度実測値から換算係数を用いて角形電池構成モジュール電池の体積エネルギー密度を算出（平成12年度第1回新型電池電力貯蔵システム技術開発委員会資料）。
[*3]：平成12年度開発大型モジュール電池の試験結果。

ブリッド自動車用リチウムイオン電池を展示した。
②日立／新神戸[10]

「分散型電池電力貯蔵技術開発」においてはマンガン系酸化物による2kWh級電池モジュール試作の実績がある。その後，商用販売されたEV・HEV用や電動スクーター用のリチウムイオン

電池を供給した実績を有する。さらには日立グループの日立エナジービークル社が発足した。おもにマンガン系正極を用いた電池を開発している[10]（表8）。

③ジーエスユアサコーポレーション

宇宙・海洋などの調査を含む，各種のリチウムイオン電池の製造開発をしている。三菱自動車工業（FTO-EV）へ搭載した実績を有する。産業用リチウム電池40Ah級や80Ah級の単電池およびそれらを7セル直列とした電池モジュールを発表した。その技術を発展させた無停電電源装置（UPS）を発表している[11]。

④松下電池工業

燃料電池自動車等用リチウム電池開発（2003－2006年度）では，ニッケル酸リチウムを基本とした複合正極活物質を用いて，高出力型の7Ah級リチウムイオン電池を開発中である。マンガン系酸化物で，120Ah×8直列（30V）程度のモジュール開発の実績を有する[1]。

⑤ソニー

1994年，電気自動車用の95Ah級電池を288Vに接続したリチウムイオン電池システムを発表したが，最近では大型リチウムイオン電池に関する公表は無い。

⑥古河電池

人工衛星用に搭載するリチウムイオン電池を発表している。

⑦NECラミリオン・エナジー

富士重工とNECが合弁で設立した二次電池開発の会社である（2002年）。マンガン系正極活物質を使用したアルミラミネートパッケージの平板型リチウムイオン電池を発表している。搭載性に有利でかつ，冷却特性もよい電池パックができるとされる。富士重工が発表した電気自動車（R1e）において346V総電圧にして搭載される[12]。

⑧リッセル[13]

三菱自動車工業の実験車両COLT-EVに，14.8V×40Ahの電池モジュール22個を搭載する計画である。総電圧325V，電重量133kg，および13kWhの電池搭載量で一充電走行距離（10・

表8 電気自動車用リチウムイオン電池のセル（単電池）と電池モジュール[10]

		セル	モジュール
外形寸法	mm	φ67×410	290×440×186
質量	kg	3.2	29.3
公称電圧	V	3.8	30
容量	Ah	90	90
重量エネルギー密度	Wh/kg	107	93
体積エネルギー密度	Wh/dm³	237	114
出力密度（DOC85%）*	W/kg	470	350
冷却方式			空冷（内部通風）

＊ 5秒間の出力による電圧－電流特性か算出

第6章　リチウムイオン電池による電力貯蔵技術

表9　小型乗用車*のアイドリングストップ用リチウムイオン電池の仕様[15]

	リチウムイオン電池
公称電圧（V）	3.6
公称容量（Ah）	12
出力（W）	1,300
サイズ（mm）	1,200 × 1,200 × 25
重量（g）	580

＊トヨタ　Vitz

15モード）150kmの仕様となっている。

⑨エナックス[14]

マンガンスピネル/グラファイト系で高容量リチウムイオン電池モジュール（容量148Ah，公称電圧30V）を開発・試作し，高温（50℃以上）でのサイクル特性・保存特性が実用面での課題であることを指摘している。

以上の電池メーカに加え，日本では自動車メーカがリチウムイオン電池の内製に取り組んでいる傾向がある。すなわち，トヨタとニッサンでは，製品仕様を公表するなどしている。三菱自動車工業もリッセル社に出資するなどリチウムイオン電池開発を支援している。

トヨタは，ハイブリッド自動車の先駆的メーカとして，ニッケル水素電池を搭載した電気自動車（LAV4-EV）を製造した。現在開発中の燃料電池自動車（FCHV）にもTHS Ⅱと名づけたハイブリッド自動車駆動システムを用いてニッケル水素電池を活用している。一方では，デンソーと共同で開発したリチウムイオン電池を小型車に搭載してアイドリングストップ用電源とするなど自社開発の様子も窺える[15]（表9）。

ニッサンは自動車メーカとしては，早くからリチウムイオン電池に着目し，Sonyの95Ah級電池を搭載した電気自動車を試走させている。非常に高出力に特化したリチウムイオン電池の自社開発中としている。

3.2　欧米における開発動向[1, 5]

USABCの発足後，新型電池として，検討された電池系はニッケル水素電池に加え，リチウム電池系として，リチウムイオン二次電池（製造企業；Saft社，Varta社等）および固体高分子電解質と金属リチウムを用いる60〜80℃で作動するリチウムポリマー電池（製造企業；3M社，Hydro Quebec社等）である。Saft社，Varta社は従来欧州を本拠とする電池メーカであり，3Mは巨大化学メーカである。なお，Hydro Quebec社はカナダの安価で豊富な水力発電設備を保有する電力会社である。USDOEの技術開発の特色として，試験方法の制定など規格の整備を図りつつ研究進捗を図ることがある。国立研究所の関与も積極的であり，小型（18650型）モデルセ

表10 US-DOEによる電池開発のための18650試験用セルの諸元・仕様[5]

		GEN1	GEN2
正極	活物質	$LiNi_{0.8}Co_{0.2}O_2$（84wt%）	$LiNi_{0.8}Co_{0.15}Al_{0.05}O_2$（84wt%）
	導電助剤	AB（4wt%） ＋SFG-6 グラファイト（4wt%）	同左
	結着剤	PVdF，（8wt%）（Kureka KF-1100）	同左
負極	活物質	MCMB-6-2800（75Wt%） ＋SFG-6 グラファイト（16wt%）	MAG グラファイト（92wt%）
	結着剤	PVdF，（9wt%）（Kureka KF-1100）	PVdF，（8wt%）
電解液	溶媒	EC＋DEC（1：1）	EC＋DEC（3：7）
	塩	1.0 M $LiPF_6$	1.2 M $LiPF_6$
セパレータ		PE（37μm）	PE（25μm），またはPE/PP/PE

【略号等】AB：アセチレンブラック，MCMB：メソカーボンマイクロビーズ，PVdF：ポリフッ化ビニリデン，EC：炭酸エチレン，DEC：炭酸ジエチル，EMC：炭酸エチルメチル，PE：ポリエチレン，PP：ポリプロピレン，

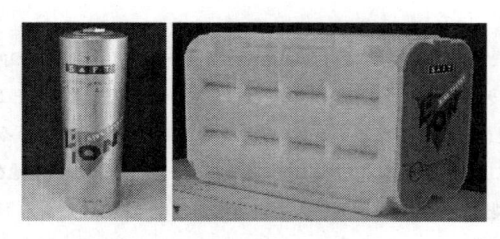

写真2 SAFT社の開発した44Ahセルと電池モジュール（EV用）[16]

ルによる基礎的研究が継続されている（表10）。

① Saft

リチウムイオン電池の製造者として各種類（EV，HEV用途）のリチウムイオン電池の製造を行い，ホームページにもその製品を列挙している（写真2）。最近では通信事業用の無停電電源への展開を公表している。米国DOEとのプロジェクトでも中心的な存在である。ハイブリッド自動車市場を目指して，Johnson Controls社と共同でベンチャー企業を立ち上げるとの情報がある。

② Varta

ドイツの電池メーカであり，USABCの開発プログラムに応じてNiMH電池やリチウムイオン電池を開発した実績を有する。最近のリチウムイオン電池に関して，エネルギー密度80Wh/kg，出力密度2,000W/kgが可能で，10年以上の寿命が期待できるとしている。ただし，電池システムとしての性能かどうか不明である。

③ Bollore

第6章　リチウムイオン電池による電力貯蔵技術

表11　リチウムポリマー電池の仕様（仏　Bollore 社）[16]

	セル仕様*[1]	モジュール仕様*[2]
重量	1.14 kg	26 kg
体積	1dm^3	24.5dm^3
公称容量	68 Ah	98 Ah
公称電圧		30.6 V
公称エネルギー	173 Wh	3 kWh
外寸	11×7×13cm	18×34×40cm
重量エネルギー密度	152 Wh/kg	115 Wh/kg
体積エネルギー密度	173 Wh/dm^3	122 Wh/dm^3
出力密度（80%DODで1.5V／セルまで放電）	317 W/kg	240 Wh/kg
作動温度	90℃	

＊1）プロトタイプセル実績，＊2）モジュール仕様・設計値

　Bollore Technologies は 1993 年からフランス電力公社（EDF），国立科学研究所（CNRS）など共同でリチウムポリマー電池の開発を進めている[16]（表11）。2002年には工場設立の話があったが，詳細は不明である。

④ Avestor

　1980年ごろからのHydreo Qebec社の開発してきたLMP電池技術の継承メーカであり，EV用，HEV用また非常用電源など幅広い応用を目指した開発を実施した。40kWhの電池システムを試作したが，作動温度60℃を維持するためには200Wのエネルギーが必要とされ，放電が発熱反応であるため運転が連続する場合には効率的な面で問題は少ないが，たとえば24時間待機すると約12％のエネルギー損失が生ずる計算となる。

　その他，米国のPolystar，Electricfuel社などベンチャー企業と思われる電池メーカが米国DOEから委託契約を結んだ実績を有する。

3.3　その他の地域

① LG 化学

　米国において社を立ち上げUSDOEからの資金提供を受け，製造した。韓国においても国プロジェクト推進の主体となっている。最近，リチウムイオンポリマー電池（LIPB）の発表を行う，30C 時間率の急速放電でも 1C 時間の 85％を越える容量（Ah）を出すことなどを報告した。

② サムスン電子

　HEV用として高出力型6Ah角形セルにより電池管理システム（BMS）付電池パックを試作した。2010年までに商業化を行うとしている。

4 導入例[7, 17]

リチウムイオン電池は一次電池を含む電池産業全体6,711億円の中で，出荷価格の41％を占める産業（2004年）となっている（図8）。しかし，その用途は小形の携帯電話，ノートパソコンなどポータブルな電気製品の民生小型電池に限られている。現状の電池の規模および利用分野では，リチウムイオン電池は連続使用時間で8～24時間程度，最大出力は数10kW（短時間）に過ぎない（図9）。NAS電池やレドックスフロー電池と比較して，無保守・常温作動で補機が不要とされる分野が対象であり，競合する二次電池としてはニッケル水素電池と密閉型鉛電池とみなされている。

リチウムイオン電池を電力貯蔵技術として本格的に導入された事例は寡聞にして分からない。市販品として販売された製品は未だ非常に限られる（表12）。「電力貯蔵用電池」としては，「ナトリウム硫黄電池」，「レドックスフロー電池」「亜鉛臭素電池」ならび「鉛蓄電池」について規

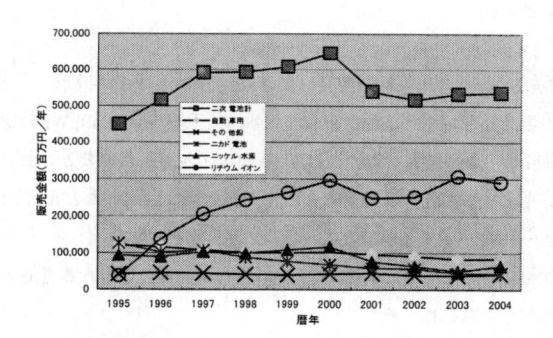

図8　二次電池の販売金額の推移（経済産業省　機械統計）

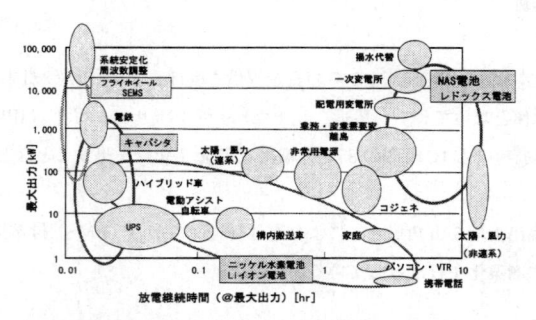

図9　各種の電力貯蔵技術の適用に関する現状の概念

第6章 リチウムイオン電池による電力貯蔵技術

表12 リチウムイオン電池の適用例（販売）

搭載車両	電動スクーター	簡易 HEV	HEV	EV
	ヤマハ・パッソル 2セル（7Ah）並列×7直列	トヨタ・ヴィッツ（アイドリングストップ）〈不明〉	日産プレーリージョイ（1,000台限定販売）	日産ハイパーミニモジュール（90Ah／30V）×4直列
定置用	無停電電源（UPS）			
	ジーエスユアサコーポレーション 30kVA			

定されている[8]。そのなかでは新型二次電池の開発状況において電気自動車用として「ニッケル水素電池（トヨタRAV4）」と「リチウム二次電池（日産プレーリージョイ）」として紹介されている。特徴と課題として「・エネルギー密度が高い ・過充電，過放電に弱く，電池電圧の管理が必要，・時間耐久性の向上が課題」との記載がある。電力貯蔵用としては，NAS電池やレドックスフロー電池と比べ，小規模な電力貯蔵用とされる。電力貯蔵用電池規程には平成17年10月現在では対象とされていない。

実用面で大きな障壁となっていることは，次の点が挙げられる。

① コスト：民生用の小型のリチウムイオン電池（Wh級）の販売価格は一説には30～50円／Wh（電池容量）とされる。しかし，大型化（少なくとも100Wh級電池以上）した場合の市場ベース実績は皆無に近い。

② 数百V以上の電圧とした組電池（多数の直列・並列接続）での長期的運転の実績が乏しい。また，個別セル（単電池）の電圧監視・制御が必要であり，制御系が複雑・高価となる傾向がある。

③ 安全性・信頼性
内部に有機溶媒（消防法第4類危険物）を含むことから大型設備となった場合の，法的規制および外的な災害に対する信頼性の実績が乏しい。

なお，以上の課題を抱えつつ，特に経済的な面から搭載電池容量を抑制できるクリーンエネルギー自動車技術として，燃料電池自動車やハイブッリッド自動車用の高出力型リチウムイオン電池技術開発が国プロジェクトとしてNEDO：新エネルギー・産業技術総合開発機構により推進されている[1]。

4.1 運輸部門での電力貯蔵技術の導入

電気自動車を代表とする移動体用の電池電力貯蔵技術については，2001年以降も諸外国の大都市などでは自動車排気ガスを主因とする大気汚染物質（窒素酸化物NOx，浮遊粒子状物質SPM

等）の蔓延が深刻な社会問題となっている状況に変化はない。また，1997年12月に気候変動枠組み条約第三回締約国（COP3）において，2008年から2012年の二酸化炭素等の温室効果ガス（CO_2，N_2O，CH_4，HFC，PFC，SF_6，の6種類）を，日本のケースでは1990年レベルより6%削減するとの数値目標が定められている。この京都議定書は，アメリカ合衆国の不参加にも拘らずロシアの批准を受け2005年2月に発効している。

この背景から燃料電池自動車，ハイブリッド自動車，電気自動車などクリーンエネルギー自動車に関して期待が高まっている。また，依然として存在する米国カリフォルニア州のZEV(Zero Emission Vehicles)規制の流れにも，輸出産業として自動車メーカは対応していく必要に迫られている。最近では，固体高分子形燃料電池（PEFC）を搭載する燃料電池自動車（FCEVまたはFCV）の開発待望論が強く，各自動車メーカは公道走行のできるFCEVを開発・実証している段

写真3 小型電気自動車および搭載した電池パック（13kWh級）の概観
（電池は日本電池㈱の試作品）[1]

表13 リチウムイオン電池搭載の電気自動車（日産：ハイパーミニ）諸元・性能[18]

車両	車両本体価格（充電器含む）：4,000千円，車両寸法（全長×全幅×全高）(mm)：2,665×1,475×1,550，ホイールベース（mm）：1,890，車両重量：840kg，乗車定員：2名
基本性能	最高速度：100km/h，加速性能（0–40km/h）：—，登坂能力（$\tan\theta$）：—，一充電走行距離（10・15モード）：115km，
電動機	交流動機電動機（ネオジウム磁石式動機モータ）1台，最高出力：24kW（33ps），最大トルク：130Nm（13.3kgm）
電池	リチウムイオン電池（90Ah／3時間率／30V）×4直列，総電圧：120V–DC
充電器	設置形式：別置型，充電制御方式：定電流（インダクティブ），交流入力電源：単相・200V・30A，標準充電時間：約4時間

110

第6章 リチウムイオン電池による電力貯蔵技術

階である。しかし，製造コストや技術開発の障壁に加え，水素供給ステーションの社会的整備には，長期の時間が掛かるとの見方が出てきている。その点では，既存のインフラストラクチャーを利用できるクリーンエネルギー自動車の見直しが行われる状況も出てきている。

4.1.1 電気自動車

「分散型電池電力貯蔵技術開発」[15, 16)]では，13kWh（1.3kWhモジュール×10直列）電池搭載の軽自動車により，実証を図った（写真3）。この場合，加速性能において出力密度を反映する結果が得られた。定置用マンガン系酸化物の技術開発を基礎として，電気自動車用電池を開発し商業的にはニッサンから二人乗り乗用車ハイパーミニが販売開始された（表13）。ただし，販売価格が，ベース車両の4倍以上という点で市場競争力は発揮できなかった。

三菱自動車工業ではリチウムイオン電池搭載の電気自動車（FTO-EV）で四国一周などの実績を有する。最近では，まだ実験車の段階ではあるがモーター駆動の利点をさらに発揮できるインホイールモーターを用いた電気自動車（MIEV）が三菱自動車工業から発表された。また，慶応大学を中心とする産学協同研究計画であるエリーカ（Ellica）プロジェクトでは，新しい概念である集積台車とリチウムイオン電池の8輪車を製造し，スポーツカーに負けない走行性能を実証している。電池技術の向上とパワーエレクトロニクスの進歩により，走行性能の優れた自動車の実証例といえる[12)]。

4.1.2 ハイブリッド電気自動車

日本では，ニッサンからプレーリージョイ（1,000台限定販売）として，リチウムイオン電池搭載の実績がある。最近では，燃料電池自動車（X-TRAIL FCV）にもリチウムイオン電池が補助電源として搭載さている。

4.1.3 電動スクーター

電池搭載の量が少なくてすみ，リチウム電池の特色により他の電池仕様の場合と峻別できる性能面で利点が発揮できる分野と考えられる。「分散型電池電力貯蔵技術開発」の中で，試作された電動スクーターがある（写真4）。1.8kWh程度の電池搭載により走行スピードや加速力は十

仕様	項目	内容
	全長×全幅×全高	1,707×0.608×1.002(m)
	空車重量	75kg
	乗員定員	1人
	最高速度	60km/h
	1充電走行距離	60km
	最大出力	5.5kW
電池システム	種類	Li-ion(Mn系)
	容量	23Ah
	セル数	20セル
	総電圧	76V
	ECU	充放電・安全制御
	SOCメーター	残存容量検知
	充電器	100V充電

写真4 電動スクーターとその諸元（電池は松下電池工業の試作品）[1)]

分であることを証明した。実際に市場に出た電動スクーター(電動コミューター)はヤマハ・新神戸電機㈱の共同開発により，一充電あたりの航続距離32km(30km/h定地走行)を達成し，通勤・買物との用途である。充電器もAC100V電源で，2時間で80％，2.5時間で100％充電が可能とされる[10]。

4.1.4 その他の乗り物

このほか，特殊な用途の類に現時点では入ると思われるが，宇宙開発・人工衛星または海洋探査などの人類の活動場の最前線でのリチウム電池電力貯蔵システムの活躍が期待され，一部では実用化されている。最近では鉄道のディーゼル車両をハイブリッド化する試みなども発表されている[19]。

4.2 定置型電力貯蔵技術の導入

定置型の電力貯蔵装置に関する試みは，運輸部門の活動と比べ国内外ともに地道である。

4.2.1 日立製作所／新神戸電機

分散型電池電力貯蔵技術開発の下では，コスト面での障壁を鑑みて電池容量が少なくても検証可能な電力貯蔵システムとして「早期実用化モデル」を考案し，参画担当法人が試作した。その一例として「2kWh級定置用リチウム電池電力貯蔵システム(日立製作所／新神戸電機)」の試作・運転を紹介する[17](表14，15，写真5)。一般の家庭の電力負荷(月300～400kWh程度)を想定した20kWh級電池電力貯蔵システムの十分の一規模での運転試験の実証を行った。システム容量に対して制御用電力の大きさが無視できないことなどから，システム総合効率71％にとどまった。ただし，電池(DC/DC)効率は変動のある実負荷においても95％を確保できた。

表14 2kWh級家庭用LL蓄電システム設計仕様（日立製作所／新神戸電機）[1, 17]

項目	仕様
入力電圧	AC100V 50／60Hz
出力電圧	AC100V 50／60Hz
定格出力電流	20A
想定負荷	ルームエアコン，冷蔵庫，照明
電池電力容量	2kWh級
瞬時放電電流	1.3C（単電池：3C）
蓄電時間	5時間
組電池構成	300Wh級モジュール電池8直 （8直モジュール×8直）
外形寸法	485W×725H×250D
質量	75kg
システム総合効率 （700W抵抗負荷時）	70％以上
環境温度	－20℃～43℃

第6章 リチウムイオン電池による電力貯蔵技術

表15 300Wh級電池モジュールの仕様（日立製作所／新神戸電機）[1, 17]

項目		仕様
定格電力容量		278 Wh
電池材料		Mn材／非晶質炭素
モジュール構成		8直列
寸法（保護回路除く）	W	90mm
	L	314mm
	H	90mm
放電平均電圧（0.3C時）		29.6V（3.7V×8）
体積エネルギー密度		111 Wh/l
重量エネルギー密度		74 Wh/kg
使用温度範囲		−20〜50℃

300Wh級モジュールの外観

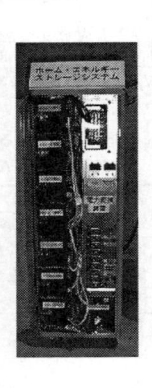

写真5 マンガン系正極を用いた2kWh級定置用リチウム電池電力貯蔵システム
（日立製作所／新神戸電機）[1]

4.2.2 九州電力／三菱重工業

九州電力㈱では三菱重工業㈱と共同研究により、20kWh級電池貯蔵システムを日立／新神戸電機グループ試作品の10倍規模の電池システムの開発を行った。

単電池として270Whセル（正極板100枚、負極板100枚で構成）。3,500サイクル以上の寿命を予測している。270Whセルを4セル接続し1.1kWhモジュールを構成し、22モジュールと電

池保護装置とインバータから24kWh電池システムを試作した。3kW×8時間（270×88）の出力で85%のシステム効率を達成したが，電池パックの損失は3%に過ぎず，インバータ・電池保護装置で12%損失に相当すると報告している[20]。

4.2.3 ジーエスユアサコーポレーション

電池構成の詳細は明らかにしていないが，産業用リチウムイオン電池「LIMシリーズ」を開発している。LIM80と呼称されるセルは80Ah公称容量である。7直列接続として公称電圧26.6Vの電池モジュールに，過充電・過放電の防止を目的とする管理装置（BMU：Battery Management Unit）を取り付け異常使用時の安全性を確保した[11]。

4.2.4 米国：DOE/SAFT

エネルギー省のプロジェクトの一環として，系統連系マイクロガスタービンの電力品質確保お

表16 SANDIAリチウムイオン電池システムの大負荷放電試験後の電池（セル）状態[21]

負荷 (kW)	放電時間	セル電圧 (最大値) (V)	セル電圧 (最小値) (V)	SOC (%)	セル温度 (最高値) (℃)	停止の警報
50	14分34秒	3.12	2.48	3	32	セル電圧下限
75	10分10秒	3.13	2.48	3	52	セル電圧下限
100	3分40秒	3.38	3.35	71	55	セル温度上限

注；100kW/1-分間放電を基本仕様として設計試作

表17 通信分野における非常電源用リチウムポリマー電池の諸元（Avestor社）[22]
　　　 SE 48S63（ADVANCED LITHIUM-METAL-POLYMER BATTERY）

公称電圧：		48 Vdc
定格容量（8時間率；40℃）：		63 Ah
定格エネルギー（8時間率；40℃）：		3.0 kWh
最大連続放電電流：		18 A
浮動充電電圧：		53.8 − 55.8 Vdc
寸法	長さ：	404 mm（15.9 in.）
	幅：	200 mm（7.88 in.）
	高さ：	273 mm（10.75 in.）
重量：		28.6 kg（63 lb.）
作動温度範囲：		−40 to 65℃（−40 to 149 ℉）
保存温度：		−40 to 75℃（−40 to 167 ℉）
寿命（40℃（104 ℉）において）：		10年以上

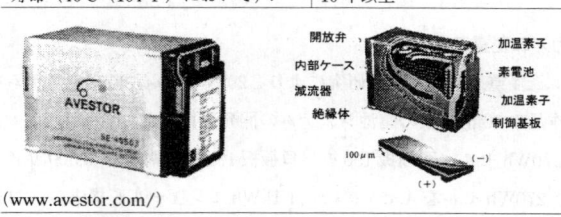

(www.avestor.com/)

よび無停電電源（UPS）としての電池電力貯蔵システムが報告された。SAFT Li-イオン電池VL30Pを12個直列接続してモジュール（制御回路つき）を製作し，そのモジュールを11直列して試作した。電圧作動範囲は515～405V（直流）である。1分間に100kW出力が継続できるかどうかの大電流放電の試験を行った（表16）。SOC3%の状態から98%に充電に要する時間は約25分であった[21]。

4.2.5 カナダ：Avestor社

2000年に小型自動車を第17回電気自動車シンポジウムで搭載し，試乗会にて基本的な使用に問題のないことを示した。しかし，その後は，通信用の無停電電源装置（UPS）の開発に力をいれたようである[22]（表17）。

5 おわりに

運輸部門（自動車やハイブリッド自動車等）では，ニッケル水素電池との競合時代を得て，高効率・軽量性を生かして徐々にリチウムイオン二次電池が普及していくことが期待できる。

一方，定置用としては，無停電電源・電力貯蔵システムとして効率の最適化が行えれば電力品質を保証する手段として有望と考える。さらに，熱管理の問題を解決できるようになり大型化設計が可能となれば，広い応用分野が期待できる。とくに再生可能エネルギーを利用する太陽光発電システムや風力発電システムを，系統連系して商業ベースでの普及拡大を目指すためには，その電力品質や不安定性を保証する必要がある。この技術としての電池電力貯蔵への期待は大きい。しかしながら，自然の変動を緩和するためには十分な追従性と緩衝能力が要求される。最近の風力発電の1基が1,000kW級発電機であり，ウインドファームと呼ばれる集合的風力発電基地では6MWに達するものもある。このため，多様な材料の可能性を見極めるための基礎研究が重要となると思われる。

太陽電池発電に関しても，家庭での発電システムは3kW程度であるが，この集中的に連系されるような地域では，電力品質の確保などにも電池利用が期待される。

リチウムイオン電池の本格普及の課題としては，コスト低減，信頼性・安全性・耐久性の向上，用途に適した仕様の明確化と最適材料の設計・選定・開発などが挙げられる。また，自動車リサイクル法の成立などの流れをうけて大型リチウムイオン電池のリサイクル技術・社会整備も必要となるだろう。

文　　献

1) 新エネルギー・産業技術総合開発機構(NEDO), 産業技術総合研究所　技銃評価委員会,「分散型電池電力貯蔵技術開発」事後評価報告書(2003), その他の「分散型電池電力貯蔵技術開発」成果報告書データベース. http://www.tech.nedo.go.jp/index.htm
2) 電気化学会編, 第5版　電気化学便覧. 丸善(2000)
3) 田村英雄監修　松田好晴, 岩倉千秋, 池田宏之助, 森田昌行編集,「電子とイオンの機能化学シリーズ, Vol.3　次世代リチウム二次電池」, エヌ・ティー・エス(2003)
4) 芳尾昌幸, 小沢昭弥,「リチウムイオン二次電池　第二版」, 日刊工業新聞社(2000)
5) USDOE, "Energy Storage Research and Development FY 2004 Annual Progress Report"(http://www.eere.energy.gov/) など
6) 第31回—第46回　電池討論会, 講演要旨集　など
7) 新井昇,「大型モジュール電池」, Electrochemistry, Vol.71, No.2, P119(2003)
8) 日本電気協会・日本電気技術規格委員会JESC　E0007「電力貯蔵用電池規程JEAC 5006-2000」(2000)
9) 三洋電機技報(http://www.sanyo.co.jp/giho/)
10) 野村洋一,「蓄電装置の高性能化とその応用展開(2)リチウムイオン電池」, エネルギー・資源, Vol.25, No.6, p408-(2004), あるいは新神戸電機テクニカルレポート(http://www.shinkobe-denki.co.jp/ft_report.htm)
11) 瀬山幸隆, 下衛武司, 西山浩一, 中村秀司, 園田輝男,「産業用リチウムイオン電池「LIMシリーズ」の開発」, GSニュース　テクニカルレポート第62巻, 第2号, 76-81(2003)など
12) 第39回　東京モーターショウ資料
13) リッセル㈱ホームページ　http://www6.ocn.ne.jp/~litcel/
14) エナックスホームページ　http://www.enax.jp/home.html
15) 神戸良隆, 稲垣淳仁, 野崎耕, 榎島尚登, 松浦智浩, 山田学,「車載用Liイオン電池の開発」, TOYOTA Technical Review, Vol.53, 18-21(2004)
16) Proceeding EVS 17, Montreal, 2000, October
17) 寺田信之,「早期実用化を目指した中容量電池システム」, Electrochemistry, Vol.71, No.2, P125(2003)
18) 「㈶環境情報普及センター, 低公害車ガイドブック2000」
19) JR東日本ニュースリリース　2005年11月8日
20) K. Imasaka, K. Hashizaki, H. Tajima, M. Oisi, Y. Fujioka, T. Hashimoto, T. Nishida, K. Kobayashi, T. Akiyama, K. Adachi, H.Shibata, M.Kai, "Development of Power Storage System wtih 24kWh Lithium-ion Battery" International Meeting on Lithium Batteries, Abstract No.418 June27-July 2, 2004, Nara, Japan, および　橋崎克雄, 田島英彦, 藤岡祐一, 西田健彦, 橋本勉, 森康,「リチウムイオン電池電力貯蔵システムの開発」三菱重工技報, 第41巻, 第5号, 290-293(2004)
21) N. H. Clark, D. H. Daughty, "Developing and Testing of 100kW/1-minute Li-ion Battery System for Energy Storage Applications", Journal of Power Sources, 146, 798-803(2005)
22) AVESTOR社ホームページwww.avestor.com/

第7章　電気二重層キャパシタによる電力貯蔵技術

杉本重幸*

1　原理および構造材料

1.1　電気二重層キャパシタの原理

　電気二重層キャパシタは，活性炭などの多孔質で比表面積の大きな素材を電極として用い，この電極とイオン伝導性の電解液との界面に形成される電気二重層を絶縁層として，通常のコンデンサと同じように電荷を吸着して電気を蓄える蓄電デバイスである。

　コンデンサに充電電流を流すと，並行する一組の電極の一方には負の電荷（電子）が，他方には正の電荷（正孔）が吸着することにより，静電容量が得られる。静電容量C（F：ファラド）のキャパシタにQ（q：クーロン）の電荷を充電すると，キャパシタの端子電圧はV（V：ボルト）となり，この関係を式に表すと（1）式のようになる。

$$Q = C \cdot V \tag{1}$$

　電極の面積をS，2つの電極間の距離をdとすると，コンデンサの静電容量Cは（2）式で表される。

$$C = \varepsilon_0 \cdot \varepsilon_\gamma \cdot S / 4\pi d \tag{2}$$

　ここで，ε_0は真空の誘電率，ε_γは平行電極の間の絶縁物（誘電体）の比誘電率である。したがって，コンデンサの蓄電できる能力（静電容量）は，その電極間距離に反比例し，電極表面積に正比例して増加する。

　さらに，コンデンサに蓄えられるエネルギーPは，（3）式で与えられる。

$$P = 1/2 \cdot C \cdot V^2 \tag{3}$$

　図1に示すように，電解液の中に電極を入れると，両電極の表面に電気二重層と呼ばれる電解液の分子が並んだ極めて薄い層が形成される。電気二重層キャパシタは，この薄い層を電極間の

＊　Shigeyuki Sugimoto　中部電力㈱　電力技術研究所　電力ネットワークグループ
　　　　　　　　　系統チーム　チームリーダー　研究主査

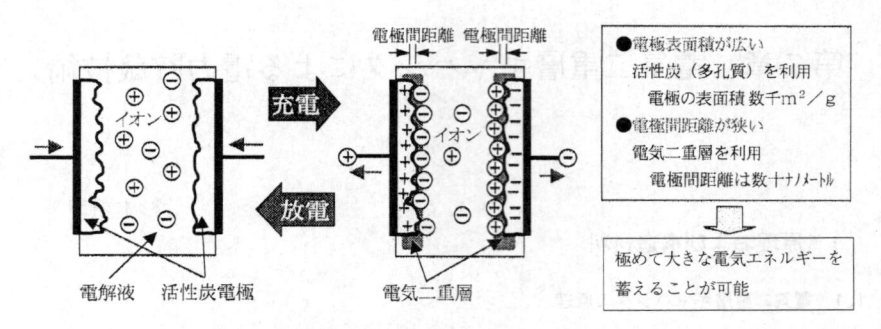

図1 電気二重層キャパシタの原理

絶縁物として使用することで (2) 式の電極間距離 d を数十 nm と極めて小さくし，さらに，電極に多孔質の活性炭を用いることで (2) 式の電極表面積 S も数千 m^2/g と非常に大きくすることにより，従来の電解コンデンサなどに比べて飛躍的に電気エネルギーを蓄えることができるようにしたものである。

電気二重層キャパシタの正負の電極に直流電源を接続して充電を行うと，負側の電極では電極内の負の電荷(電子)を中和する形で，電解液の溶媒分子で構成された電気二重層を挟んで正イオンが吸着し，正側の電極では電極内の正の電荷(正孔)を中和する形で，電気二重層を挟んで負イオンが吸着する。そのため，電気二重層キャパシタはちょうど，等価的には2つのコンデンサが直列に接続されたような形となる。

また，電気二重層の構造については，種々のモデルが提案されている[1]。まず1879年に，Helmholtzが電解液の溶媒分子が均一かつ一列に電極表面に並んだモデルを提案し，これをHelmholtz層と呼んだ。このモデルが電気二重層の基本モデルであり，電解液中のイオンはこのHelmholtz層を挟んで，その反対の電荷を持った電極側の電荷と並行板コンデンサのように並行に並んで吸着していると考えた。その後，Gouy，Chapmanにより，電解液中のイオンの濃度が電極面から電解液内部へと連続的に低くなるモデルが提案され，さらにSternが電極の至近距離内ではHelmholtzのモデル，その外側ではGouy-Chapmanのモデルが成り立つとした電気二重層モデルを提案した。現在までに，特異吸着イオンや溶媒和イオンの影響を加味したモデルなどが，さらに提案されているが，基本的な電気的特性については，ほぼ，Gouy-Chapman-Sternモデルで説明できる。

電気二重層キャパシタは，以上で説明したように，鉛蓄電池のような化学反応を伴わず，コンデンサと同じように電荷の吸着・脱離により充放電を行うため，繰り返し充放電による劣化が非常に少なく，省メンテナンスで寿命も長いという優れた特長を持っている。また，主な構成材料

第7章 電気二重層キャパシタによる電力貯蔵技術

は活性炭と有機系または水溶液系電解液で，環境に有害な重金属等を一切使用していないため，地球環境への負荷が少なく，廃棄時の回収処理も不要である。そのため，パソコンや家電などのメモリバックアップ用電源として用いられてきたが，最近では，瞬低補償装置の蓄電要素や燃料電池自動車のパワーアシスト，太陽光発電システムの出力平準化などへの適用を目指して，大型キャパシタの開発が進められ，実用化されたものもある。

1.2 電気二重層キャパシタの材料と構造

電気二重層キャパシタは，活性炭等の比表面積が大きな分極性電極，電荷を出し入れするためのアルミ等の金属を用いた集電電極，分極性電極との界面に電気二重層を形成するための電解液，正・負の分極性電極の絶縁を確保するためのセパレータ，これらの各構成材料を蓄電デバイスとしてまとめるケース，などの材料から構成されている。

電気二重層キャパシタの基本セルは，図2に示した通り，集電電極にシート状に加工した分極性電極を貼り合わせた電極を2枚用意し，これを正側，負側の電極として，その間にセパレータを挟み込み，分極性電極に電解液を染み込ませた構造となっている。電気二重層は，分極性電極を構成する活性炭等の微粒子およびその中の細孔を含めた表面と電解液との界面に形成される。セパレータは，正側の電極と負側の電極が接触しないようにするものである。

また，電気二重層キャパシタセルの分極性電極の厚さは通常1mm以下であるため，セルを何層にも積み重ねた上で，ケースに収めた構造で電気二重層キャパシタの製品としている。表1に，現在市販されている電気二重層キャパシタを外形や構造の面から分類して示す。キャパシタの構造は円筒型と角型に大きく分けられる。円筒型としては円形のセルを数枚積層したコイン型と従来のアルミ電解コンデンサと同じようにセルのシートをロールパンのように巻き込む捲回円筒型がある。コイン型はパソコンや家電のメモリバックアップなどの低電圧・小容量の用途に用いられてきたものであり，捲回円筒型はアルミ電解コンデンサの容器，封口板，端子などの材料や製

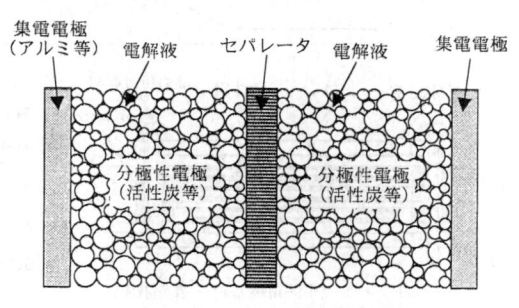

図2　電気二重層キャパシタ基本セルの構造

電力システムにおける電力貯蔵の最新技術

表1 電気二重層キャパシタの外形・構造からの分類

分類		外形および構造	特徴
円筒型	コイン型	金属ケース／パッキン／活性炭電極／セパレータ／集電電極	・薄型化が可能
	捲回円筒型	端子／シール板／安全弁／ケース／セパレータ／集電電極／活性炭電極	・電解コンデンサの製造設備を流用できるため安価
角型	並列積層型	端子／引き出しリード／集電電極／活性炭電極／セパレータ／ケース	・大容量化が可能 ・高エネルギー密度
	直列積層型	ガス抜き弁／エンドプレート／活性炭電極／締め付けボルト／パッキン／積層／エンドプレート／中間電極基材／集電極板	・端子電圧の高電圧化が可能 ・大容量化が可能 ・高エネルギー密度 ・低抵抗

第7章 電気二重層キャパシタによる電力貯蔵技術

法,製造機械を流用できるため,低電圧・大容量の用途のキャパシタとして安価にできる点が特徴である。角型は四角形のセルを積層したもので,各セルの正・負の集電電極を並列に接続した並列積層型と集電電極の裏表に分極性電極を貼り合わせたものを,セパレータを挟み込みながら積み重ねて圧接した直列積層型がある。並列積層型は端子電圧が1つのセルと同じ数V（水溶液系：1V,有機系：2～3V）程度であるため,これを数十個ケースに収め,端子を直列に接続してモジュールを構成するのが通常である。直列積層型はこのままで数十V～百数十Vの端子電圧が取れるため,高電圧・大容量の用途に適した構造である。

以下では,電気二重層キャパシタを構成する各材料について,より詳しく述べることとする。

1.2.1 分極性電極

電極材料は,電気二重層キャパシタの特性を決める最も重要な構成要素である。通常,電気二重層キャパシタ用電極材料に求められる条件としては,以下のものが挙げられる。

① 比表面積が大きいこと

電極の比表面積が大きくなれば,前述の (2) 式からも分かるように,静電容量を大きくすることが可能である。これは,電極の単位質量当たりのイオンの吸着量を多くすることができるためである。後述の活性炭では,賦活処理を行って,大量の細孔を形成することで比表面積を大きくしているが,電解液中のイオン（溶媒和したイオン）がこの細孔に自由に出入りする必要があるため,使用する電解液に応じて最適な細孔径分布となるようにすることが重要である。

② かさ密度が大きいこと

電気二重層キャパシタの単位体積当たりのエネルギー密度を高めるためには,かさ密度の高い電極を使用することが必要である。しかし,活性炭などでは,一般に上記の賦活処理により,単位質量当たりの比表面積を大きくするにつれて,かさ密度が小さくなるため,必要とするキャパシタの特性に応じた比表面積とかさ密度の最適化が重要である。

③ 電気伝導度が高いこと

電気二重層キャパシタの特長である高出力密度の充放電を実現するためには,電極の中を電荷（電子や正孔）が移動しやすいことが必要である。これも前述の賦活処理が進むにつれて,電気伝導度が低くなる傾向があるので,製作するキャパシタの特性をエネルギー密度重視とするか,出力密度重視とするかによって,賦活処理の条件を変える必要がある。

④ 電解液に対して物理的・化学的に安定であること

後述のように,電気二重層キャパシタの電解液には,水溶液系では希硫酸が,有機系ではプロピレンカーボネートが主に使用されているが,これらの電解液に対して安定であることがキャパシタの寿命の面から重要である。

⑤ 安価であること

電力システムにおける電力貯蔵の最新技術

　電気二重層キャパシタは，現在のところ鉛蓄電池などの二次電池に比べて，まだまだコストが高いため，電極材料はできるだけ安価である（将来，価格が下がる）ことが，また，大量生産する上では入手しやすい材料であることが重要なポイントである。

　これらの条件を満足する電気二重層キャパシタの電極材料として，現在のところ活性炭が多く用いられている。活性炭の原材料としては，やしがら等の天然素材，ピッチやコークス等の石油・石炭由来の素材，フェノール樹脂やセルロース等の合成樹脂素材などが用いられている。これらの原材料のうち，天然素材と石油・石炭由来素材の活性炭は粒状に細かく粉砕したものに，カーボンブラック等の導電剤とPTFE（ポリテトラ・フルオロエチレン）等のバインダーを混ぜてシート状に加工して使用されることが多く，合成樹脂素材は前述のような加工方法の他に，合成樹脂繊維で作成した織物に炭化・賦活処理を行って電極材料にする方法も用いられている。活性炭以外の電極材料としては，カーボンナノチューブ等のナノ素材を用いる研究も各所で行われているが，高価なため商品化されたものはまだ少ない。

　電気二重層キャパシタ用電極材料に用いられる活性炭は，上述の各種原材料を加熱炭化させた後，賦活処理を行うことにより，使用する電解液に最適な細孔を形成し，有効な比表面積を確保することが必要である。賦活処理には大きく分けて，水蒸気賦活，カリウム賦活の2種類がある[2]。水蒸気賦活は，水蒸気，一酸化炭素，酸素，燃焼用ガスを混合したガスと炭素素材を1,000℃程度で反応させて多数の細孔を形成する方法であり，他の賦活法に比べて安価であるが，細孔径分布の正確な制御が難しい。水蒸気賦活では，混合ガスに塩化亜鉛や水酸化カリウム等の触媒を加えて，細孔径の制御を改善した方法もある。カリウム賦活は，炭素素材に多量の水酸化カリウムを混合し，800℃程度で加熱して活性炭を作成する方法であり，賦活によって炭素を消耗しないため，かさ密度が大きな活性炭を作成することが可能で，細孔径分布を比較的細かく制御することができるが，製造が難しく高価である欠点がある。尚，活性炭電極の細孔径は，電解液のイオン径（溶媒和したイオン径）を考慮に入れて決定する必要があるが，水溶液系で1nm，有機系電解液で2nm程度以上が有効だと言われている[3]。

　上述のような方法で作成された活性炭の表面にはカルボキシル基や水酸基などの官能基が存在する。これらの官能基は，電気二重層キャパシタの充放電の際に電解液の電気化学的分解を促進し，炭酸ガス等の発生の原因となるため，キャパシタの寿命や信頼性に影響を与える可能性がある。これらの官能基の種類や量は，使用した原材料や炭化・賦活処理の条件に左右されるため，できる限りその濃度を低くする製造方法を探索する必要がある。また，活性炭の表面構造も，プリズム面（グラファイト結晶層が表面に垂直となっている面）と基底面（平行となっているもの）の2種類があるが，プリズム面の方が電気二重層キャパシタの静電容量が大きくなる傾向があるため，この表面構造の制御も重要である[4]。

第7章 電気二重層キャパシタによる電力貯蔵技術

1.2.2 集電電極

集電電極は分極性電極に貼り合わされ、電気二重層キャパシタのケースの端子に接続されており、キャパシタの充放電時に分極性電極と電解液の界面に形成される電気二重層から電荷を外部の電源や負荷とやり取りするために重要な素材である。電気二重層キャパシタの集電電極の材料として、現在最も用いられているのはアルミニウムである。特に、高出力密度タイプの電気二重層キャパシタでは、集電電極から引き出し線、端子までの抵抗もできる限り低く設計することが重要である。

1.2.3 電解液

電気二重層キャパシタに用いられる電解液は、溶媒に正・負のイオンの元になる電解質を溶解したものが用いられ、正・負のイオンが溶媒中を自由に移動できることが必要である。電気二重層キャパシタ用の溶媒には、高い比誘電率、低い粘度、高い沸点、低い融点、高い引火温度、広い安定電位領域などの特性が要求される。これらの溶媒の特性のうち、高い比誘電率は単純に言えば前述の (2) 式により静電容量を高める上で、低い粘度および高い沸点、低い融点は広い温度範囲でイオンの移動度を高く保ち、低抵抗化を図る上で、高い引火温度は安全性の面で、広い安定電位領域は耐電圧向上の面で、それぞれ重要な特性である。電解質に要求される特性としては、高い溶解度、高い解離度、高いイオン移動度、広い安定電位領域などが挙げられる。これらの電解質の特性のうち、高い溶解度、高い解離度は電解液中のイオン量を増加し、十分な電気二重層を形成する上で、高いイオン移動度は高出力特性を実現する上で、広い安定電位領域は耐電圧向上の面で、それぞれ重要である。さらに、溶媒、電解質ともに要求される特性としては、人体に有害でないこと、低コストであることが挙げられる[5]。

電気二重層キャパシタの特性を高める上では、上述のような溶媒、電解質の単体の特性だけでなく、分極性電極と電解液の最適化を図る必要がある。具体的には、活性炭のような分極性電極の細孔内に侵入・吸着が可能な最適なイオン径（実際には、溶媒和イオン径）を持った電解質を検討する必要がある。この場合、分極性電極の細孔径がイオン径に比べて小さすぎると、イオンが細孔内に吸着できないため、電極の細孔も含めた表面積を有効に利用できず、大きな静電容量を発現できない。逆に、細孔径がイオン径に比べて大きすぎると、電極の単位質量当たりの比表面積が小さくなり、やはり静電容量が小さくなってしまう。

このような条件を満足する電気二重層キャパシタ用電解液としては、大きく分けて水溶液系と有機系があり、水溶液系電解液としては硫酸水溶液が、有機系電解液としてはプロピレンカーボネートにテトラエチルアンモニウム・テトラフルオロボレイトを溶解させた電解液が代表的なものである。電気二重層キャパシタに蓄電されるエネルギーP（J：ジュール）は、前述の (3) 式で表され、キャパシタの静電容量および端子電圧の2乗に比例する。したがって、キャパシタの

単位体積当たりのエネルギー密度を向上させるためには，静電容量を大きくするか，端子電圧を高くすることが必要である。キャパシタの静電容量については，電気二重層の厚さ，すなわち電解液のイオン径に反比例するため，イオン径の小さな水溶液系電解液の方が有利である。一方，耐電圧は，電解液の電気化学的な分解電圧により制限を受けるが，水溶液系電解液では約1V程度，有機系電解液では約3V程度である。したがって，静電容量は水溶液系の方が3倍程度大きくなるが，耐電圧は有機系の方が3倍程度高いので，結果的にエネルギー密度は有機系の方が水溶液系より3倍程度有利となる。しかし，有機系電解液は吸湿性があり，水分が混入すると分解電圧が下がってしまうため，水分管理を厳密に行う必要がある。また，電気二重層キャパシタの出力密度を高めるためには，内部抵抗の低減が必要であり，この点では水溶液系電解液の方が有利であるが，最近は有機系電解液を使用したキャパシタでも分極性電極の特性の改善や薄膜化により水溶液系キャパシタに匹敵する特性を実現した有機系キャパシタも存在する。尚，電解液自体のコストは有機系電解液の方が水溶液系電解液に比べて高い。

　現在，電気二重層キャパシタに用いられている有機系電解液の溶媒としては，プロピレンカーボネートが高比誘電率を有するため，最もよく用いられている。それ以外では γ-ブチロラクトン，エチレンカーボネート，スルホランなども比誘電率が高く，使用可能であるが，エチレンカーボネート，スルホランは常温では固体であるため，混合溶媒を用いる必要があり，使用温度範囲の下限に制限がある。また，アセトニトリルも比誘電率が高い割に粘度が低いため，静電容量の増加と内部抵抗の低減を両立しやすく，海外ではよく用いられていたが，引火温度が低く，発火しやすい上に，燃えると有毒なシアンを発生するため，最近はあまり用いられなくなっている。

　一般的には，電解質を構成するイオン径が大きくなるほど，イオンの解離が高くなり，静電容量は上がるが，移動度は低くなるため，内部抵抗が大きくなる。そのため，必要な電気二重層キャパシタの特性に適切なイオン径を持った電解質を選択する必要がある。そのため，電解質としては，テトラエチルアンモニウム・テトラフルオロボレイトが最もよく用いられているが，その他に，テトラエチルホスホニウム・テトラフルオロボレイトも用いられている。最近では，電気二重層キャパシタのさらなる性能向上を目指して，非対称塩や常温溶融塩などの検討も行われている。

1.2.4 セパレータ

　セパレータは，電気二重層キャパシタセルを構成する正・負の分極性電極の接触を完全に防止し，絶縁を保つことが要求されるが，それと同時に，電解液中の正・負のイオンをできる限り低い抵抗で透過させることも必要である。これらのセパレータの性能のうち，前者の絶縁性能はキャパシタの自己放電特性に，後者のイオン透過性能はキャパシタの内部抵抗に大きな影響を与

第 7 章　電気二重層キャパシタによる電力貯蔵技術

える。また，セパレータは寿命の面から分極性電極と同様，電解液に対して安定な素材であることや，キャパシタセルの構造上，高い圧力を掛けられることから分極性電極を構成する活性炭等の微粒子に対する機械的強度も要求される。

セパレータには，上記のような性能を満足する素材として，現在はテフロン，ポリプロピレン，ポリエチレンなどの多孔性樹脂系フィルムや，セルロース（紙）系フィルムが用いられている。上記のイオン透過性能を向上させるためにはより薄いフィルムが必要であるが，反面その場合には絶縁性能を低下させることに繋がるため，フィルムを二重にするなどの工夫をして両立を図っている。

1.3　電気二重層キャパシタを電力貯蔵に使用するための回路

1.3.1　電気二重層キャパシタの充放電方法

電気二重層キャパシタを電力貯蔵装置の蓄電要素として使用する場合には，DC/DCコンバータやAC/DCコンバータなどにより充放電電流の制御を行いながら充放電を行う必要がある[6]。これは，電気二重層キャパシタに限らずいわゆるコンデンサに，電池のような電圧源を直接接続して充電を行ったり，抵抗のような負荷を直接接続して放電を行ったりすると，充放電損失が極めて大きくなるからである。以下に，充電時を例にもう少し詳しく説明を行う。

(1)　定電圧充電の場合の効率

図3の回路において，回路に流れる電流は次式で与えられる。

$$i = \frac{V}{R} \cdot \varepsilon^{-\frac{t}{C \cdot R}} \quad \text{(A)} \tag{4}$$

抵抗 R で消費されるエネルギー U は，

$$U = \int_0^\infty i^2 \cdot R \, dt = \frac{1}{2} \cdot C \cdot V^2 \quad \text{(J)} \tag{5}$$

キャパシタ C に蓄えられるエネルギー W は，

$$W = \frac{1}{2} \cdot C \cdot V^2 \quad \text{(J)} \tag{6}$$

効率 E_f は，

$$E_f = \frac{W}{W + U} = 0.5 \tag{7}$$

このように，定電圧充電の場合の効率は，常に50%となる。したがって，電気二重層キャパシタに電圧源を直接接続して充電し，その後負荷を直接接続して放電させると，充電・放電の往復で 50%×50%＝25%の効率となってしまう。

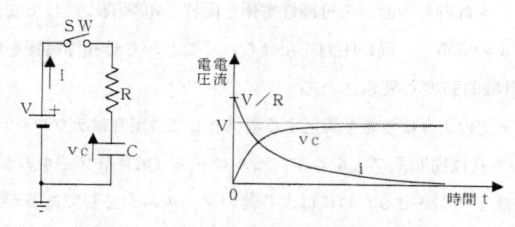

図3 定電圧充電の回路と電流・電圧

(2) 定電流充電の場合の効率

図4の回路において，定電流源Iにより時刻$t=0 \sim T$まで，キャパシタCの充電を行う。

$$i = I \quad \text{(A)} \tag{8}$$

抵抗Rで消費されるエネルギーUは，

$$U = I^2 \cdot R \cdot T \quad \text{(J)} \tag{9}$$

キャパシタCに蓄えられるエネルギーWは，

$$W = \frac{1}{2} \cdot C \cdot V^2 = \frac{1}{2} \cdot \frac{Q^2}{C} = \frac{1}{2} \cdot \frac{I^2 \cdot T^2}{C} \quad \text{(J)} \tag{10}$$

効率E_fは，

$$E_f = \frac{W}{W+U} = \frac{1}{1+\frac{2 \cdot C \cdot R}{T}} \tag{11}$$

このように，定電流充電の場合の効率は，充電時間Tを長くするほど100%に近くなる。したがって，一定以上の効率を得ようとする場合には，電気二重層キャパシタの静電容量と内部抵抗を考慮して充電電流を制御し，充電時間を設定する必要がある。これは逆に言えば，電力貯蔵装置に要求される充放電時間に応じて，蓄電要素として用いる電気二重層キャパシタバンクの内部抵抗を最適に設計する必要があるということである。

1.3.2 充放電回路

以上で説明したように，電気二重層キャパシタの充放電を行う場合には，充放電電流の制御を行い，電流源として充放電を行う必要がある。また，電気二重層キャパシタはコンデンサと同様に，充放電に伴ってその端子電圧が大きく変化する。そのため，通常，電気二重層キャパシタを蓄電要素として用いた電力貯蔵装置では，図5に示すように直流電源や直流負荷に接続する場合

第7章　電気二重層キャパシタによる電力貯蔵技術

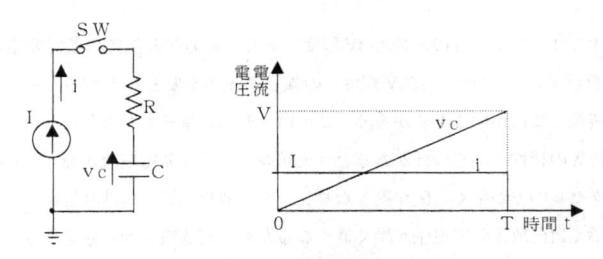

図4　定電流充電の回路と電流・電圧

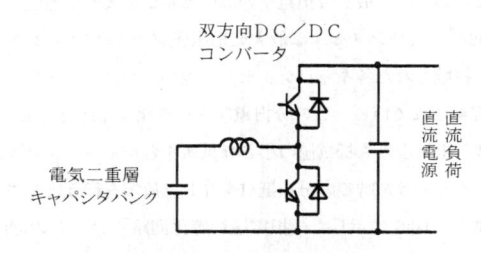

(a) 直流電源・直流負荷に接続する場合

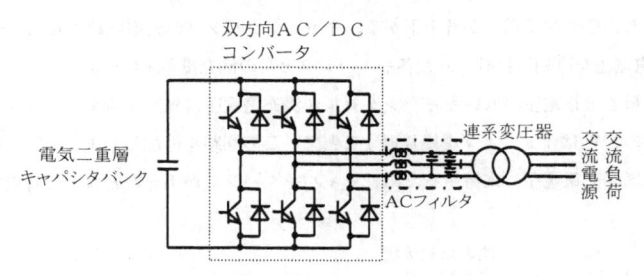

(b) 交流電源・交流負荷に接続する場合

図5　電気二重層キャパシタ適用電力貯蔵装置の基本回路構成

にはDC/DCコンバータを，交流電源や交流負荷に接続する場合にはAC/DCコンバータを用いて，充放電電流の制御を行うとともに，電気二重層キャパシタの電圧の変動に係わらず一定の電圧を出力できるようにしている。尚，後者の交流電源や交流負荷に接続する際には，AC/DCコンバータの損失低減や制御範囲拡大を目的にDC/DCコンバータと組み合わせて使用する場合も多い。

1.3.3　電圧分担均等化回路

電気二重層キャパシタは，電気二重層という極めて薄い絶縁層を使用する原理から，その定格

電圧は水溶液系で1V程度，有機系でも3V程度である．電力貯蔵装置の蓄電要素として使用する場合には，数百V以上（200～700V程度）の端子電圧が必要となるため，キャパシタセルを数百個直列に接続して使用する必要がある．この時，直列に接続された各キャパシタセルの静電容量や漏れ抵抗等の特性にばらつきがあると，充電時には同じ充電電流が流れても静電容量の小さなキャパシタセルの方が早く電圧が高くなり，また，放置状態では洩れ抵抗の大きなキャパシタセルの方が早く自己放電して電圧が早く低くなるため，充放電を繰り返すうちに各キャパシタセルの分担電圧にばらつきが生じる．この場合，キャパシタバンクの最大充電電圧は，直列に接続されたキャパシタセルのうち，最も分担電圧の高いセルが最大充電電圧に到達する時点で制約を受けるため，その他のキャパシタセルは最大充電電圧まで充電できないことになる．

そこで，この直列に接続された各キャパシタセルに並列に回路を付加し，分担電圧の均等化を図る手法がいくつか提案されている．この分担電圧を均等化する回路として最も簡単な回路は，各キャパシタセルの洩れ抵抗よりも抵抗値の小さな抵抗を各キャパシタセルに並列に接続する方法であるが，キャパシタセルは常時この分担抵抗を介して放電を行うことになるので，自己放電が大きくなる欠点がある．図6に示した分担電圧均等化回路[7]は，この回路を付加したキャパシタセルCが満充電電圧に到達するとSW$_1$が投入され，抵抗R$_4$を介して放電が行われるので，キャパシタセルCの端子電圧が若干下がる．キャパシタバンクの充電回路（DC/DCコンバータ等）の満充電電圧を直列に接続された各キャパシタセルの満充電電圧の合計より若干低く設定しておけば，最も分担電圧の低いキャパシタセルが満充電電圧に到達するまで，図6の分担電圧均等化回路のSW$_1$はオン，オフを繰り返すことで，この回路を付加したキャパシタセルCの分担電圧をほぼ満充電電圧に維持するため，キャパシタバンクが満充電となった時点ですべての

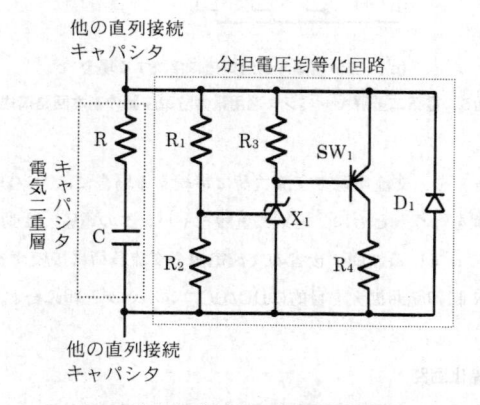

図6 分担電圧均等化回路の回路構成例[7]

第7章　電気二重層キャパシタによる電力貯蔵技術

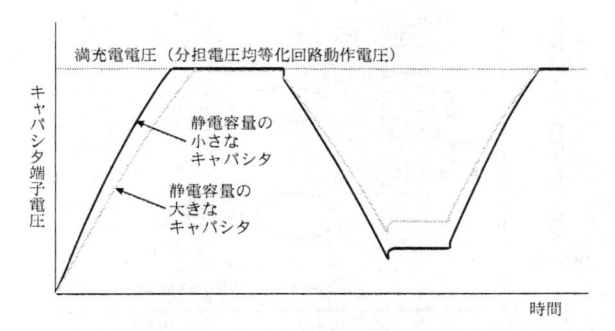

図7　分担電圧均等化回路によるキャパシタ充放電時の端子電圧の変化

キャパシタセルの分担電圧を満充電電圧に均等化することができる。この回路は，図7に示すように，一度キャパシタセルの分担電圧の均等化を行うと，以後は洩れ抵抗のバラツキによる分担電圧のバラツキが生じるまでほとんど動作しなくなるため，常時の損失も必要最小限に抑えることが可能である。分担電圧均等化回路は，上記以外にもキャパシタバンクの用途や仕様に応じて様々な回路方式が提案されている。

2　開発動向

2.1　電気二重層キャパシタの開発動向

　電気二重層キャパシタと各種二次電池の特性を出力密度対エネルギー密度のグラフに記入したものを図8に示す。エネルギー密度は，現在市販されているコイン型や小型捲回型の電気二重層キャパシタでは1～2Wh/kg程度であるが，パワー用途に用いられている角型セルでは6～10Wh/kgのものがある。鉛蓄電池が20～30Wh/kg程度であることを考えると，まだまだエネルギー密度は低いが，鉛蓄電池が寿命の関係から放電深度をあまり深くとれないことを考えると，かなり近づいてきているとも言える。最近になって，日本電子㈱や㈱パワーシステムからナノゲートキャパシタと呼ばれる電気二重層キャパシタが発表され，そのエネルギー密度は20～80Wh/kgと鉛蓄電池を凌駕する性能が得られたという報告もある[8,9]。ナノゲートキャパシタの詳細な原理は，今のところ不明であるが，グラファイト等の炭素素材に対して電解液中のイオンによるインターカレーションを利用しているものと思われる。

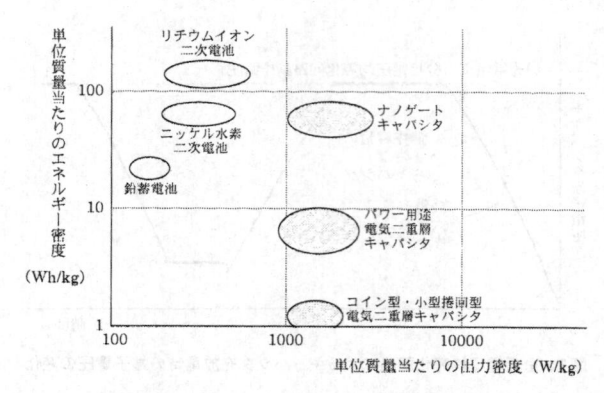

図8 電気二重層キャパシタと二次電池の特性比較[8]

2.2 電気二重層キャパシタ適用電力貯蔵装置の開発動向

前項で述べたように，電気二重層キャパシタも電力機器に適用可能な大容量な製品が開発されてきたことから，最近は電気二重層キャパシタを蓄電部に用いた大容量の電力貯蔵装置の開発も進められている。このような装置としては，電気二重層キャパシタの短時間大電力出力特性を活かした用途が多く，瞬時電圧低下や停電の際に工場の機器を守る瞬低補償装置，電気鉄道の回生エネルギーを吸収し，電圧変動を抑制する電鉄用電力貯蔵装置，太陽光や風力などの自然エネルギー発電の出力変動吸収装置などが挙げられる。以下では，これらの電力貯蔵装置の具体的な開発動向や概要などについて詳しく述べる。

尚，電気二重層キャパシタは，電力貯蔵装置に用いられる他の蓄電デバイスに比べて，長寿命・省メンテナンスで，冷却器，ポンプなどの補機も不要である点が大きな特長である。そのため，数十～数百W程度の小さな容量の電力貯蔵装置にも簡単に適用可能であるため，そのような例として地震や停電などの際にバルブを緊急閉鎖する緊急遮断弁への適用事例についても説明している。

2.2.1 電気二重層キャパシタ式瞬低補償装置[10]

(1) 開発の背景

近年，高度情報化社会の進展によるIT関連機器の爆発的な普及や，半導体，精密機器などの高品質，高付加価値製品を生産する工場の増加に伴い，電力需要家の瞬間的な電圧低下(以後，瞬低という)や短時間停電への対策ニーズが高まってきている。このような瞬低に対する一般的な対策方法としては，蓄電部に鉛蓄電池や電解コンデンサを使用した無停電電源装置や瞬低補償装置が用いられてきた。しかし，これらの蓄電デバイスを用いた装置は，定期的な保守点検や電

第7章　電気二重層キャパシタによる電力貯蔵技術

池交換（1回／5～8年程度）を要し，廃棄時の処理が必要，あるいは補償時間が短く（0.1秒程度），瞬断・停電などの送電が停止する条件では補償不可能などの課題があった。

そのため，これらの課題を解決すべく，中部電力㈱，㈱明電舎，㈱指月電機製作所は共同で，蓄電部に大容量の電気二重層キャパシタを用いた省メンテナンス，低運転コストな定格電圧200V，容量50kVA，2秒補償および60秒補償の低圧無停電電源装置[11, 12]と工場一括補償を可能とした定格電圧6.6kV，容量2,000kVA，2秒補償の高圧瞬低補償装置[13]を開発した。これらの装置は瞬低から短時間停電（2秒～60秒）までの補償を可能とし，蓄電部のメンテナンスフリーを実現している。

(2)　**開発装置の概要**

① **装置の設計思想**

電気二重層キャパシタの優れた特長を活かし，メンテナンスフリーで，低運転コストの装置を実現すべく，以下の設計思想に基づいて装置の開発が行われた。

・個々の設備単位で補償する低圧小容量器と工場棟一括補償が可能な高圧大容量器
・保守点検の軽減，蓄電部の長寿命化（大容量電気二重層キャパシタの開発）
・待機時損失の低減（超高速切換スイッチの開発，常時商用給電方式の採用）
・過負荷耐量の向上（半導体と機械式のハイブリッドスイッチの開発）
・小型化，低コスト化（補償時間に応じた電気二重層キャパシタの特性の最適化）

② **装置の概要**

本装置の低圧器の仕様を表2に示す。2秒補償器は補償を瞬低のみに限定することで装置の小型化や低コスト化を図った仕様であり，60秒補償器は短時間停電および非常用発電機と組み合わせることで長時間停電にも対応可能とした仕様である。

低圧器の基本回路構成を図9に示す。常時は商用電源から切換スイッチを介して直接負荷に

表2　低圧キャパシタ式無停電電源装置の仕様[10]

タイプ	停電補償タイプ	瞬低補償タイプ
定格容量	50kVA	50kVA
主な用途	瞬低～停電補償	瞬低補償
補償時間	1分間	2秒間
運転方式	常時商用給電方式	
切換方式	無瞬断切換（切換時間2ms以下）	
蓄電方式	電気二重層キャパシタ	
定格電圧	三相200V	
常時効率	97％以上	
設置場所	屋内	
重　量	1,800kg	1,600kg

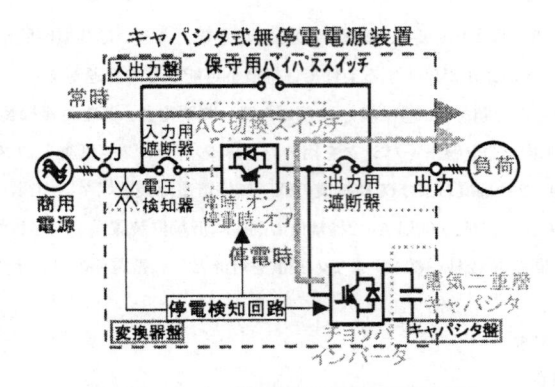

図9 キャパシタ式無停電電源装置の回路構成[10]

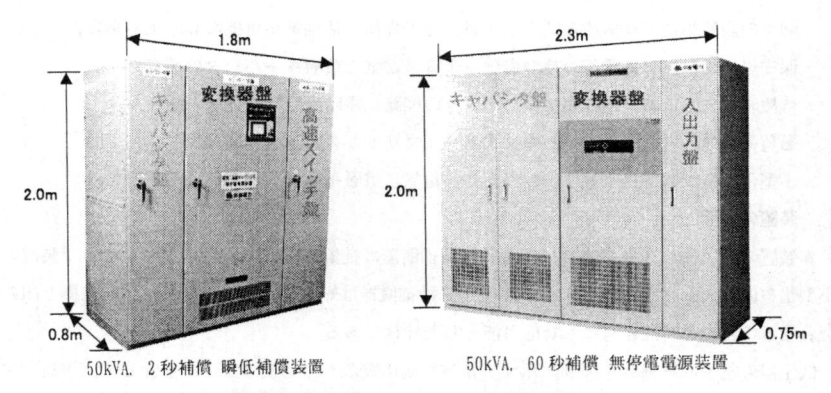

図10 低圧電気二重層キャパシタ式無停電電源装置の外観[10]
(左: 50kVA, 2秒補償 瞬低補償装置　右: 50kVA, 60秒補償 無停電電源装置)

電力を供給する(常時商用給電方式)。瞬低・停電が発生すると,商用電源側を切換スイッチで瞬時に切り離し,電気二重層キャパシタから変換器(チョッパ・インバータ)を通して負荷に電力を供給して補償を行う。さらに,商用電源が復電すると,変換器の電圧の位相を商用電源の電圧の位相に同期させてから切換スイッチを投入し,商用電源から負荷への給電を再開するとともに,変換器は電気二重層キャパシタへの充電を開始する。

低圧器は,図10のように,電気二重層キャパシタモジュールを収納したキャパシタ盤,切換スイッチやチョッパ・インバータを収納した変換器盤,入出力端子や装置の点検時等に給電を継続するためのバイパススイッチを収納した入出力盤から構成されている。

第7章 電気二重層キャパシタによる電力貯蔵技術

表3 高圧キャパシタ式瞬低補償装置の仕様[10]

項　　目	仕　　様
定格容量	2,000kVA
補償時間	2秒間
運転方式	常時商用給電方式
切換方式	無瞬断切換（切換時間2ms以下）
蓄電方式	電気二重層キャパシタ
定格電圧	三相6,600V
常時効率	98%以上
設置場所	屋外
重量	33ton

図11 高圧キャパシタ式瞬低補償装置の外観[10]

本装置の高圧器の仕様を表3に示す。高圧器は，切換スイッチに高速大容量の半導体素子GCT（ゲート転流型ターンオフサイリスタ）を採用することにより，6,600V，2,000kVAの高圧大容量装置でありながら，低圧器と同様の常時商用給電方式を可能とし，常時の運転効率が98%以上とさらに高効率化が図られている。

また，高圧器の外観を図11に示す。高圧器は工場の建屋を一括して補償する用途であるため，自立型閉鎖盤構造が採用され，屋外にそのまま設置できる構造となっている。

③ 装置における開発技術

電気二重層キャパシタ式瞬低補償装置を実現するために，以下のような各要素技術の開発が行われた。

・大容量電気二重層キャパシタの開発

低圧器では，電気二重層キャパシタの電極や分離膜の素材を工夫し，瞬低補償用は内部抵抗を低くし，短時間停電補償用はエネルギー密度を高めることで最適化を図り，蓄電部の小型化，低

133

7.1F, 100V ユニット　　　　　75F, 54V モジュール
（2秒補償器用）　　　　　　　（60秒補償器用）

図12　低圧器用電気二重層キャパシタの外観[10]

コスト化を実現している。低圧器に使用されている電気二重層キャパシタの外観を図12に示す。これにより，電解コンデンサ式では0.1秒程度であった補償時間を2〜60秒と大幅に延伸することが可能となった。また，高圧器では，電極の大型化，高積層化により，さらなる大出力・大容量の電気二重層キャパシタを開発し，工場の瞬低対策を一括で行える6.6kV，2,000kVA級の高圧大容量装置を実現している。このような大容量の電気二重層キャパシタの開発により，50kVA〜2,000kVAまでの電気二重層キャパシタ式瞬低補償装置の実用化が可能となった。

・メンテナンスフリーと長寿命化

電気二重層キャパシタの適用により，蓄電部の交換を15年間以上不要とし，定期的なメンテナンスも不要としている。そのため，常時の効率向上による運転コストの低減と相まって，従来に比べて装置の維持費用を大幅に削減可能としている。

・待機時損失の大幅な低減

従来のほとんどの無停電電源装置に採用されている常時インバータ給電方式は，交流を一旦直流に変換してから再度交流に変換して給電するため，瞬断発生はないが，常時2台の変換器を介して負荷に給電するため，待機時の損失が大きくなる欠点があった。

そこで，本装置では，瞬低・停電時に電源側から変換器側に切り換える切換スイッチに高速半導体スイッチ素子(低圧器はIGBT：絶縁ゲート型バイポーラトランジスタ，高圧器はGCT：ゲート転流型ターンオフサイリスタ)を採用し，瞬低・停電検出も高速な瞬時値判定方式を開発することで，1/8サイクル（2ms）の高速切換を実現し，無瞬断での瞬低・停電補償を可能にしている。その結果，常時商用給電方式の採用が可能となり，常時の運転効率は低圧器で97％以上，高圧器で98％以上を実現し，従来に比べて運転コストを約1/5と大幅に低減している。

第7章　電気二重層キャパシタによる電力貯蔵技術

・停電および連続瞬低への対応

　瞬低・停電発生時に商用電源側を切換スイッチにより高速に切り離し、商用電源と並列に接続された変換器を介して電気二重層キャパシタから負荷に電力を供給する並列補償方式を採用することで、瞬低の補償だけでなく、瞬断・停電などの送電が停止する条件での補償も可能としている。

　また、電気二重層キャパシタは高速充電特性を有しており、放電後の再充電も高速に行うことができる。そこで、電気二重層キャパシタの再充電中に瞬低が発生した場合には補償動作を優先させる制御方式とすることで、多重雷等による瞬低の繰り返しにも対応可能としている。

・過負荷対応

　高速切換スイッチに半導体スイッチを使用する場合には、誘導電動機の始動電流等の過負荷への対応が重要な課題である。本装置に採用されている高速切換スイッチは、半導体と機械式のスイッチを併用（低圧器：IGBTにサイリスタ、電磁開閉器を並列接続、高圧器：GCTに遮断器を並列接続）して、過負荷耐量を向上させることでこの課題を克服し、装置の信頼性をより一層高めている。

(3)　**機能性能検証試験とフィールド試験の実施**

　本装置は、停電復電試験を始めとして、絶縁抵抗試験、絶縁耐圧試験、定常特性試験、効率測定試験、過渡特性試験、騒音試験、温度上昇試験、過負荷試験、キャパシタ連続放電試験、高調波測定、不平衡負荷試験、保護連動試験、出力短絡試験等の機能性能検証試験が行われ、瞬低補償装置としての基本性能の検証が行われた。

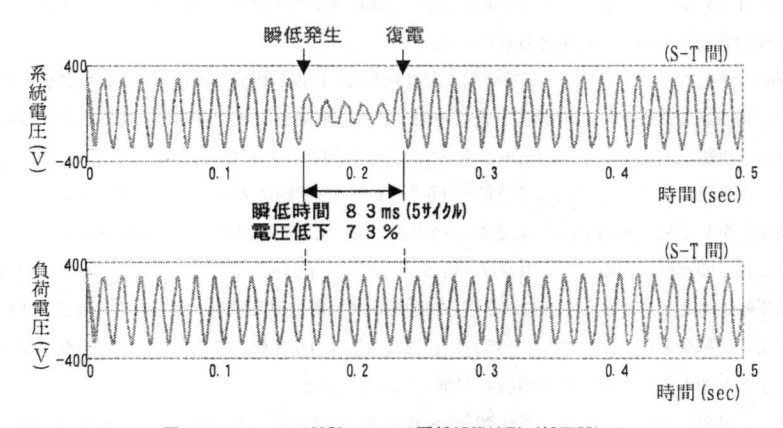

図13　フィールド試験における瞬低補償波形（低圧器）[10]

電力システムにおける電力貯蔵の最新技術

　低圧器については，60秒補償器が平成15年1月から12月まで，2秒補償器が平成15年6月から平成16年2月まで愛知県内および長野県内の電力需要家の工場にそれぞれ設置してフィールド試験が行われ，実稼動状態での瞬低・停電補償動作の確認や連続運転による長期信頼性の検証等が実施された。フィールド試験中に，60秒補償器で6回，2秒補償器で4回の瞬低が発生し，いずれも問題なく補償できたことが報告されている。2秒補償器のフィールド試験において，実際に瞬低が発生した時の補償動作波形の一例を図13に示す。

　さらに，6,600V，2,000kVA，2秒補償の高圧器についても，平成16年8月から平成17年10月まで長野県内の電力需要家の工場に設置してフィールド試験を実施し，その間に6回瞬低が発生し，いずれも問題なく補償できたことが報告されている。

(4) 開発装置の特長

　本装置は，電気二重層キャパシタの特長を活かし，メンテナンスフリーで低運転コストであることが最大の特長であり，高圧器は工場棟内の設備を一括補償できるため，瞬低に弱い機器の洗い出しやフィーダの切り分けなどの検討が不要となる利点がある。

　また，電気二重層キャパシタは，鉛，リチウムなどの重金属や危険物を使用していないため，従来の鉛蓄電池のような廃棄時の回収が不要である。さらに，装置としても待機時の電力損失が少ないことから，地球環境への影響を大幅に軽減することが可能である。

2.2.2　電気二重層キャパシタを適用した直流電鉄用電力貯蔵装置[14]

(1) 開発の背景

　直流電気鉄道が他の電気負荷と大きく異なる点は，負荷が車両の運転状態に応じて大きく変動する負荷であること，また，車両の移動に伴って変電所から車両までの電気的位置が大きく変化する移動負荷であることが挙げられる。

　車両の運転状態は，変電所から短時間に大電力を取り込み，車両の加速を行う力行運転，変電所から補機電力（照明や空調用電源）だけを取り込み，車両を惰性で運転する惰行運転，機械ブレーキ（制動エネルギーをブレーキシューなどで摩擦熱として消費），発電ブレーキ（制動エネルギーを抵抗による熱損失として消費），回生ブレーキ（制動エネルギーを電気エネルギーとして電源に戻して他の車両で消費）などの制動方式を用いて車両の減速を行う制動運転に分けられる。これらの運転状態のうち，力行運転時は短時間に大電力を必要とするが，他の惰行運転時，制動運転時はほとんど電力を必要とせず，制動運転時は電力が電源側に帰ってくるなど，運転状態により負荷が大きく変動する。そのため，電気設備は力行運転時に合わせて，短時間容量を大きくする必要があり，最適な設備設計が難しい問題がある。

　また，車両への電力供給は，電力会社から直流電鉄用変電所，き電線，トロリ線などを通じて行われ，レールを介して変電所に戻している。そこで，車両の移動に伴って変電所から車両まで

第7章　電気二重層キャパシタによる電力貯蔵技術

の距離が長くなると，電線，トロリ線，レールなどの抵抗分（以下，き電抵抗と呼ぶ）が大きくなるため，駅を発車する時など車両が力行運転する場合には大きな電流が流れて，電圧降下が大きくなり，電車の安定走行に影響が出る可能性がある。

以上の問題を解決するため，㈶鉄道総合技術研究所は直流電気鉄道の地上設備として電気二重層キャパシタを用いた電力貯蔵装置の開発を行った。この開発研究は国土交通省補助金を受けて実施されたものであり，装置の製作は㈱明電舎が行った。

(2) 開発システムの概要

① 電気二重層キャパシタの適用理由

上記の問題を解決するためには，電力貯蔵装置を駅などの力行運転が行われる地点に設置して，各車両の制動運転時に充電を行い，力行運転時に放電することにより，変電所の出力を平準化したり，き電抵抗の減少や電圧降下の低減を図ったりすることが効果的である。また，制動車の回生エネルギーを吸収し，力行車へ供給することにより，省エネルギー化を図ることも可能である。

直流電気鉄道では，力行運転や制動運転の時間は10～30秒程度の短時間であり，この間に大電力の充電・放電を行う必要があることから，エネルギー密度は二次電池ほど大きくはないが，短時間の大電力充放電が得意な電気二重層キャパシタが上記の電力貯蔵装置の蓄電要素として選択された。

② ミニモデルの試作と検証試験

平成14年に，電気二重層キャパシタ適用直流電鉄用電力貯蔵装置のミニモデルが製作され，き電システムへの適用有効性の検証が行われた。ミニモデルは，変電所模擬用ダイオード整流器，車両模擬用PWMコンバータ，き電線等価インピーダンス，電気二重層キャパシタ適用電力貯蔵装置から構成され，直流電圧は400Vで設計された。車両模擬用PWMコンバータに実測した車両の電流波形を模擬させ，電気二重層キャパシタ適用電力貯蔵装置の負荷追従性，急速充放電特性の検証が行われた。

さらに，平成15年には，このミニモデルの電気二重層キャパシタ適用電力貯蔵装置を直流600V回路用に改修し，江ノ島電鉄㈱の七里ヶ浜変電所と鎌倉変電所の間の極楽寺検車区に仮設して，電圧降下補償効果，変電所電流抑制効果の検証試験と実路線に対する障害有無の調査が行われ，本装置の有効性が確認された。変電所容量は七里ヶ浜変電所が1,500kW，鎌倉変電所が500kWであり，回生車両は運行されていない。

この検証試験に用いられた電気二重層キャパシタ適用電力貯蔵装置の回路構成は，図14に示す通りである。電気二重層キャパシタの容量は150kWで10秒以上の連続放電を目標とし，最大電圧125V，静電容量8.5Fのユニットを4直列，15並列で，最大電圧500V，最大電流526A，静電容量32F，内部抵抗73mΩのバンクを構成している。昇降圧チョッパは昇降圧時の直流き電系

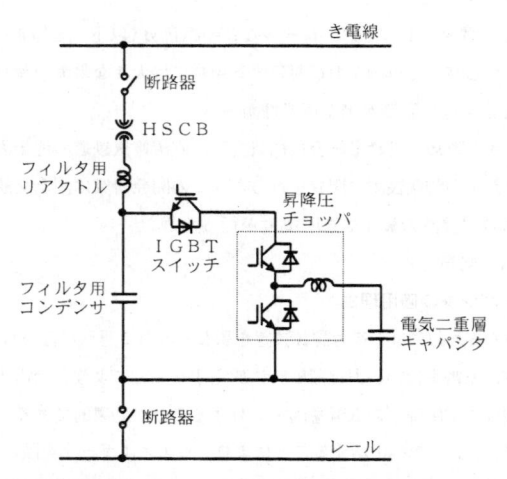

図14 直流電鉄用電気二重層キャパシタ適用電力貯蔵装置（電圧降下補償用）[14]

統への障害防止のためにIGBTユニットを採用し，スイッチング周波数4kHz，直流き電側の充電開始電圧600V，放電開始電圧560V，放電可能電流300A，キャパシタ側の電圧範囲200～450V，最大電流526Aの仕様で設計されている。昇降圧チョッパは，キャパシタバンクの充電時には直流き電側電圧を降圧し，放電時はキャパシタ側電圧を昇圧する制御を行う。また，電気二重層キャパシタの充電エネルギーが系統に流出するのを防止するために，IGBTスイッチが設けられている。

検証試験の結果，架線電圧が600V以上で80A（48kW）の充電を隣接変電所から行い，架線電圧が560V以下で最大270A（151kW）の放電を行った。その結果，電気二重層キャパシタ適用電力貯蔵装置がない状態では500V以下であったき電線電圧が550V以上に上昇し，約50V以上の電圧降下補償効果が確認されている。

③ フィールド実証試験

平成16年には，750/1,500V切替式電気二重層キャパシタ適用電力貯蔵装置が製作され，大阪市交通局・中央線の弁天町変電所，朝潮橋変電所に隣接する大阪港駅構内に仮設して，回生電力吸収効果，電圧降下補償効果の実証試験を行い，回生電力に対する追従性，き電電圧の平準化などへの有効性が確認された。き電電圧は750V，変電所容量は弁天町変電所が2,000kW，朝潮橋変電所が1,500kWである。通常，6両編成の回生車両がラッシュ時は約4分，それ以外は7～10分間隔で運転されている。

この実証試験に用いられた電気二重層キャパシタ適用電力貯蔵装置の回路構成は，図15に示

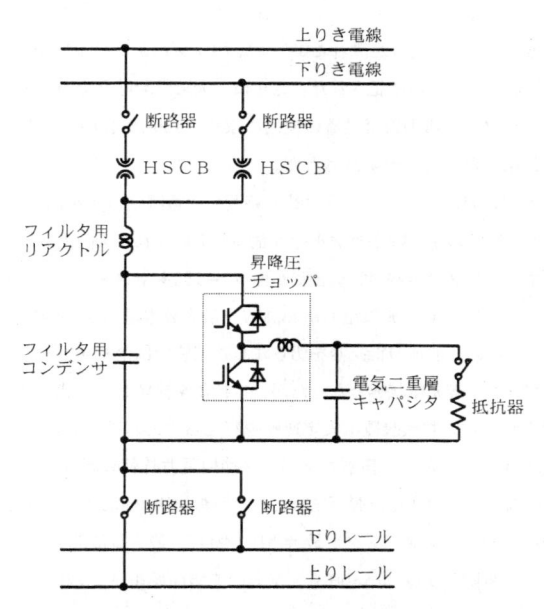

第7章　電気二重層キャパシタによる電力貯蔵技術

図15　直流電鉄用電気二重層キャパシタ適用電力貯蔵装置（回生電力吸収用）[14]

す通りである。この試験では，江ノ島電鉄での検証試験と異なり，回生車両が存在するため，回生電力吸収も目的とされた。しかし，キャパシタは満充電状態になると放電しない限り更なる充電が行えないため，吸収電力量が有限である。そのため，この実証装置では，電気二重層キャパシタバンクと並列に小電流を流す抵抗器を設け，キャパシタが満充電となっても抵抗器に電流を継続して流せるようにし，車両の回生電力を吸収して，回生失効を防止するようにしている。抵抗器の仕様はキャパシタの充電電流の1/5を目標とし，定格電圧825V，定格電流200A，抵抗値4.1Ωとしている。

電気二重層キャパシタの容量は500kWで10秒以上の充放電を目標とし，最大電圧125V，静電容量8.5Fのユニットを4直列，50並列で，最大電圧500V，最大電流1,200A，静電容量106F，内部抵抗23mΩのバンクを構成している。昇降圧チョッパは，き電回路が750Vのため高耐圧・大容量IGBTを2多重で構成し，スイッチング周波数2kHz，直流き電側の充電開始電圧825V，放電開始電圧750V，放電可能電流1,000A，キャパシタ側の電圧範囲200〜500V，最大電流1,200Aの仕様で設計された。

実証試験の結果，回生電力吸収効果の検証については，電気二重層キャパシタ適用電力貯蔵装置の使用により，回生による架線電圧の上昇が最大920Vから890Vに抑えられ，この時キャパシ

電力システムにおける電力貯蔵の最新技術

タバンクには最大866Aの充電電流が流れたが、キャパシタバンクの電圧上昇は最大430Vであり、容量的には余裕があることが確認された。さらに、大阪港駅付近での車両停車時の回生電流も電気二重層キャパシタ適用電力貯蔵装置の使用により、100Aが1,000A以上となり、10倍以上の回生電力が有効活用されたことが実証された。

また、電圧降下補償効果についても、電力貯蔵装置の放電開始電圧を750Vから650Vに変更して、大阪港駅発車の力行時の電圧降下補償を行う試験が実施され、大阪港駅付近で発車、停車する際に電気二重層キャパシタ適用電力貯蔵装置が停車時は回生電力を充電し、力行時は放電する動作が確認された。この時、最大充電電力が435kW、最大放電電力が268kWと、放電電力を充電電力が上回っていたため、前述の抵抗器を切り離した状態では余剰充電電力が蓄積されて最終的にはキャパシタバンクが満充電状態となったが、抵抗器を接続した状態では抵抗器によって余剰充電電力が消費され、電力貯蔵装置は安定運転を行えることが確認されている。

尚、この750/1,500V切替式電気二重層キャパシタ適用電力貯蔵装置は、その後1,500V用に改修し、(財)鉄道総合技術研究所で変電所脱落試験と、き電線短絡故障試験が行われた。この時の電力貯蔵装置の仕様は、キャパシタバンクが最大電圧1,000V、最大電流600A、静電容量26.5F、内部抵抗92mΩであり、昇降圧チョッパが直流き電側の充電開始電圧1,500〜1,800V、放電開始電圧1,100〜1,600V、放電可能電流400A、キャパシタ側の電圧範囲500〜1,000V、最大電流600Aである。変電所脱落試験では、電力貯蔵装置が充電中に変電所が脱落すると、充電は停止するがフィルタ用コンデンサに充電されたエネルギーにより、き電線側に電圧が継続して発生することが確認され、連絡遮断装置等を設けることにより事故点へのエネルギー供給を遮断する必要のあることが指摘されている。また、き電線短絡故障試験では、電力貯蔵装置の直下にて短絡事故を発生させると、フィルタ用コンデンサに充電されたエネルギーが短絡点に供給されるが、この電流により電力貯蔵装置は過電流停止し、系統から切り離されるため、電力貯蔵装置から事故点へはほとんどエネルギー供給は行われないことが確認されている。

(3) その他の直流電鉄用電力貯蔵装置の開発[15]

短時間で大きな負荷変動を生じる抵抗制御車や負荷の継続時間が長い貨物列車など、直流電気鉄道の電力負荷特性は車両編成、地上設備によって大きく異なる。地上用電力貯蔵装置には、負荷電流の立ち上がりや大きさ、継続時間が異なる負荷パターンに応じた充放電能力が要求される。そのため、(財)鉄道総合技術研究所では、多岐に渡る電鉄負荷に対し十分な充放電効果を得られるように、高エネルギー密度を有する二次電池と高出力密度、急速充放電能力、長寿命などの特長を有する電気二重層キャパシタの特長を活かして、これらの蓄電デバイスを併用した電気鉄道の地上設備用ハイブリッド電力貯蔵装置の開発も進めている。

第7章　電気二重層キャパシタによる電力貯蔵技術

2.2.3　電気二重層キャパシタを用いた鉄道車両用電力貯蔵システム[16),17)]

(1)　開発の背景

電鉄車両では，ブレーキエネルギーを有効活用するために，回生ブレーキ付き車両が使用されている。図16(a)に示すように，回生ブレーキをかけた時に近くに電力を消費する車両がいないと，回生電力が架線に戻らないため，回生ブレーキが十分働かず，ブレーキ力が不足したりする（これを，回生失効という）。この回生失効が発生すると，機械ブレーキでブレーキ力を補うが，車輪踏面の摩耗増加や熱亀裂発生などの悪影響が出たり，エネルギー損失も大きくなるなどの問題があった。そのため，東海旅客鉄道㈱では，電気二重層キャパシタを蓄電要素に用いて，架線に戻らない回生電力を吸収し，次の加速時に放出する図16(b)に示すような車両用電力貯蔵システムの開発を行っている。

(2)　開発システムの概要

①　電気二重層キャパシタの適用理由

鉄道車両用電力貯蔵システムでは，駅ごとに頻繁に大電力の充放電が行われるため，電力貯

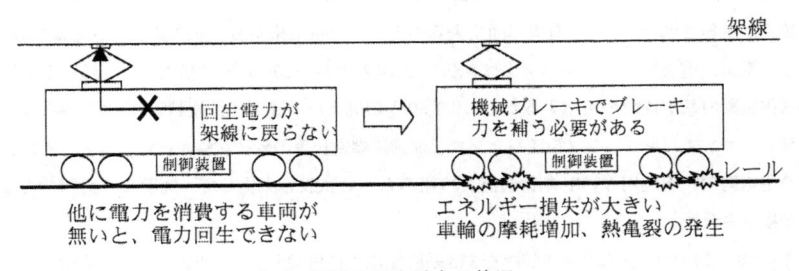

（a）現状の回生電力の状況

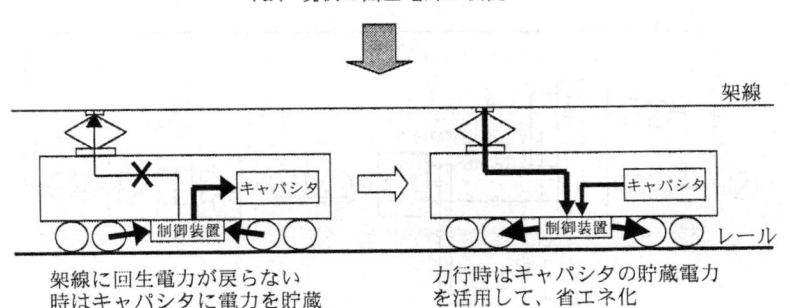

（b）キャパシタ式電力貯蔵システム適用時の回生電力の状況

図16　キャパシタ式電力貯蔵システムの適用効果[16)]

装置の充放電寿命が特に重要視されている。従来の電力貯蔵装置に用いられてきた二次電池は，このような充放電を頻繁に繰り返す用途では，2,000～5,000回程度で寿命となり，適用が難しかった。一方，電気二重層キャパシタは，エネルギー密度の面では二次電池より小さいが，大きなエネルギーを高速に充放電でき，サイクル寿命も長いため，近年のキャパシタの大容量化に伴い，鉄道車両用電力貯蔵システムへの適用が検討された。

② 電気二重層キャパシタ式車両用電力貯蔵システムの概要

東海旅客鉄道㈱は㈱東芝と共同で，電気二重層キャパシタの充放電に伴い大きく変動する端子電圧を一定に調節するためと，回生ブレーキに伴い変動する架線電圧との協調を行うためのDC/DCコンバータを開発した。このDC/DCコンバータの構造や制御方式の検討と基本動作の確認を行うために，実用の電圧1/6（1,500V→250V），電流1/20（400A→20A）の架線および車両の主回路を模擬した図17に示すようなミニモデルを製作して，動作確認試験が実施された。その結果，電力貯蔵装置への充電や力行時のモータ駆動，正常な回生と回生失効時の切り替え動作などを実施し，DC/DCコンバータが正常に動作できることが確認された。

また，このミニモデルによる動作確認試験の結果を受けて，実車両（313系電車）に搭載可能な装置が試作された。313系電車の回生失効のデータ分析結果から，試作装置の容量は0.3kWhとし，電気二重層キャパシタバンクは800F，2.5Vのセルを570直列で構成している。車両搭載用試作装置の基本性能を確認するために，1,500V環境下での高電圧性能試験として，絶縁耐圧，制御シーケンス，キャパシタ電圧バランス，保護協調動作等の確認試験が行われるとともに，実用の主電動機，車両用VVVF制御装置との組み合わせ試験も実施して，問題なく協調できることが検証された。

さらに，この車両搭載用試作装置を313系直流電車に仮設して，平成17年1月下旬に中央本

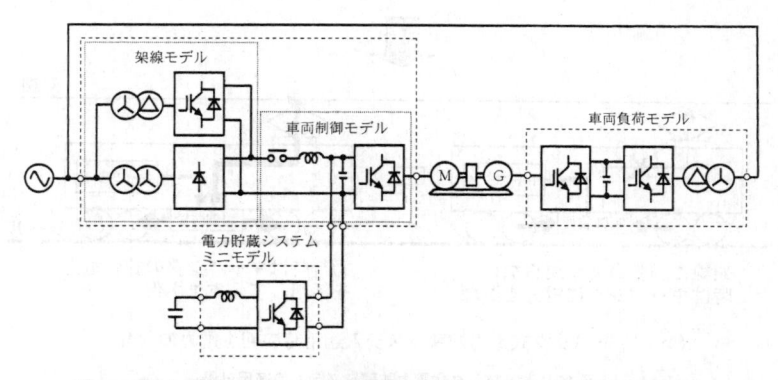

図17　電気二重層キャパシタ式車両用電力貯蔵システムのミニモデルの構成[16]

第7章　電気二重層キャパシタによる電力貯蔵技術

線名古屋〜神領間で現車走行試験が実施された。その結果，ブレーキ時は回生失効発生の条件である架線電圧の上昇を抑制するようにキャパシタへ回生電力を充電し，加速時はキャパシタから放電してモータへ電力を供給することができるなど，想定した性能を有することが実証された。現在は，容量の増大，装置のコンパクト化などの改良，耐久性，信頼性の向上の検討が行われている。

2.2.4　自然エネルギー発電との組み合わせ用途[18]

(1) 開発の背景

太陽光発電や風力発電などの自然エネルギーを利用した発電システムは，太陽光や風力の状況に応じて出力が大きく変動する。そこで，これらの発電システムを独立運転する場合には出力の安定化を図り，負荷に一定の電力を供給するために，また，電力系統に接続する場合には出力の変動に伴う電圧変動などの系統への影響を抑制するために，電力貯蔵装置と組み合わせることが検討されてきた。従来は，鉛蓄電池などの二次電池との組み合わせがほとんどであったが，高速な充放電特性や長いサイクル寿命などの特長を活かして，電気二重層キャパシタと組み合わせる検討が行われている。

松下電器産業㈱は，新エネルギー・産業技術総合開発機構（NEDO）からの受託により，平成9〜11年度の3年間で負荷平準化新手法実証調査を実施し，その中で太陽光発電と風力発電に適用するための電気二重層キャパシタを用いた出力平準化システムの開発を行った。

(2) 開発システムの概要

① 太陽光発電用出力平準化システム

製作された太陽光発電用出力平準化システムの回路構成を図18に示す。出力3kWの太陽電池パネル，太陽電池の端子電圧を昇圧する昇圧コンバータ，直流を交流に変換して系統に連系する系統連系用インバータから構成される太陽光発電装置に，昇圧コンバータと系統連系用インバータの直流リンク部にキャパシタバンクを双方向コンバータで並列接続した構成となっている。系統は単相AC100V，システムの直流リンク電圧はDC175〜190V程度，キャパシタの満充電電圧DC161V，放電終止電圧DC40Vで設計された。昇圧コンバータは太陽電池の電圧出力DC100Vを，最大出力点制御を行いながらDC175〜190V程度に昇圧する。

キャパシタバンクは，2,400F，3.0Vの捲回型キャパシタを70直列1並列で構成した短時間出力平準化キャパシタバンクと6,000F，3.0Vの捲回型キャパシタを70直列3並列で構成した長時間出力平準化キャパシタバンクがあり，それぞれ専用の双方向コンバータで太陽光発電装置に並列接続されている。短時間用双方向コンバータは，短時間用キャパシタバンクが161V以下で直流リンク電圧が180V以上の時は充電動作し，直流リンク電圧が181V程度になるように制御され，短時間用キャパシタバンクが40V以上で直流リンク電圧が178V以下の時は放電動作し，直

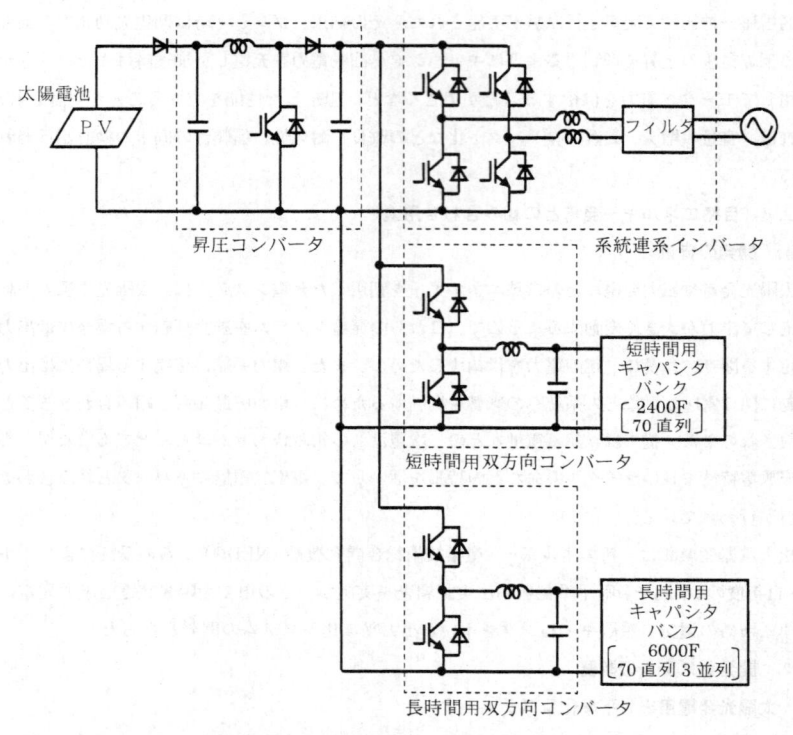

図18 太陽光発電用出力平準化キャパシタ電力貯蔵システム[18]

流リンク電圧が175V程度になるように制御される。また，長時間用双方向コンバータは，短時間用キャパシタバンクが161V（満充電電圧）で直流リンク電圧が180V以上の時に充電動作し，直流リンク電圧が180V程度になるように制御され，短時間用キャパシタバンクが40V（放電終止電圧）で直流リンク電圧が178V以下の時に放電動作し，直流リンク電圧が175V程度になるように制御される。このような制御を行うことにより，太陽電池の発電電力の変動に伴い，短時間用キャパシタが優先的に充放電し，短時間用キャパシタバンクが満充電電圧，あるいは放電終止電圧に到達すると長時間用キャパシタバンクが充放電することで，出力平準化を行う。

この太陽光発電用出力平準化システムを用いて実証試験を行った結果，太陽電池発電出力および交流出力の最大値と最小値の差をΔP_{pv}，ΔP_{ac}とした時の出力平準化システムによる出力変動率（＝$\Delta P_{ac}/\Delta P_{pv}$）は約14.3%以下に抑制でき，システム効率（太陽電池の一日の総発電量に対する交流出力の総電力量の比）も88%となり，出力平準化が有効に行われることが実証

第7章　電気二重層キャパシタによる電力貯蔵技術

された。また，短時間用キャパシタバンクと長時間用キャパシタバンクが連係して充放電動作することにより，時間オーダの太陽光発電の出力変動を吸収し，安定した交流出力が得られることが確認された。

② **風力発電用出力平準化システム**

製作された風力発電用出力平準化システムの回路構成を図19に示す。出力500Wのサボニウス型風力発電機，風力発電機の交流電圧出力を直流に変換し，キャパシタバンク1を充電する三相コンバータ，キャパシタバンク1の直流電圧を系統連系に必要な175V以上に昇圧するDV/DCコンバータ，直流を交流に変換して単相AC100V系統に連系する系統連系用インバータ，昇圧コンバータと系統連系用インバータの直流リンク部にキャパシタバンク2を並列接続する双方向コンバータから構成される。

キャパシタバンク1は2,400F，3.0Vの捲回型キャパシタが70直列1並列で構成され，低風速時の電力回収効果とシステムの高効率化を狙ったものであり，キャパシタバンク2は2,400F，3.0Vの捲回型キャパシタが80直列1並列で構成され，出力平準化を狙ったものである。風力発電は，低風速時には発電機の回転数が小さくなり，出力電圧が低くなるため，従来の鉛蓄電池などでは風速7m/s以下では発電電力を回収することが難しかった。そこで，低風速時にも，発電電力を有効に回収するために，昇圧回路を三相コンバータと昇圧DC/DCコンバータの2段とし，その中間にキャパシタバンク1を接続する構成としている。

この風力発電用出力平準化システムを用いて実証試験を行った結果，風力発電は太陽光発電よりも急峻な出力変動を生じるにも係わらず，2つのキャパシタバンクにより変動をよく吸収し，

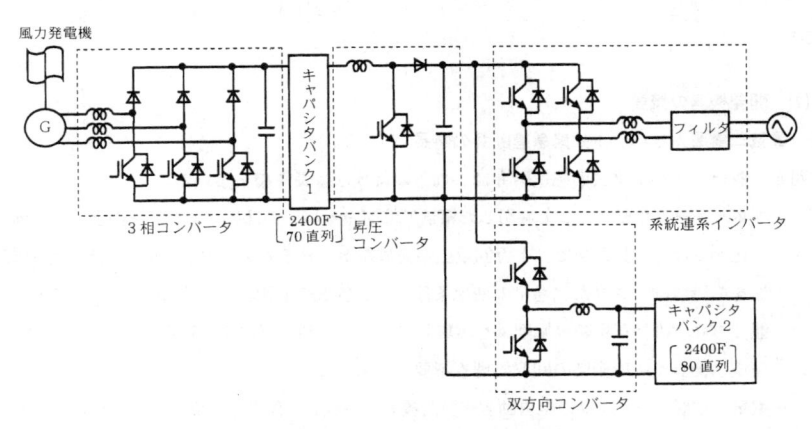

図19　風力発電用出力平準化キャパシタ電力貯蔵システム[18]

145

電力システムにおける電力貯蔵の最新技術

150W以上の発電では出力変動率が約12%以下となり，出力平準化が有効に行われていることが実証された。また，風速4m/s程度から発電電力を回収でき，高効率化が図れることが確認された。

2.2.5 電気二重層キャパシタ式緊急遮断弁[19]

(1) 開発の背景

緊急遮断弁は，常時は流体の流量をバルブの開度を調整することにより制御し，停電時や地震等による外部緊急遮断信号を受けた場合にはバルブを緊急閉鎖する電動弁である。緊急遮断弁は電源が無くなってもバルブの緊急閉鎖が可能となるように，エネルギーを蓄積する要素を内蔵し，緊急時にはその蓄積エネルギーを利用してバルブを緊急閉鎖する。緊急遮断弁は，エネルギー蓄積要素の種類に応じて，「バネ式」，「バッテリー式」，「エアー式」などがあるが，それぞれ表4のような問題があった。

そのため，㈱カワデンは中部電力㈱と共同で，電気二重層キャパシタをエネルギー蓄積要素に適用し，耐久性が高く，寿命診断も容易な新しい緊急遮断弁を開発した。

表4 従来の緊急遮断弁の問題点[19]

緊急遮断弁方式	問題点
バネ式	・バネが破損した場合，外部からの確認が困難 ・緊急遮断時の騒音大 ・寿命診断が困難
バッテリー式	・充放電可能回数が数百～数千回で，約2～3年でバッテリーの交換が必要 ・寿命診断が困難
高圧エアー式	・コンプレッサのような付属設備が必要

(2) 開発機器の概要

① 電気二重層キャパシタ式緊急遮断弁の特長

開発されたキャパシタ式緊急遮断弁は，以下のような特長を持っている。

- エネルギー蓄積要素として適用した電気二重層キャパシタは，バッテリーのような電極の劣化が少なく，長寿命で，十万回以上の充放電ができるため，緊急遮断弁の耐久性・信頼性を格段に向上させた。通常の使用条件では，約10年間以上ノーメンテナンスで動作可能であり，維持費用の大幅削減を実現した。また，鉛などの重金属を含んでいないため，環境に優しく，廃棄時の回収処理も不要である。
- 電気二重層キャパシタの全自動劣化診断機能を搭載し，緊急遮断動作を行わずにキャパシタの劣化診断を可能とし，信頼性，メンテナンス性を向上させた。

第7章 電気二重層キャパシタによる電力貯蔵技術

② **電気二重層キャパシタ式緊急遮断弁の概要**

キャパシタ式緊急遮断弁の仕様を表5に，外観を図20に，充放電・制御回路のブロック図を図21にそれぞれ示す。キャパシタ式緊急遮断弁の制御方法は以下のように行われる。

・AC電源をAC/DCコンバータによりDC24Vに変換する。

・AC/DCコンバータからのDC24Vを充電コンバータにより72Vに昇圧してキャパシタを充

表5 電気二重層キャパシタ式緊急遮断電動弁の仕様[19]

概略項目	機能・特徴
定格電源電圧・周波数	AC100～240V 50/60Hz（フリー電源）
使用周囲温度	$-10℃$ ～ $+50℃$
定格トルク	980N・m（100kgf・m）
開閉タイミング	標準36秒/90°（21～300秒/90°設定可能）
緊急遮断タイミング	標準21秒/90°（21～300秒/90°設定可能）
過負荷保護機能	内部モータに定格負荷を超える負荷が5秒以上加わった時
キャパシタ寿命判断機能	キャパシタ寿命を自動判断し信号出力する
開閉出力信号	全開・全閉停止位置と全開・全閉出力信号にずれがない
緊急遮断方法切替機能	停電遮断または信号遮断切替可能
緊急遮断方向切替機能	バルブ開またはバルブ閉設定可能
手動操作	ラチェット式機械的手動ハンドル標準装備
緊急遮断許容回数	機構：10,000回以上
	キャパシタ：100,000回以上

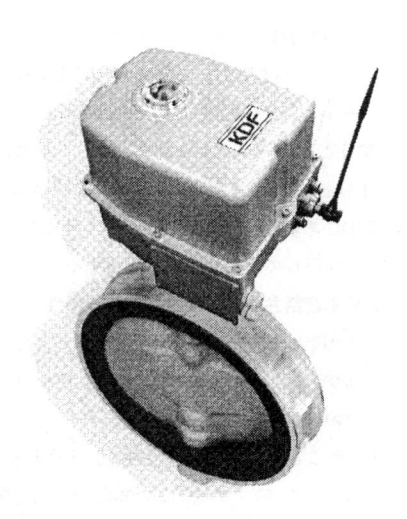

図20 電気二重層キャパシタ式緊急遮断弁の外観[19]

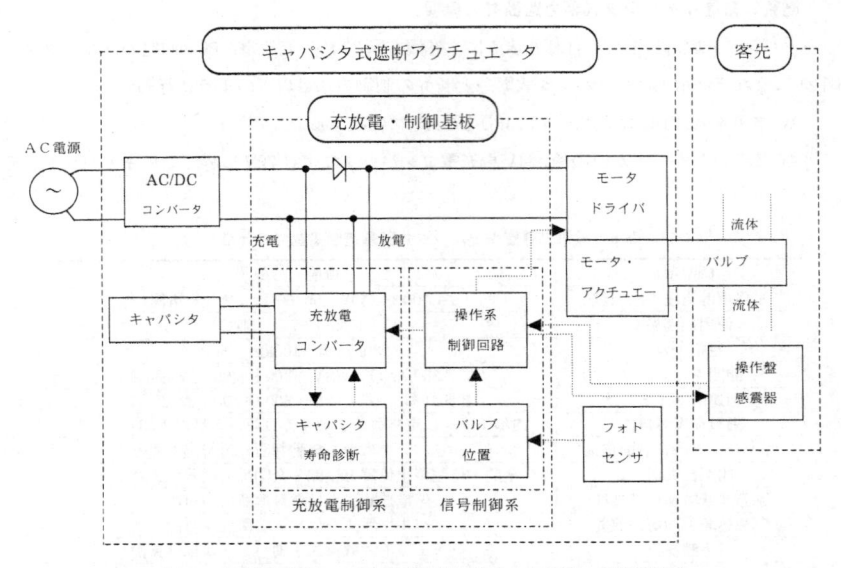

図21 電気二重層キャパシタ式緊急遮断弁の充放電・制御回路[19]

電する。
- AC/DCコンバータのDC24V出力はモータドライバにも接続されており，AC電源がある場合はDC24Vで直接モータドライバを駆動して電動弁を開閉する。
- 停電が発生した場合は，キャパシタに充電していた蓄積エネルギーを利用して，放電コンバータによりDC24Vに降圧し，モータドライバを駆動して電動弁を緊急閉鎖する。
- 感震器等による信号入力（地震発生等を想定）を使用する場合は，客先の信号を受けた時，AC電源がある場合はAC/DCコンバータのDC24V出力を使用し，停電時はキャパシタに充電された蓄積エネルギーを利用して電動弁を緊急閉鎖する。

③ 電気二重層キャパシタ式緊急遮断弁の動作に伴う充放電特性

キャパシタ式緊急遮断弁の電源投入後のキャパシタ充電，満充電後の緩和充電，停電発生による緊急閉鎖動作に伴う放電，閉鎖完了後から復電までの待機，復電後の再充電という，一連の動作による電気二重層キャパシタの端子電圧の変化を図22に示す。キャパシタの残電圧が0Vの状態からでも約2分間で充電を行うことができ，緊急閉鎖による放電後の再充電は10秒程度で可能である。尚，緊急閉鎖動作により約55Vまで低下した電圧が，緊急閉鎖終了時に約62Vまで上昇しているのは，放電完了によりキャパシタの内部抵抗による電圧降下分がなくなるためである。

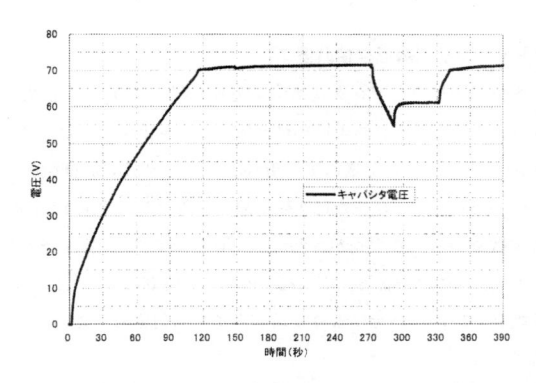

第 7 章　電気二重層キャパシタによる電力貯蔵技術

図22　電気二重層キャパシタ式緊急遮断弁のキャパシタ端子電圧の変化[19]

④　キャパシタ劣化診断機能

　電気二重層キャパシタはバッテリーに比べれば劣化しにくく，寿命が長いが，まったく劣化しないわけではない。そこで，この電気二重層キャパシタ式緊急遮断弁では，キャパシタ劣化診断機能を搭載し，より信頼性を高めている。診断法としては，以下の2種類の方法が採用されている。

・実負荷放電キャパシタ劣化診断法

　バルブの緊急閉鎖動作時に，キャパシタが放電する際の瞬間最低電圧が所定の電圧レベルまで低下したことを検出して劣化を判断する方法

・簡易抵抗負荷放電キャパシタ劣化診断法

　手動または自動で一定期間ごとに，キャパシタを小さな簡易負荷抵抗に一定時間通電して，僅かな一定量の電力を消費させた時の瞬間最低電圧が所定の電圧レベルまで低下したことを検出して劣化を判断する方法

3　導入例

　電気二重層キャパシタを蓄電用途に適用した導入例としては，道路鋲や道路標識等の夜間発光に太陽電池と組み合わせて使用した例やコードレス給湯ポット等の家電機器の蓄電用途に使用した例，ハイブリッドバス・トラック等のブレーキエネルギー回収蓄電用途に適用した例などがあるが，電力系統に連系して充放電を行う電力貯蔵装置として実用化されたものとしては，現在のところ2.2.1項で述べた電気二重層キャパシタ式瞬低補償装置と2.2.2項で述べた電気二重層キャパシタ式直流電鉄用電力貯蔵装置が挙げられる。

3.1 電気二重層キャパシタ式瞬低補償装置[10]

本装置は、低圧電気二重層キャパシタ式無停電電源装置[11,12]が、定格電圧200V、容量50～200kVA、2秒補償の瞬低補償タイプおよび60秒補償の停電補償タイプとして平成16年4月から、工場一括補償を可能とする高圧大容量電気二重層キャパシタ式瞬低補償装置[13]が、定格電圧6,600V、容量500～2,000kVA、1秒または2秒補償の装置として平成17年4月から、それぞれ㈱明電舎、㈱指月電機製作所から販売が行われており、すでに低圧器が50台近く、高圧器も数台が工場等に設置され、稼働中である。尚、高圧器の補償時間については、高速受電切換装置や即応型非常用発電機との組み合わせにより長時間停電にも対応できるように、20秒程度まで製作可能としている。

3.2 電気二重層キャパシタ式直流電鉄用電力貯蔵装置[14]

本装置は、平成14年～平成16年に渡る特性試験、実証試験を経て、㈱明電舎より製品化されており、電圧降下補償用と回生電力吸収用の2種類の製品系列がある。電圧降下補償用は、電気二重層キャパシタバンクにスイッチを設け、充電電力が設定の電圧以下で流出しないように制御を行う仕様となっており、回生電力吸収用は、キャパシタバンクの満充電時に回生が発生した場合や充電電力が放電電力より大きい場合に余剰電力を消費するために、電気二重層キャパシタバンクと並列に抵抗器を設け、バンクの端子電圧を監視して満充電近傍で抵抗器を投入する仕様とし、回生電流への追従性を確保している。

文　献

1) 田村英雄監修、電子とイオンの機能化学シリーズ Vol.2、大容量電気二重層キャパシタの最前線、エヌ・ティー・エス、p.6(2002)
2) 岡村廸夫、電気二重層キャパシタと蓄電システム、日刊工業新聞社、p.54(1999)
3) 野本進、半田晴彦、吉岡包晴、吉田昭彦、電気化学会秋季大会、1E13(1998)
4) J. Randin, E. Yeager, *J. Electroan Chem.*, Vol.36, p.257(1972)
5) 田村英雄監修、電子とイオンの機能化学シリーズ Vol.2、大容量電気二重層キャパシタの最前線、エヌ・ティー・エス、p.73(2002)
6) 岡村廸夫、電気二重層キャパシタと蓄電システム、日刊工業新聞社、p.14(1999)
7) 岡村廸夫、電力用蓄電装置の基礎的研究、電気学会論文誌、Vol.115B、No.5、p.504(1995)
8) What't New:「さらば2次電池」Ni水素を超えたキャパシタ、日経エレクトロニクス、

第7章 電気二重層キャパシタによる電力貯蔵技術

2003.10.27，p.26(2003)
9) 岡村廸夫，岡村研究所が明かす「ナノゲート・キャパシタ」の特性，日経エレクトロニクス，2004.5.10，p.103(2004)
10) 杉本重幸，電気二重層キャパシタ式無停電電源装置の開発，電気評論，Vol.90，No.6，p.67(2005)
11) 杉本重幸，田端康人，小川重明，六藤孝雄，松井啓真，矢部久博，電気二重層キャパシタを適用した無停電電源装置の開発，平成15年電気学会電力・エネルギー部門大会，No.160，p.447(2003)
12) 杉本重幸，波多野亮介，小川重明，安藤保雄，奈良秀隆，電気二重層キャパシタ式無停電電源装置の開発，平成16年電気学会電力・エネルギー部門大会，No.273，p.25-9(2004)
13) 杉本重幸，波多野亮介，山本信幸，下村潤一，材津寛，奈良秀隆，大辺実，高圧大容量電気二重層キャパシタ式瞬低補償装置の開発，平成17年電気学会全国大会，No.4-027，p.4-42(2005)
14) 長谷真一，上村正，電気二重層キャパシタを適用した直流電鉄用電力貯蔵装置(キャパポスト)の製品化，明電時報，Vol.304，p.13(2005)
15) 小西武史，長谷真一，中道好信，奈良秀隆，上村正，電気二重層キャパシタと蓄電池を併用した電気鉄道用電力貯蔵装置の基礎研究，電気学会論文誌，Vol.125D，No.11，p.1046(2005)
16) 関島康直，鉄道車両用電力貯蔵システムの開発，JR東海技報，Vol.2，p.59(2003)
17) 東海旅客鉄道株式会社 汎用性技術チーム 汎用開発グループ，電気二重層キャパシタを用いた車両用電力貯蔵システムの開発，JR東海技報，Vol.4，p.24(2005)
18) 新エネルギー・産業技術総合開発機構，負荷平準化新手法実証調査 最終報告書，p.148，p.166(2000)
19) 田中丈二，緊急遮断電動アクチュエータの信頼性向上，バルブ技報，Vol.20，No.2，p.32(2005)

第8章　フライホイールによる電力貯蔵技術

嶋田隆一*

1　フライホイールの原理および構造材料

　運動エネルギーによるエネルギー蓄積の利用はかなり古くからあると思われる。簡単なモーメントを利用した石斧や木槌はもちろん，回転モーメントを利用したこま，車輪など，道具の歴史としてみればかなり古いと想像される。その証拠には，インドネシアの石器時代の遺跡から，はずみ車の効果を利用したと思われる「穴あけ機」や「火起こし機」が発見されている。図1にその想像図を示す。このように，考察すれば，はずみ車効果（フライホイール効果），慣性効果は古くから利用されてきたと思われる。フライホイールは，レシプロ・エンジンの回転を滑らかにし，回転力で蓄勢して，パンチする打ち抜き機械などのパンチ力を発生するために広く用いられている。しかし，エネルギー貯蔵のためだけにフライホイールが作られることは，ほとんど無かった。こうした状況にあっても，一部の特殊な分野では，産業用として鉄鋼や電鉄分野では永続的に使用されてきた。また，核融合や粒子加速器のように瞬間的な大電力を使用する特殊な用

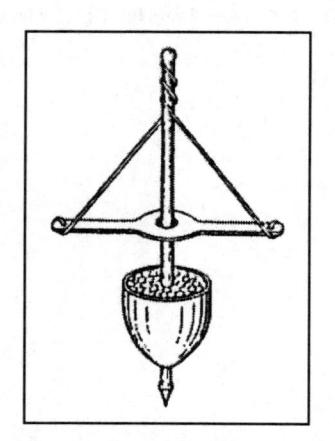

図1　世界最古のエネルギー貯蔵装置

---

*　Ryuichi Shimada　東京工業大学　統合研究院　ソリューション研究機構　教授

第8章　フライホイールによる電力貯蔵技術

途では，フライホイールの利用はめずらしくはなく，開発が進められてきた。特に我が国では核融合実験施設用に世界最大である蓄積エネルギー8GJ（2,200kWh）のフライホイール付電動発電機が1985年に製作され，既に20年以上の運転実績がある。

　最近フライホイールは，エネルギー貯蔵用ではなく，短時間の電力負荷平準化，動揺する電力系統の安定度・信頼度を向上する電力技術として注目されている。それは，日本で開発された大容量の可変速揚水発電技術と，核融合で建設された大容量のフライホイール技術とが融合して，産業電力分野にも適用可能な電力装置となっている。近年，重要さが増した太陽光発電，風力発電など分散型電力システムの電力平準化装置，電力系統障害除去装置としての可能性が注目されている。フライホイールの周辺技術にしても，近年の低価格になったインバータ・コンバータ，計算機制御，小型化と運転の効率化，そして最も重要な，起動・停止等の運用の容易さが著しく改善されたことによる。また，世界的に見れば弱小系統の電力安定化問題を解決する需要は多く，フライホイールは系統電力安定化機器として，有効電力を扱える同期調相機として，その機械装置のタフさに大きな期待が寄せられている。さらに，新材料，磁気浮上技術，超電導技術，高速電動発電機，インバータ技術などの進歩により，電力貯蔵用にバッテリーに変わる新しいフライホイールが生まれている。

1.1　エネルギー密度

　フライホイールとはその名のように本来はホイール（輪・車輪）形状をしており，スポークで回転体（リム）と軸（ハブ）を支えたものである（図2）。
回転体に蓄積されるエネルギー $E[\mathrm{J}]$ は，回転角速度を $\omega[\mathrm{rad/sec}]$ とすると，

$$E = I\omega^2/2 \tag{1}$$

である。ここで $I\,[\mathrm{kgm^2}]$ は回転モーメントを呼びその定義は次の積分で表される。

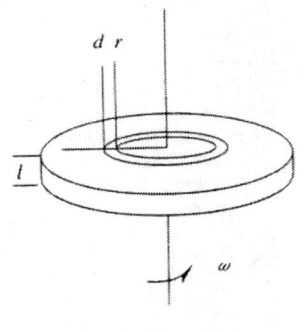

図2　慣性モーメント

電力システムにおける電力貯蔵の最新技術

$$I = 2\pi l \int \rho r^3 dr \tag{2}$$

ここで、r は半径、l は軸方向の長さ、ρ [kg/m³] は密度である。モータや発電機の回転体を扱う電気工学分野では I の代わりに GD^2 をよく用いる。G は重量、D は直径の2乗平均である。この場合、エネルギー E は、

$$E = GD^2 \omega^2 / 8 \tag{3}$$

ためしに、薄板のリング状回転体を考える。周速は $V = r\omega$ で回転すると遠心力が半径方向に生じる。遠心力をリング状リムの引っ張り応力 σ_t で支えるから、リムには $\sigma_t = \rho V^2$(ρ は密度)引っ張りの応力がかかる。

ここで、薄板リムの運動エネルギー E は $MV^2/2 = 2\pi rS\rho \cdot V^2/2$

よって、

$$E = \pi rS\sigma_t \tag{4}$$

ここで S は断面積。

従って、蓄積エネルギー量はエネルギー蓄積体であるリムの体積×張力/2 で決まることになる。すなわち、張力限界まで使用すると材料の密度によらず、抗張力 σ max が決め手になる。フライホイールは重いほうがエネルギー密度が高いと思う人間の感覚と異なるところである。高張力に耐える材質として、FRP、ケブラーなどの新材料開発がフライホイールにとって、他のエネルギー蓄積方法にない大きな体積・重量当たりのエネルギー密度を可能にした。エネルギー蓄積手段のエネルギー密度を表1に示すがガラス繊維のFRPでは約1kJ/cm³、鋼鉄では約250J/cm³が得られるが圧縮空気は10J/cm³、磁界は20J/cm³、通常のコンデンサの電界ではさらに低く0.2J/cm³程度である。フライホイールは圧縮空気、磁界、電界に比べると高い密度でエネルギーを蓄積することが出来る。

表1 単位体積 (cm³) 当たりのエネルギー密度

蓄積手段	材質	蓄積密度 (J/cm³)
化学エネルギー	TNT火薬	10kJ/cm³
	鉛蓄電池	100J/cm³
機械エネルギー	圧縮空気 (20気圧)	20J/cm³
フライホイール	鋼鉄 50kg/mm²	250J/cm³
	マレージング鋼 150kg/mm²	735J/cm³
	ガラス繊維 250kg/mm²	1,225J/cm³
	カーボン繊維 700kg/mm²	3,400J/cm³
	ピアノ線 200kg/mm²	980J/cm³
磁界	真空中7Tの磁束密度	20J/cm³
電界	電解コンデンサ	0.2J/cm³
	フィルムコンデンサ	0.08J/cm³
重力	揚水発電落差 500m	0.5J/cm³
化石燃料	酸素は含まず	40kJ/cm³

第8章　フライホイールによる電力貯蔵技術

　回転体の回転損失は，軸受け損や風損が主である．一般にこまの例でわかるように，半径の大きな回転体ほど永く回り続けることを知っている．フライホイールには，スケール効果がありエネルギーの増大の方が損失の増加に勝る．エネルギーは3乗で増え，損失は1から2乗で増えるからである．例えば，核融合用の世界最大のフライホイール(蓄積エネルギー8GJ，ローター重量1,000トン)では回転数の減衰は非常におそく，自然減速の場合，完全に止まるまでは数時間かかるが，効率は回転体が大きなものほど有利である．

1.2　材質と形状

　以上の結果から，蓄積エネルギー密度の限界は材料の質量密度には無関係で，エネルギー蓄積体であるリムの張力限界で決まることがわかる．すなわち，フライホイール材料は抗張力の大きな材料を高速回転で使用することが肝要で密度 ρ が大きくとも重量が増すだけで大きなエネルギーにはならないことがわかる．高張力に耐える材質として，FRP，ケブラー，カーボン繊維などの新材料が発展して，フライホイールに新しい可能性をもたらしつつある．エネルギー密度は同じでも軽い材質では速い周速になる．また同じ応力でもガラス，カーボンの方が鋼より数倍高速である．結局，エネルギー密度をあげるには，高張力に耐える材質を高速で回すべきである．

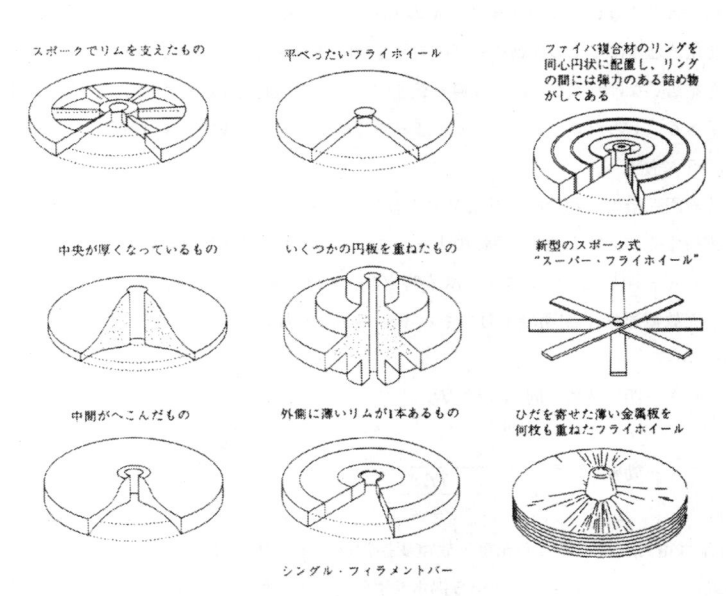

図3　さまざまなフライホイール形状

高張力なマレージング鋼の場合，170kg/mm^2，ガラス繊維でも特に強力なS-ガラスの場合，250kg/mm^2，カーボン繊維では700kg/mm^{2}からさらに強力なものも製造できるので1kJ/cm^{3}までも可能である。

また，システムとして考えれば，磁界エネルギー等の場合に較べ，フライホイールは構造物そのものが蓄積体となるので容器など周辺機器の体積を入れた全体平均密度の比較ではさらに有利となる。フライホイールの形状は，図3にその一部を示すが多くのバリエーションがある。いずれも，高応力に耐える構造を探している。例えば，円板ではその回転中心に応力が集中し，もしそこに欠陥があれば応力が集中するので，フライホイール円板は中心を丸く抜いているのが一般的である。

また，製造過程でプレストレスを与えて，回転して適切な応力分布になる高速フライホイールの開発も行われている。

1.3 フライホイール軸受と損失

高速回転体には軸問題がある。特にエネルギー蓄積を目的とする，大型，高速回転体には低損失の高速軸受と振動の共振現象が問題である。ジャイロモーメントの影響は車載フライホイール以外問題にはならない。フライホイールのエネルギー放出と共に回転スピードが変化するため，回転数変化とともに多くの振動モードに対する危険速度を次々に通過して運転しなければならないことを覚悟しなければならない。運転範囲内すべての振動安定のためには，調整に時間がかかる場合がある。そのため，大型フライホイールでは重力の影響を避けて立軸型で，一時危険速度の90％以下で使う。

回転体の回転損失は軸受損と風損が主である。フライホイールのエネルギー蓄積量E_sとその回転を維持するに必要な電力(回転損失＋システムの維持電力)との比をエネルギー蓄積時定数τ_s(エネルギー閉じ込め時間または減衰時定数ともいう)と定義する。

一方，充放電運転1周期の出力エネルギーE_{out}と入力エネルギーE_{in}の比がエネルギー効率η_eであるから，

$$\text{エネルギー閉じ込め時間} \quad \tau_s = E_s / P_{loss} \tag{5}$$

$$\text{エネルギー効率} \quad \eta_e = \frac{\eta_{in}}{\eta^{-1}_{out} + \dfrac{TE_s}{\tau_s E_{out}}} \tag{6}$$

η_{in}，η_{out}は電力と蓄積体との充電・放電変換効率でTは運転周期である。

この式にによって，コンデンサから揚水発電所まで，スケールが何桁も異なるエネルギー貯蔵システムに要求される性能がよく示される。η_{in}，η_{out}は電力から蓄積装置への変換効率でこれ

第8章　フライホイールによる電力貯蔵技術

が良くなければ電力蓄積は出来ない。フライホイールの場合，発電機・電動機の効率であり，同期電動機を想定すれば，電気─機械の変換効率はほとんど1に近い。(6)式の分母の第二項，エネルギー蓄積時定数 τ_s と周期 T との比が効率を決めることになる。すなわち，T が短い場合は，時定数 τ_s の短い，すなわち維持パワーの大きなエネルギー貯蔵システムでもエネルギー効率を高くすることが出来る。これは η_{in}，η_{out} が充分高いフライホイール貯蔵の特徴で，短周期の負荷平準化装置に向いていることを示す。第3節で述べる核融合用の世界最大のフライホイール ($E_S = 8GJ$) は τ_s が1,600秒で，このようなフライホイールを100秒周期の鉄鋼圧延プラントの負荷変動(ピーク85MW)を平準化するのに使用した場合，95%のエネルギー効率になることが試算されている。この蓄積時定数と周期，そしてエネルギー効率の考え方は，スケール効果を見失いがちな電力貯蔵システムの有効な評価法となるものである[1]。

2　開発動向

2.1　フライホイール電力貯蔵の利点

　フライホイールは古くから利用されてきた歴史を持ち，電力利用の急増化，分散化の状況にあって，電力負荷平準化，電力系統の安定度を向上する電力貯蔵技術として，またすぐにでも実現可能な電力技術として脚光を浴びつつある。その理由は，

① 我が国では日本原子力研究所核融合実験施設に磁界コイル電源用の世界最大の蓄積エネルギー8GJ (2,200kWh) のフライホイール付き発電機がある。ここでは既に数万回以上の運転回数と10年以上の運転実績がある。

② 近年の高度な半導体電力変換技術，計算機制御技術が適用され小型化と運転の効率化そして運用の容易さが著しく改善された。

③ 発電機と一体構造で電気的入出力が容易である。また，近年，大容量の巻き線型誘導機(ダブルフェッド)が開発された，これは回転数の変化にかかわらず一定の周波数で電力の出し入れが可能なフライホイールに最適な駆動方式の発電電動機であって，わが国では，すでに揚水発電所の効率上昇と夜間揚水時の負荷調整のため40万kWのもので，実績がある。

④ 消耗する部品がないため寿命は最大応力と疲労で決まるが，設計上は半永久的と言える。また，リサイクル可能な材質で作れる。ここが，バッテリーとの違いである。

⑤ 小形であることを生かして，小規模なエネルギー貯蔵装置として分散型の電力平準化装置，電力系統障害補償装置としての可能性を持っている。

　以下，フライホイールによる電力貯蔵技術の現状と開発動向等について記述する。

2.2 フライホイールの開発課題

　フライホイールは大容量で産業界，電力界で実際に利用されている実績がある。フライホイールと一体構造の発電機がひとつの電力変換器になっていることが特徴である。また長寿命で高エネルギー密度であることが特徴であるが，設計する場合，解決すべき課題も多く，これらをフライホイールの応用分野に応じて以下のように考慮することが必要である。

　高密度エネルギーを目指すフライホイールは材料が高価であるので生産技術の開発が必要である。高速回転体の安全性の確保が重要である。回転バランスの調整に時間がかかる。軸受の寿命と損失低減に考慮する必要がある。軸受には重量を受け持つスラスト軸受とガイド軸受があるがスラスト圧を磁気浮上技術を用いると軸剛性の不足から，共振危険速度が下がる。ガイド軸受けにはアクティブ磁気軸受が必要になるが，故障時のバックアップも必要である。アクティブ磁気軸受は制御電力が必要である。

　高速回転になると風損が最大の損失であるが，真空にすると冷却ができない問題がある。特殊な冷却方法，熱伝導による水冷，電動発電機部分のみのヘリウム，水素冷却を考慮する必要がある。

　通常回転速度の発電機の効率は十分高いが，より高速回転を選択した場合，モータ，発電機の高効率化が必要である。回転数変化の範囲によって周波数変換器の容量が大きくなって，電圧一定の2次電池システムよりも高価になってしまうので，よほど小型，長寿命化にメリットがある場合以外は検討の余地がある。

　わが国でも，変電所に設置する規模（10MWh）のフライホイールを高温超電導バルク材のマイスナー効果を使って浮上させ，超低損失で回転させる超電導軸受のフライホイールが開発されたことがある。しかし，大型フライホイールによる電力貯蔵の問題は，軸振動の問題や，真空中の機器の冷却方法，高効率な高速電動発電機の開発，インバータ・コンバータのコストなど軸受だけではないので実用化には課題が多いことがわかった[2]。

　諸外国における開発動向として，どれも小型で，量産効果でコスト低減し，考え方としてバッテリーの代わりとしてフライホイール付発電電動機を見ている。

　特に米国ではフライホイール式UPS（無停電電源）としてすでに産業的に実用の段階に達している。FRP製フライホイールを真空中で高速回転させ，磁気吸引アシスト軸受による安定な高速軸受けを特徴としている。レラクタンス型の同期発電電動機による毎分2万回転のスピードでエネルギーを蓄積する。数10kWユニットを多数並列運転して1MW程度までをコンテナに入れて簡単に設置できるのも特徴である。小型高速フライホイールは数10分間の発電が可能なものもある。

第8章 フライホイールによる電力貯蔵技術

3 フライホイールの導入例

3.1 核融合用電動発電機

　日本原子力研究所にて開発された世界最大のフライホイール付電動発電機は臨界プラズマ試験装置「JT-60」の電源設備の一つである。「JT-60電源は高頻度繰り返し運転を行う大電流・大電力のパルス状電力負荷で，供給すべき全エネルギー（8GJ）を商用電力系統から直接受電したならば，電力系統の周波数変動あるいは電圧変動といった受電条件を満足することが出来ない。そこで，この問題を解決するため，受電条件の許す限度までを直接受電する方法でまかない，不足する分をフライホイール付発電機でまかなうというシステムが設計された。発電機が放出すべきエネルギーは，4GJで，容量は215MVAである。フライホイール付電動発電機の鳥瞰図を図4に示す。

世界最大のフライホイール

フライホイール
Flywheel

直径6.6m，厚さ400mm，重量約107ton。
これを6枚重ねてボルトを締めています。

T-MGの模型
Model of T-MG

定　格	
出　力：215,000kVA	電　圧：18,000V
電　流：6,896A	力　率：0.85
回転数：600〜420rpm	周波数：80〜56Hz
はずみ車効果：16,000ton-m²	放出エネルギー：4,020MJ
駆動方式：サイリスタ駆動	駆動装置出力：19,000kW

図4(a)　核融合電源用8GJフライホイールと215MVA発電機の模型の写真
（原研のJT-60電源パンフレットより）

159

電力システムにおける電力貯蔵の最新技術

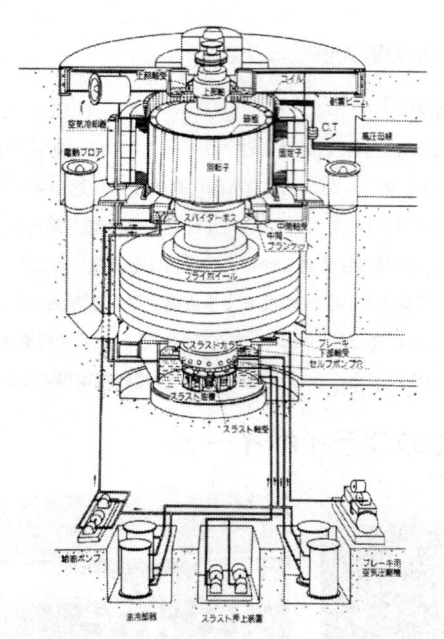

図4(b)　世界最大のフライホイール付発電機の鳥瞰図
（原研のJT-60電源パンフレットより）

　回転の加速は発電機自身が電動機になるサイリスタスターター方式（19MW）で、約6分で回転数70%から100%へと加速できる。エネルギーの放出は30秒で100%から70%へと回転数が減少する間、ピーク160MW、放出エネルギー4GJが発電される。10分間隔で繰り返し連続運転する。1985年4月から実用運用を開始し、既にエネルギー充放電10,000回を越え、積算運転時間は5,000時間にも及ぶが、5年目に行った総点検でフライホイールの分解点検が行われたが異常はなく、設計（十万回の繰り返し寿命）の通り長寿命運転できることがわかっている[3]。

3.2　電車応用（フライホイールポスト）

　日本では、フライホイールの電車軌電システムへの応用が、京浜急行電鉄（株）で古くから開発されてきたが、今でも先進的フライホイール産業応用フライホイールポストが1988年から実用化されている。近年、電車は、省エネルギーの観点からエネルギー回生の可能なチョッパー制御の回生制動車の採用が一般化している。電車の数が増え、回生が重なるとき電力の余剰が生じ、架線電圧が上がり、回生ができない場合がある（回生失効）。架線電圧は通常1,500Vであるが変

第8章 フライホイールによる電力貯蔵技術

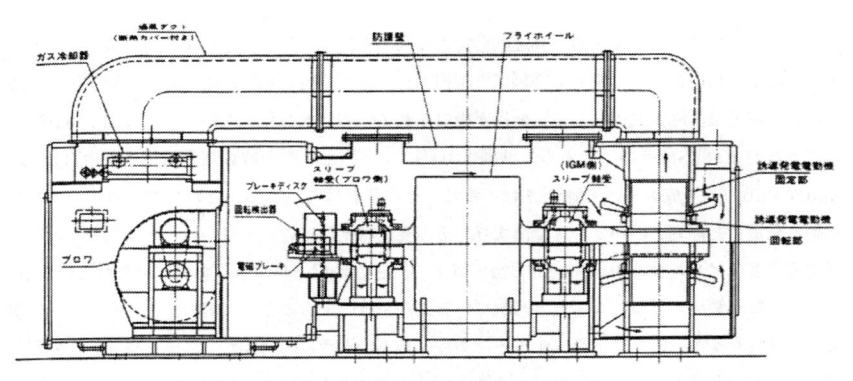

図5 京浜急行で実用化した電車用架線電圧安定化装置フライホイールポスト

動幅800Vにもなり，空調機等の運転にも支障が生じていた。ここに架線電圧安定維持のため，実用機として25kWh交流駆動電車線電力蓄勢装置（フライホイールポスト）を開発した。フライホイール（超硬鋼鉄製13.7トン，直径1.445m，厚さ1m）は横軸高速可変速誘導発電電動機（1.8MW）方式でヘリウムガス中で回転，最高速3,000rpm時の周速は230m/Sの高速機である。エネルギー充放電量は90MJである。誘導発電機システムにより架線電圧を維持するようにフライホイールの加速・減速を行っている。1988年8月より実運転に入り，架線電圧は安定化され，その効果は十分発揮されている。フライホイールの運転電力の約40％は回生電力から得られていると思われる。これは経済的にも十分見合うシステムであることを証明している。文献[4]に詳しいが図5に構成図を転載する。

3.3 短周期負荷平準化および電力系統の安定度向上用のフライホイール（ROTES）

近年の可変速揚水発電システムの開発はフライホイールに新しい電力系統安定化装置としての可能性を与えた。可変速システムは交流励磁の同期発電機でローターのスピード変化に対して周波数と位相を制御して電力系統とのエネルギー充放電，調相連係が可能である。交流可変速技術に関して，日本では独自に重電各社の開発が終了し，実用機が系統で活躍している。まず関西電力(株)と(株)日立製作所は世界初の可変速揚水発電試験システムを成出発電所（22MVA）に建設し，1987年6月から実験運転に入っている。その後，最大のものは関西電力(株)大河内発電所に395MVAの可変速揚水発電機を設置し運転されている。交流可変速機は可変速運転によるポンプ出力の調整とポンプ効率の向上，そして運転領域の拡大を周波数制御運転と併せて実現できるようにと開発された。交流励磁可変速同期発電機の技術を採用したフライホイール電力貯蔵システムは回転スピードの変化にかかわらず電力系統と直接結合でき，かつ同期調相機としての

電力システムにおける電力貯蔵の最新技術

働きも合わせ持つことができる。高速制御できる利点を持つフライホイール電力貯蔵システムは電力負荷平準化用あるいは電力障害補償，調相そして電圧維持さらには電力動揺抑制制御も可能な新しい電力系統制御装置として可能性が検討されている。水力発電を持たない沖縄電力(株)に設置されたROTESはその例である。沖縄電力(株)が実用化した周波数変動対策装置ROTESは，23MWの出力で平成8年から運用されており，その意義はたいへん大きい。電力系統の周波数制御は発電量と需要とのバランスで決まり，その変化時定数は数秒と早い。大きな電力系統では総需要の変化は平均化され，相対的に数%以下の大きさの電力パルスの影響は見られなくなる。電力の品質が製品の品質となると言われている鉄鋼薄板圧延のように，電力のバックパワーは産業を成立させるインフラストラクチャーである。日本のように国全体が一系統を構成し，発電総量が一億kWを越えるような国では，かなり巨大な電力負荷プラント（JT-60のような）を建設しない限り問題としないが開発途上国（国連統計では200万kW以下がほとんど大きくても500万kWまで）の電力系統にとって，安定度の欠如は工業化への最大のネックになっている。今後，途上国も需要が伸びる地域でこの種の電力機器が重要であることは明確である。また，これからの分散化する電力システムでは，電圧と周波数安定が重要であるがその対策の一例となっている。図6は可変速フライホイール付同期発電機を適用した工業団地システム構成例と沖縄電力㈱で実用化されたROTESの構成，仕様，断面図を図7に示す。

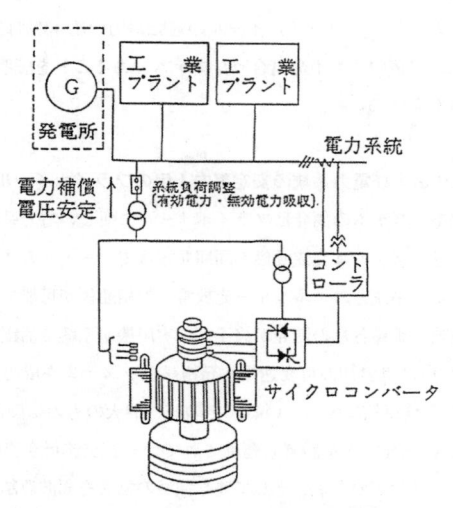

図6 可変速フライホイール付同期発電機を適用した工業団地

第8章 フライホイールによる電力貯蔵技術

[構造断面図] フライホイール発電機

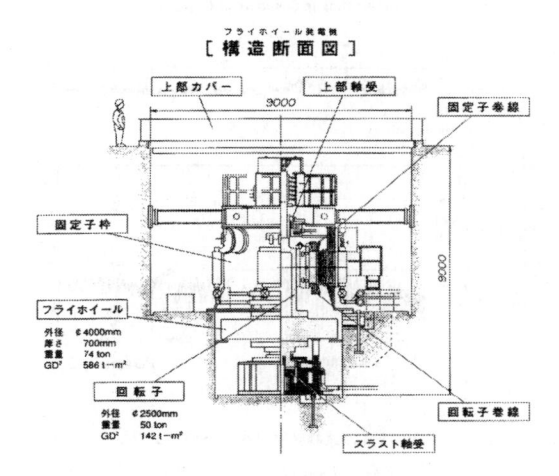

図7(a) 沖縄電力が実用化したROTESの構成断面図 (㈱東芝のパンフレットより)

単線結線図

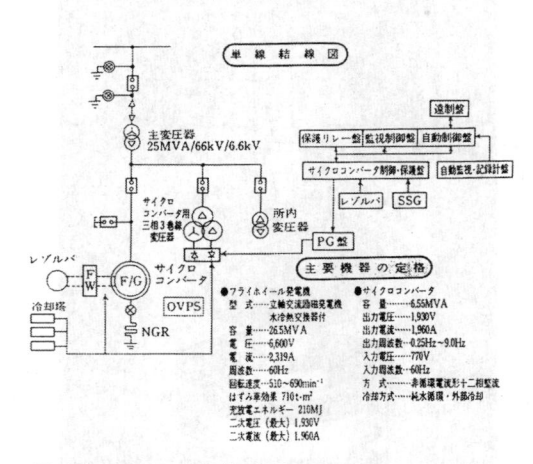

●フライホイール発電機
型 式：立軸交流回転発電機
　　　　水冷熱交換器付
容 量：26.5MVA
電 圧：6,600V
電 流：2,319A
周波数：60Hz
回転速度：510～690min^{-1}
はずみ車効果：710 t·m^2
充電エネルギー：210MJ
二次電圧 (最大)：1,930V
二次電流 (最大)：1,960A

●サイクロコンバータ
容 量：6.55MVA
出力電圧：1,930V
出力電流：1,960A
出力周波数：0.25Hz～9.0Hz
入力電圧：770V
入力周波数：60Hz
方 式：非循環電流形十二相整流
冷却方式：純水循環・外部冷却

図7(b) ROTESの単線結線図 (㈱東芝のパンフレットより)

163

電力システムにおける電力貯蔵の最新技術

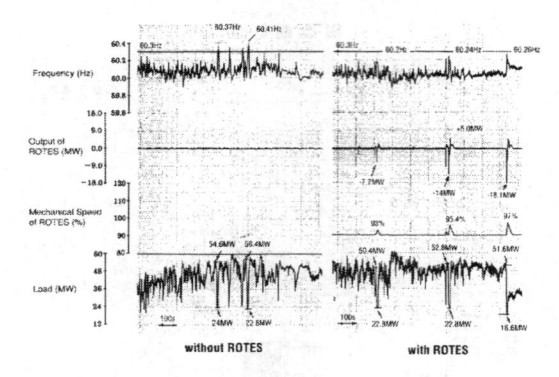

図7(c) ROTESの試験結果（㈱東芝のパンフレットより）

図7(d) ROTESの鳥瞰図（㈱東芝のパンフレットより）

第8章 フライホイールによる電力貯蔵技術

3.4 米国におけるフライホイール無停電電源（UPS）と瞬低対策フライホイール

　フライホイール式UPSは，待機中のエネルギー損失が小さいことが必要で，この点が電池式に対して大いに不利であるように思える。しかし，バッテリーでも常時わずかな電流で充電を続けて待機しているのでフライホイールの方が少ない場合もある。最新の無停電電源用フライホイールは損失を低減するため真空中で回転し，磁気軸受をもつなど挑戦的なフライホイールである。現在一般に用いられる蓄電池をフライホイールに置き換えた構成であるがフライホイールの特長である短時間のバックアップに特化して小型化，省スペースによって新しい利点を打ちだそうとしている。最近販売を開始したフライホイール式UPSは，特長を生かして半永久的寿命で，バッテリー式よりも効率が高いとしている。図8にパフレットの抜粋を再掲するが，日本フライホイール社のものである。図9はドイツ，ピラー社のフライホイール部分，図10はアクティブ・パワー社の先進的UPS用フライホイールである。これは，ジーゼルエンジンの起動時間を考慮して短時間15秒のバックアップをねらって65kVAから1,200kVAフライホイール式UPSである。クリーンソーステクノロジーと称し，低気圧中で冷却を兼ねて風損を減らし，磁気アシスト軸受用の磁界のリターンでフライホイールを兼ねるローターを80%浮上させ，かつ浮上吸引

図8(a)　フライホイール式UPSの例（日本フライホイール㈱のパンフレットより）

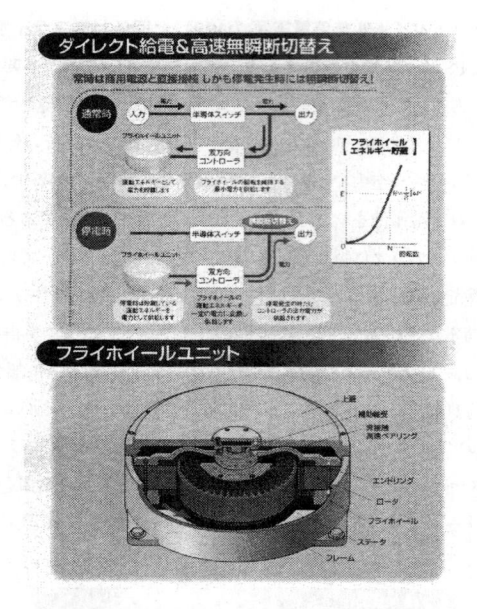

図8(b) フライホイール式UPSの例（日本フライホイール㈱のパンフレットより）

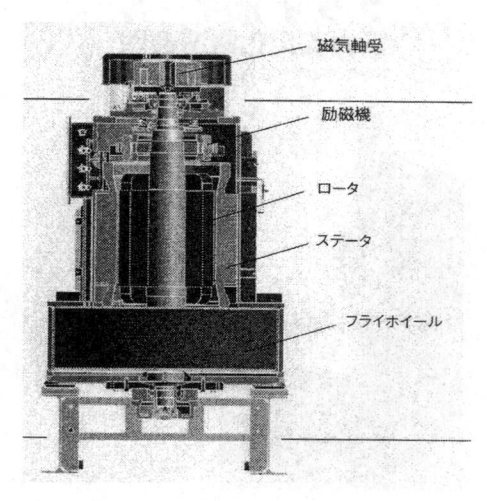

図9 ドイツ，ピラー社のUPS用フライホイール（パンフレットより）

第 8 章　フライホイールによる電力貯蔵技術

図 10　米国アクティブ・パワー社の UPS 用フライホイール（パンフレットより）

写真 1　ビーコン・パワー社の 15kW-6kWh フライホイール式 UPS

磁界のリターンを利用してレラクタンス差によるに強弱を作りそれを回転界磁としている同期機タイプである[5]。同様にビーコン・パワー社から，15kW-6kWh をユニットとしたフライホイール式 UPS を 7 台コンテナに収納して 100kW のバックアップ電源として売り出されている。写真 1 はカリフォルニアニアのエネルギーコミッション（CEC）が，ビーコン・パワー社のバックアップ電源を実地試験している様子である。小型，省スペースであるところがフライホイール

UPSの魅力である。同社は100kW-25kWhのユニットを2007年に市場に出そうと開発中で，軸受は高温超伝導磁石の強い反発力を使ってさらに高速化している。冷却は液体窒素タンクを併設することで冷凍機などの付帯施設が要らないとしている点は注目される。これをトレーラーに10台積んで1MW-15分のバックアップ電源として，コミュニティー規模の電力会社に販売する計画である。米国での電力貯蔵は燃料のいらない発電装置と言われて，バックアップ用フライホイールUPSの産業規模は300億円程度であると言われて，さらに拡大している。南米にも多く輸出され，最近は中国，北京オリンピックのバックアップ電源として提案しているようである。

3.5 今後の動向など

最近の風力発電機MW級では，ダブルフェッド発電機（巻き線型誘導発電機）を採用している。この規模の発電機にフライホイールを付加すれば，経済的な電力貯蔵機能付の電力安定化装置である，先進ROTESが可能になる。とくに近年のIGBT，IEGTなど絶縁ゲート型逆導通半導体スイッチを用いて電圧型PWMインバータでローター巻き線を駆動すればサイクロコンバータで駆動する場合と違いさらに多彩な制御が可能である。その先駆的研究はわが国の大学で多く行われてきた[6〜8]。しかし，キャッチアップする産業が無く概念提案の域を出ていないのは残念である。わが国は系統があまりに大容量で，特殊であるため，JT-60ほどの電力パルス需要が無い限りこのような機器は必要ないが，世界の電力系統の平均規模は100万kW程度で，沖縄の規模であると考えれば沖縄のROTESの成功は重要である。世界に貢献するわが国独特の電力技術であると言える。

近年，ブームによる増産でコストが下がったのは風力発電である。その1.5MW機のコストは，2.5億円程度と言われている。その半分は建設費である。その発電機の風車羽をフライホイールに変えて電力障害除去装置として運用することを想定すればよい。系統安定化機器としての先進ROTESは，電力の周波数と電圧の安定化ばかりでなく，地域の瞬時の電圧低下，瞬低対策としても効果がある。地域とはハイテク産業，証券・銀行，病院を想定しているが，付加価値の高い産業向けに，地域共有のフライホイールを配備して地域ぐるみで停電対策を行うことで，高品質な電力供給する案は，経済的に考慮に値するであろう。

また，ここで話題の水素エネルギーシステムの燃料電池マイクログリッド・分散化電源システムで見逃している重大な欠点を指摘しておこう。それは必要なラッシュ電流の供給である。誘導電動機は起動時約7倍の電流が流れ，これは起動時の大トルクが必要な場合，抑えようが無い。また，単にトランスの併入時の励磁電流のラッシュはこれより大きい。これまで事故電流に近いラッシュ電流供給は電力系統の持つバックパワーとして，暗黙のうちに期待されていたし，機器耐量で協調していたのが電力系統である。しかし，分散化したシステムではインバータがこの電

第8章　フライホイールによる電力貯蔵技術

流を供給しなければならないとしたら，半導体変換器はたいへん無駄が多い。

解決策は，ROTESがあれば，瞬低対策に付加して，この従来，系統が担ってきたバックパワーを付加することができ，SVG装置もかねるので，ヘリウム中で回転させ，磁気アシスト軸受，油槽無しのガイド軸受を開発して低損失化，インバータ制御でROTESを万能電力障害除去装置とすることである。この規模では，日本が世界的に進んでいる技術が多数あると考えられる。

日本では試験的に行われただけで，実運用してはいないが，欧米で実プラントが運用されているのが，もうひとつの力学エネルギー貯蔵（圧縮空気による電力貯蔵 Compressed Air Energy Storage: CAES）である。

電力エネルギーを蓄積する媒体として，安全でコストの安いものが良い。揚水発電は水の重力エネルギーを使って大規模な貯蔵を可能にしているのは良い例である。このCAESは空気の圧力エネルギーを利用している。表1で空気圧力5気圧で20 [J/cm^3] であることを示した。コンプレッサーを使って空気を圧縮して圧縮空気を作り，タンクに貯蔵する。必要なときに空気圧で回るタービンで発電機を回して電気を得る。確かに圧縮空気は動力源として，多くの分野で利用されている。しかし，圧縮過程で，発生する熱が有効利用されない場合，電力貯蔵装置としての効率を著しく下げる。純粋な電力貯蔵としては，成り立たないと言ってよいが，ガスタービン・コジェネ発電システムと組み合わせると，かなり有効な使い方ができる。特に，都心でも，圧縮空気の貯蔵タンクに地下空洞や下水貯め池が使える場合，とくに有望である。

通常，ガスタービン発電機は，ガスの燃焼エネルギーの半分以上を空気の圧縮タービンに使用して，残りが発電機に回っている。したがって，圧縮空気を別の時間に作って貯めて，これで燃

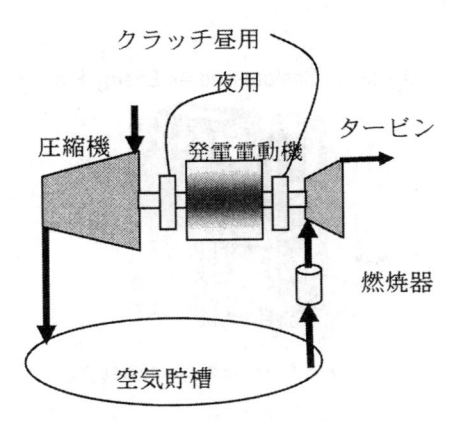

図11　圧縮空気による電力貯蔵
（Compressed Air Energy Storage: CAES）

焼発電すれば，すべてが発電になって同じ燃焼で倍以上の発電出力を得ることができる。これがCAESの基本概念で電力貯蔵とは少し異なる。すなわち，電力のピークをシフトさせる，電力平準化技術に似ている。

　原理図を図11に示すがタービン出力の倍増が目的である。圧縮空気の貯蔵として，米国の例では岩塩層のなかに巨大空洞（地下500から800m以下，約100m角の空洞）を作りそこに70気圧で蓄える。1991年から110MWの発電所で現在も運用されている。ドイツでも同様に1960年からCAES Power Station Huntorfがある。290MW/2hまたは，60MW/8hでピークロード対応の発電所である。

　我が国では，大陸にあるような岩塩坑道が無いので水封方式の地下貯蔵が提案されている。これは地下水が空洞からの漏気を防いでくれる効果を使ってライニングなしにタンクを形成させる方式である。神岡鉱山での実験では19気圧まではほとんど漏れは見られなかった。CAESとガスタービン発電機を結合したシステムは，電力貯蔵ではないが，我が国の場合，原子力発電が100%になる夜間の電力有効利用法として，昼の電力ピーク対応技術として，今すぐにも適用可能な技術であるところが魅力である[9,10]。

　UPSとしてのCAESはアクティブパワー社からCoolAirTM DC: Thermal and Compressed-Air Storage (TACAS)の開発計画が発表されている。圧搾空気をボンベに詰めて待機し，バックアップ時にエアーを加熱してタービン発電機に放出する。空気の加熱はヒートリザーバーと呼ぶ断熱した熱容量の大きな物質をコンテーナーに入れた間隙を通して行っている。図12に示すがコンパクトな外形で85kWのDC360V-540Vを2秒以内に発生させる計画である。このボンベで5分間パワーが出せるのは驚く。

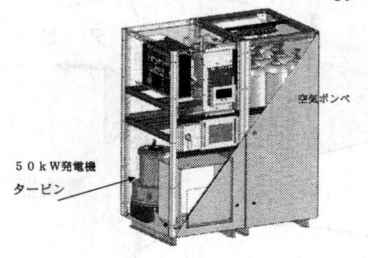

図12　アクティブパワー社のCoolAirTM DCの構造

第8章　フライホイールによる電力貯蔵技術

文　　献

1) 嶋田，谷本，大森，松川，核融合電源用フライホイール付電動発電機の短周期ロードレベリング装置への適用，平成元年電気学会全国大会 No.1505
2) 樋笠，横山，8MWh級高温超電導浮上式電力貯蔵システムの概念検討および適用性の検討，電気学会論文誌B 133-B，No.7, p768(1993)
3) T. Matsukawa, M. Kanke and R. Shimada "A 215MVA flywheel Motor-generator with 4GJ Discharge Energy For JT-60 Toridal Field Coil Power Supply System", IEEE Trans. Energy Conv. EC-2,262(1987)
4) 島津，橘，京浜急行電鉄(株)納め電車線用フライホイール発電電動機，三菱電機技報，63，8．60 (1989)
5) キャタピラーパワーシステムズ社のCATUPS，http://www.catpower.co.jp/を参照
   米国テキサスのアクティブパワー社のhttp://www.activepower.com/を参照
   米国マサチューセッツのビーコン・パワー社のhttp://www.beaconpower.com/
6) 高橋，西鳥羽，回転機二次励磁方式を用いた万能傷害電力補償装置，電気学会論文誌B，107，2号，P73 (1988)
7) 力石浩孝，有満　稔他，交流励磁フライホイール発電機による高速変動負荷の補償，電気学会論文誌 D 113, No.11, p1254-1261(1993)
8) 赤木，高橋佐藤，交流励磁フライホイール発電機の制御法と過渡特性，電気学会論分誌D,118, 11号，p1308 (1998)
9) 中川加明一郎，地下に空気で電気を貯める？，電気学会雑誌，Vol123, No.5(2003)
10) 志田原ほか，神岡実験場における水封式圧縮空気貯蔵技術の実証―実験場の推理地質特性と適正―，電力中央研究所研究報告総合報告 U01024(2001)
11) 全体的に参考文献　嶋田隆一「エネルギー技術大系」，力学エネルギーの貯蔵 3.1 フライホイール，日本伝熱学会編，825-834，エヌティーエス(1996)

第9章　超伝導コイルによる電力貯蔵技術

1　SMESの原理

新冨孝和[*]

1.1　貯蔵原理

　超伝導コイルを用いた電力貯蔵の原理は，超伝導コイルに電流を流し，それにより電磁気エネルギーとして蓄えることである。一般に，超伝導コイルのインダクタンスをL，流れている電流をIとすると，

$$E_s = \frac{1}{2} L I^2 \tag{1}$$

で与えられる電気エネルギーE_sが貯えられる。

　別の表現では，電流Iが流れているとき，超伝導コイルが空間に作る磁束密度をBとし，真空の透磁率をμ_0とすると，磁気エネルギー密度は$B^2/2\mu_0$で与えられるので，空間の体積積分をすれば

$$E_s = \int \frac{B^2}{2\mu_0} dV \tag{2}$$

の磁気エネルギーが空間に蓄えられていることと等価である。磁束密度が5Tのとき，蓄積エネルギー密度は$1 \times 10^7 \text{J/m}^3$である。

　通常の常伝導導体を用いた電磁石では，有限の電気抵抗RがあるためにRI^2のジュール熱による損失が起こり，電気エネルギーとして蓄えられる時間が短時間に限られる。通常の電磁石では，L/Rで与えられる時定数は1秒以下である。そこで，電気抵抗が零である超伝導導体を用いてコイルを作れば，長時間エネルギーを蓄えることができる。超伝導コイルを用いて電磁気エネルギーを蓄える装置ということでSuperconducting Magnetic Energy Storage (SMES)と呼ぶ。

　SMESは，電気エネルギーを他の形態に変換することなくそのまま蓄えるので，効率が高く，応答性がよい。

---

[*]　Takakazu Shintomi　日本大学　大学院総合科学研究科　教授

第9章　超伝導コイルによる電力貯蔵技術

1.2　開発の歴史

　SMES開発の歴史は，1960年代に遡る。Nb_3SnあるいはNb–Ti線を用いた超伝導コイルで6T以上の磁場を発生できるようになって，超伝導コイルでエネルギーを蓄える考えが出された。電源系統に超伝導コイルを用いた装置（電力貯蔵装置）を導入するアイデアを提案したのは入江・山藤である[1]。その後，ウイスコンシン大学Boom教授が，超伝導コイルとサイリスタ変換器を結合したシステムの提案を行い[2]，電力応用としてのSMESの原理的な概念が確立した。

　開発研究の初期（1970年代から1980年代）には，日負荷変動のピークカットに用いるものとして揚水代替としてのSMESの概念設計研究が活発に行われた[3,4]。我が国でも，NEDOの委託研究として5GWh SMESの概念設計が行われている[5]。この規模のSMESでは電磁力を支持するために膨大な構造材料が必要で，経済性の観点から地下の岩盤を利用するというものであった。

　ハード面では，30MJの貯蔵容量を持つ超伝導コイルを，米国ボンネビルで実系統に接続し，西海岸のシアトルからロスアンジェルスにいたる長距離送電線の安定化試験が行われた[6]。この試験によって，SMESが系統動揺抑制に有効であることが実証されている。我が国でも，大学，国立研究機関，電力会社などが開発研究を実施してきている。

　近年になって，研究動向は，瞬低用マイクロSMES，系統安定化あるいは負荷変動補償用小規模SMESに移ってきている。

1.3　特徴と用途

　SMESは，電気エネルギーをそのままの形で貯蔵するために，従来のエネルギー貯蔵装置と比較して貯蔵効率が80～90％と高い，エネルギーの出し入れに伴う応答速度が20ms以下と速く，瞬時に大電力を放出できる，有効電力と無効電力の制御ができるなどの特長がある。他の貯蔵方法との比較を表1に示す。このような特長を有するため，単にエネルギー貯蔵装置としての役目だけではなく，電力系統の安定化，瞬低対策など電力の品質向上の用途に有望と考えられている。

表1　エネルギー貯蔵装置の比較

貯蔵方式	SMES	揚水発電	電池	フライホイール
規模	小～中規模	大規模	小～中規模	小～中規模
エネルギー形態	電磁気	位置	化学	回転
効率（％）	～90	65～75	65～80	60～70
エネルギー密度[MJ/m^3]	～10	～1	～100	～10
応答速度	～10ms	数分	～10ms	～10ms
その他	稼働部がない　漏洩磁界への配慮	実用化　適地が少ない　環境への影響	大出力，早い繰り返しに制限	稼働部がある　大型化に制限

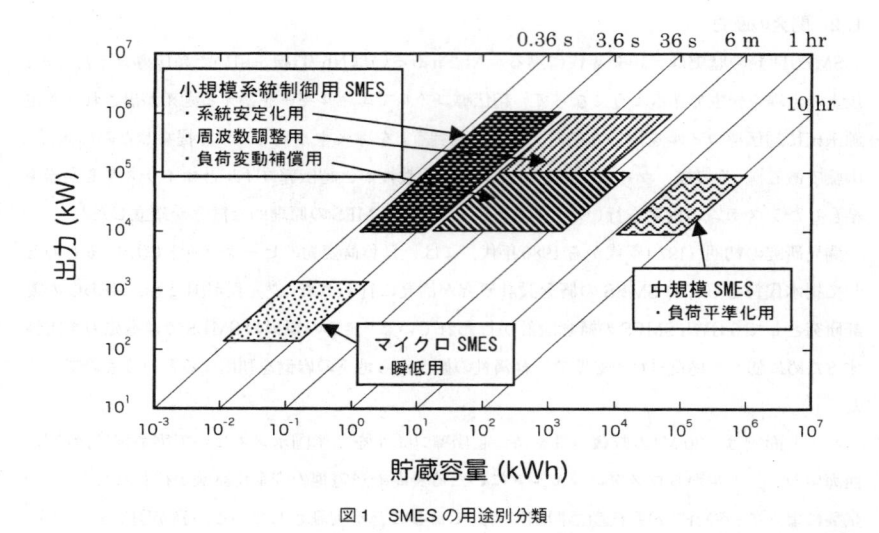

電力システムにおける電力貯蔵の最新技術

図1 SMESの用途別分類

アメリカではウィスコンシン州の電力系統の安定化にD-SMES（Distributed micro-SMES）の導入が計画され[7]，我が国では瞬低用SMESが半導体工場に試験導入されている[8]。これらマイクロSMESは，短時間のエネルギー放出でよく，超伝導コイルとしてはMJ規模の小さいものであり，技術的な問題点は解決されている。

しかしながら，小規模のものでも貯蔵エネルギーが現存の超伝導コイルの10倍から100倍程度になり，大型化に伴う技術開発を必要とする，超伝導コイルを極低温に保つ必要があり長期待機運転にはあまり向かない，また超伝導コイルは高価である，などの短所を持つ。

SMESは，図1に示すように，規模と放出時間によっていろいろな用途に分類できる。

① マイクロSMES

超伝導コイルの貯蔵エネルギーで〜MJ規模，出力で10 MW程度まで，エネルギー放出時間が1秒程度である。主として，瞬時電圧低下対応に用いられる。

② 小規模SMES

貯蔵エネルギーで100〜10,000 MJ程度で，出力は10〜100 MW程度，放出時間が数秒〜10分程度である。電力系統安定化，周波数調整，小規模の負荷変動補償に用いられる。出力に比べて放出時間が短いため，比較的少ない貯蔵エネルギーでよく，現存の超伝導コイル技術の延長線上にあると考えられる。

③ 中規模SMES

第9章　超伝導コイルによる電力貯蔵技術

　貯蔵エネルギーで10～1,000 GJ程度で，出力は10～100 MW程度，放出時間が約1時間程度である．製鉄所の大型圧延機，電鉄（新幹線）などの中規模の負荷変動補償に用いられる．現存の超伝導コイルの規模に比べて貯蔵容量が1桁ないし3桁大きな規模となるので，超伝導コイルの大型化の技術開発が必要である．

1.4　システム構成

　SMESシステムは，超伝導コイル，入出力変換器，真空断熱容器（クライオスタット），冷凍機，制御装置および保護装置で構成される．図2に概略構成図を示す．

①超伝導コイル

　最も基本になる構成要素が超伝導コイルである．超伝導コイルに使う超伝導材料は，臨界温度

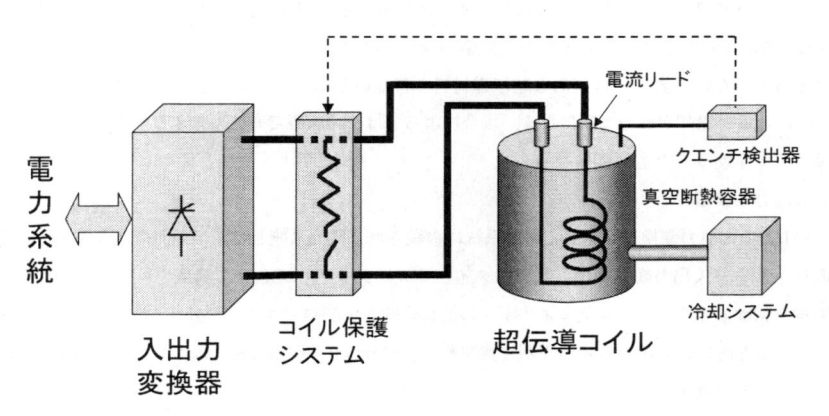

図2　SMESの構成図

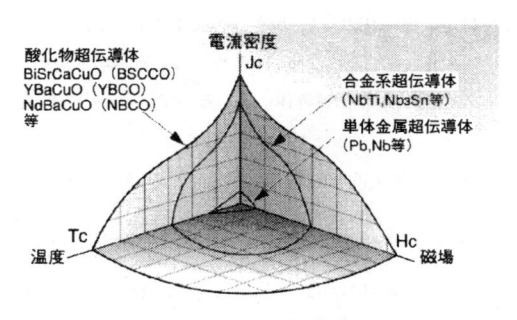

図3　超伝導体の臨界図

表2 超伝導体の臨界温度，臨界磁場

	臨界温度(K)	臨界磁場(T)
Nb-Ti	9.5	14
Nb$_3$Sn	18.3	29
MgB$_2$	39	～40
Bi系高温超伝導体	～85	～500
Y系高温超伝導体	93	～350

(T_c)，臨界磁場（B_c），臨界電流密度（J_c）の3物理量で性能が決まる。図3に示すように，この物理量で決まる3次元空間で囲まれた中で超伝導状態になる。したがって，できるだけこの空間が広いほど，高性能な超伝導コイルを作ることができる。

現状の技術では，超伝導コイルはほとんどがNb-Tiという合金系の材料で作られる。1986年から続々と発見された高温超伝導材料あるいは日本で2001年に発見されたMgB$_2$は，より高い温度（例えば液体窒素温度や液体水素温度）で超伝導状態になるが，まだ実用的な技術レベルには至っていない。表2に代表的な超伝導材料の特性値を示すが，このような材料が利用できるようになると冷却が極めて楽になる。場合によっては，冷凍機で直接冷却する伝導冷却型の超伝導コイルを使うことも可能になる。

② 入出力変換器

SMESは入出力変換器を介して電力系統に接続され，電力系統との間で電気エネルギーのやり取りをする。入出力変換器は，半導体スイッチング素子（主にSCR）で構成され，素子の点弧位相角を制御することで，電気エネルギーの流れの向きを制御できる。SMESに電気エネルギーを貯蔵するときには入出力変換器を順変換運転し，SMESから電力系統にエネルギーを放出するときには逆変換運転をする。

③ 構造材料

SMES用超伝導コイルは，マイクロSMESでは電磁力はそれほど大きくないので問題にはならないが，小規模あるいは中規模SMESでは，現存の超伝導コイルと比較して同等規模の容量を持つか，あるいは桁違いに大きなコイルになる。したがって，貯蔵エネルギーに比例して大きな電磁力（フープ力あるいは圧縮力）が超伝導導体に掛かるので，電磁力支持構造材を用いてコイルを支持する必要がある。

必要構造材の最少量Mは，ビリアル定理により

$$M = \frac{Q \rho E_s}{\sigma} \tag{3}$$

で与えられる。ここで，ρは構造材の密度，σは設計耐力，Qはコイル形状に関係した係数である。大きなコイルではかなりの重量の構造材を必要とするので，構造材の最適化も重要である。

第9章 超伝導コイルによる電力貯蔵技術

④冷凍機および真空断熱容器

Nb-Tiの臨界温度は9.5 Kである。したがって，超伝導コイルはこの温度以下に保つ必要があり，極低温冷凍機(ヘリウム冷凍機)を用いて冷却する必要がある。また，超伝導コイルを極低温に保つために，超伝導コイルを真空断熱容器(クライオスタットと呼ばれる)に入れ，室温からの熱進入を防ぐ必要がある。クライオスタットは，ハイテクの魔法瓶であり，高度に熱進入を防ぐ手立てがしてある。断熱のためには，固体伝導，輻射，対流による伝熱を防ぐ必要がある。そのために，クライオスタットの超伝導マグネットを入れる内容器は，熱伝導率の低い材料で支持して固体伝熱を減らし，真空容器内に入れて対流による伝熱を防ぐ。また，アルミを蒸着したプラスチックフィルムを多層にしたMLI (Multi-Layer Insulation)と呼ばれる輻射遮蔽を施してある。

⑤電流リード

極低温状態にある超伝導コイルに，室温に在る変換器から電流を流すためには，高度に設計された電流リードと呼ばれる一種の電力線が必要である。電流リードは通常銅あるいは銅合金を用いて作られる。銅を伝わっての熱伝導と銅自身の抵抗によるジュール発熱があり，銅を細くすれば伝導による熱侵入を低く抑えられるが，ジュール発熱が大きくなる。そこで，最適の寸法になるように設計する。近年では，熱進入を防ぐために高温超伝導材を電流リードの一部に用い，伝導による熱侵入とジュール発熱を同時に低く抑えることのできる電流リードが一般的になりつつある。

⑥保護装置

超伝導コイルは，銅などを用いたマグネットと異なり，コイルの急速な常伝導転移であるクエンチという現象がある。超伝導体は常伝導状態では電気抵抗が大きく，安定化の銅よりも桁違いに大きい。そこで，電流が安定化銅に流れるが，大きなジュール熱が発生する。超伝導コイルの定格運転電流密度は，コイルの大きさによるが，数十A/mm^2〜数百A/mm^2である。銅コイルの場合電流密度が$1〜10 A/mm^2$であるから，2桁ほど高い電流密度で運転される。したがって，クエンチ現象が起きたときにそのままにしておくとジュール発熱によって超伝導コイルが焼損するので，何らかの方法で保護する必要がある。方法としては，超伝導マグネットの自己エンタルピー(熱容量)で温度上昇を抑える方法とエネルギーを外部に放出して保護する方法がある。マイクロSMESでは後者の方法で保護することも可能であるが，貯蔵容量が大きくなるとコイル両端電圧の制限からエネルギーを早く外部に取り出す方法は困難になるので，自己エンタルピーで保護することを考える。

1.5 超伝導コイルの構造

電気抵抗がない超伝導コイルを用いるのがSMESの特長である。

超伝導コイルの構成としては，図4に示すように，ソレノイド型，トロイド型と，両方を組み合わせたヘリカル型がある。

ソレノイドは，最も単純な形状で，円筒形のコイルである。磁束は外部に漏れる。MRI（Magnet Resonance Imaging: 磁気共鳴診断装置）などに用いられているコイルである。電磁力は，半径方向外側に膨らむように作用する成分（フープ力）と軸方向に圧縮する成分になる。一方，トロイドは，ドーナッツの表面にコイルを巻いた形状である。トカマク型核融合装置に採用されるコイル形状である。理想的なトロイドでは，磁束はドーナッツの中に閉じ込められ，外部に磁束は漏れない。電磁力は，ドーナッツの中心に向かうような向心力（圧縮力）とソレノイドのようにコイル外側に働くフープ力になる。一方，ヘリカルは，ソレノイドとトロイドの両方の特徴を備えたコイル形状で，ヘリカル巻き線のピッチをうまく調整すると，ソレノイドのフープ力とトロイドの向心力とを打ち消すようにできるので，電磁力を支持する構造材を最少限に抑えることができる。

ソレノイドでは，現在欧州原子核研究機構（CERN）で建設中のCMS検出器に用いる超伝導コイルがあり（図5），直径6m，長さ12.5m，貯蔵エネルギーで2.6GJで，完成すればソレノイドでは世界最大である[9]。トロイド型のコイルは核融合炉用のコイルに採用されるが，これから建設が予定されているITER（国際熱核融合実験炉）用のコイルがあり（図6），トロイドコイル外径約20m，貯蔵エネルギーが40GJと世界最大になる[10]。ヘリカル型のコイルの典型的なものでは，核融合科学研究所のLHD（Large Helical Device）と呼ばれるコイルで，コイル外径が約10m，貯蔵エネルギーが0.9GJで，現状では世界最大の超伝導コイルである[11]（図7）。

SMESにおいては，電力系統との間で電気エネルギーを出し入れすることが本質的に必要であ

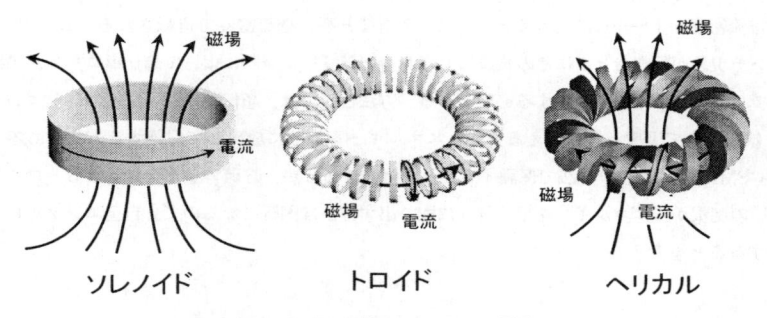

図4 SMESに用いられるコイル形状

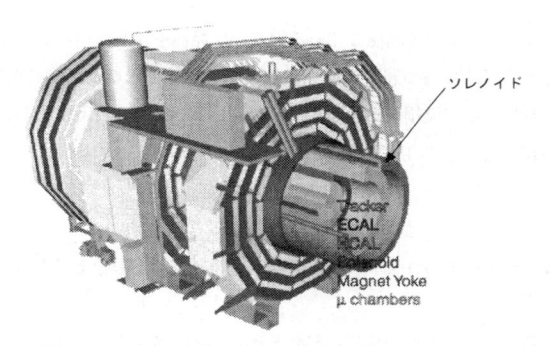

第9章 超伝導コイルによる電力貯蔵技術

図5 ソレノイドコイルの例（CMS検出器）

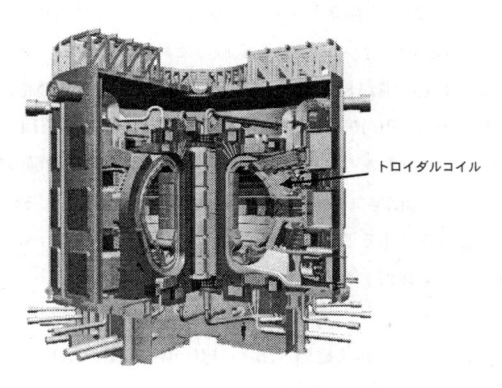

図6 トロイドコイルの例（ITER）
（出典：ITER公式ウェブサイト）

図7 ヘリカルコイルの例（LHD）
（提供：核融合科学研究所）

る。超伝導コイルは，定常電流で励磁している限りでは発熱を伴わない。しかし，電流を変化させると，超伝導体が本質的に持つ履歴現象や変化磁場で誘導される渦電流が流れ，発熱を伴う。すなわち，交流励磁による交流損失が生じる。したがって，SMESの用途に応じて，交流損失の少ない超伝導線を用いるなどの工夫をする。

1.6 設計例

設計に際しては，システムのコスト，漏洩磁界が周囲に及ぼす影響などを考慮して設計する必要がある。

システムを考えるとき，比較的小規模のSMESでは，超伝導コイルの貯蔵容量に比べて出力の比率が大きくなる。一方，SMESの規模が大きくなるに従って，貯蔵容量が大きくなってくる。すなわち，超伝導コイル，入出力変換器など夫々の要素がシステムに占める割合が規模によって変わってくる。例えば，NEDOで行ったコスト低減のための試算では，15 kWh/100 MWの系統安定化用SMESでは，電気設備が82%に対して，構造材と容器を含む超伝導コイルの比率は14%にすぎない。一方，500 kWh/100MWの負荷変動補償・周波数調整用SMESでは，それぞれ46%，49%である[12]。規模が小さくなると入出力変換器を含む電気設備の比率が大きくなる。規模が大きくなるに従って，超伝導コイルの価格に占める割合が大きくなるので，設計を工夫し，より経済的なものになるようにすることが重要になってくる。

ソレノイドとトロイドの場合のアスペクト比を夫々

$$\beta_s = h/2R \qquad \beta_t = a/R$$

とすると，インダクタンス（L），最大磁界（B_M），超伝導線の量（IS），コイルの表面積（A），フープ力（F_R, F_a）などが次のように与えられる。

	ソレノイド	トロイド
インダクタンス	$L = \pi \mu_0 R^2 \dfrac{N^2}{h} k(\beta_s)$	$L = \mu_0 RN^2(1-\sqrt{1-\beta_t^2})$
最大磁場	$B_M = \mu_0 \dfrac{N}{h} Ik(\beta_s)$	$B_M = \dfrac{\mu_0 NI}{2\pi R(1-\beta_t)}$
コイル半径	$R = Q_R(\beta_s)\left[\dfrac{E_S}{B_M^2}\right]^{1/3}$	$R = Q_R(\beta_t)\left[\dfrac{E_S}{B_M^2}\right]^{1/3}$
導体量	$IS = Q_{IS}(\beta_s)\left[\dfrac{E_S^2}{B_M}\right]^{1/3}$	$IS = Q_{IS}(\beta_t)\left[\dfrac{E_S^2}{B_M}\right]^{1/3}$

第9章 超伝導コイルによる電力貯蔵技術

コイル表面積 $\quad A = Q_A(\beta_s)\left[\dfrac{E_S}{B_M^2}\right]^{2/3} \qquad\qquad A = Q_A(\beta_t)\left[\dfrac{E_S}{B_M^2}\right]^{2/3}$

フープ力 $\quad F_R = Q_{FR}(\beta_s)[E_S B_M]^{2/3} \qquad\qquad F_a = Q_a(\beta_t)[E_S B_M]^{2/3}$

図8 導体量のコイルのアスペクト比依存性

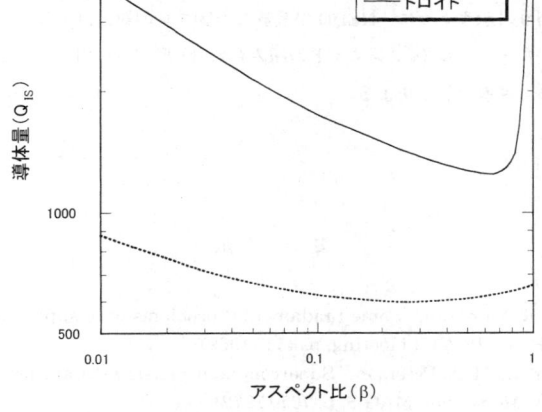

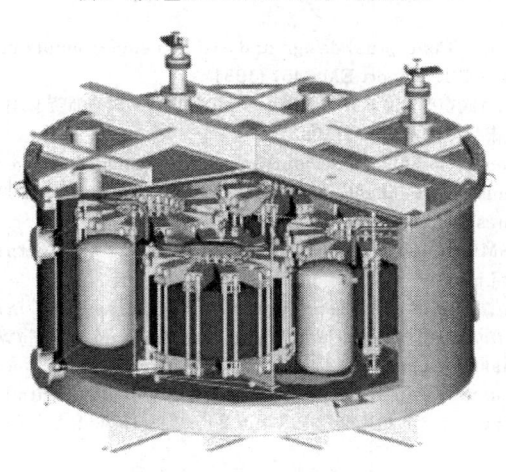

図9 SMESの設計例（マルチポールソレノイド）

ここで、hはソレノイドの高さ、aはトロイドの小半径、Rはソレノイドの半径あるいはトロイドの大半径、Nはコイルの巻数、$k(\beta_s)$は形状因子、Iはコイル電流、$Q(\beta_t)$はコイルの形状で決まる形状因子である。

これらの量はコイルの形状に依存しており、例えば導体量はアスペクト比β_sによって最小値をとる形状があるので（図8）、最適な設計をすることによって、コストを下げることが可能になる。ただし、コイルに掛かる電磁力（構造材量）、漏洩磁界、コイル表面積（断熱真空容器の大きさ）なども考慮に入れた設計が必要である。

一例として、図9に示すように、NEDOが実施した国プロの設計例では[12]、漏洩磁界を小さくするために、マルチポール（4ソレノイドの組み合わせ）形状を採用しているが、夫々の設置場所、用途に応じて最適設計が決まる。

文　献

1) F. Irie and K. Yamafuji, "Some fundamental problems with superconducting energy storages," Proc. IIR A1/2 Meeting, p. 411 (1969)
2) R. W. Boom and H. A. Peterson, "Superconductive energy storage for power systems," *IEEE Trans. Magn.*, vol. MAG-8, p. 701 (1972)
3) Wisconsin Superconductive Energy Storage Project, vol. I and II, Univ. of Wisconsin (1976)
4) R. J. Loyd et al., "Conceptual design and cost of a superconducting magnetic energy storage plant," EPRI Report EM-3457 (1984)
5) 上之薗博ほか、「超電導エネルギー貯蔵システムに関する調査研究 [III]」、昭和59年NEDO委託調査報告書　（財）未来工研(1985)
6) J. D. Roger et al., "30-MJ superconducting magnetic energy storage system for electric utility transmission stabilization," *Proc. IEEE*, vol. **71**, p. 1099 (1983)
7) http://www.amsuper.com
8) 長屋重夫、「SMES導入状況」、超電導Web21、2005年11月号、http://www.istec.or.jp/Web21/index-j.html
9) A. Herve et al., "Status of the construction of the CMS magnet," *IEEE Trans. Applied Superconductivity*, vol. **14**, p. 542 (2004) or http://cmsinfo.cern.ch/Welcome.html/
10) http://www.naka.jaea.go.jp/ITER/
11) http://www.lhd.nifs.ac.jp/lhd/LHD_siryo/spec/hontai/hontai01.html
12) 「超電導電力貯蔵システム技術開発成果報告書」、（財）国際超電導産業技術研究センター、平成16年3月

2 開発動向

仁田旦三[*]

　超電導エネルギー貯蔵装置は九州大学の入江教授（当時）の発案による[1]。その後，米国ウィスコンシン大学を中心としたSMES開発が始まり，本格的研究が進められた。その後の開発について述べる前に，SMESの特徴と応用について述べる。

2.1 SMESの特徴と応用

　SMESは，前節で述べられているように，超電導コイルと交直変換器からなる。その特徴は
① 磁界によるエネルギー貯蔵(本質的には，磁界とコイル電流による電磁力を指示する構造から機械的エネルギー貯蔵)であるため，変換効率がよい。
② SMESは，高インダクタンスによる貯蔵であり，電流源的振る舞いをする。（最近の小型SMESは，電圧型変換器とチョッパー回路を使用しているため，このように考えられない場合もある）
③ 電流による貯蔵のため，半導体電力変換器を用い，そのエネルギー授受の応答が速い。
④ 静止器である。
⑤ 化学変化を伴わないため，長寿命である。また，その廃棄に課題が生じない。
等が考えられる。これらの特徴を生かした適用が考えられている。

2.2 SMESの用途

　SMESの用途は，他のエネルギー貯蔵と同様に，電力系統のエネルギー貯蔵として用いることができる。すなわち
① 負荷平準化：一日の負荷を平準化し，効率の良い電力系統の構築と運用を可能にする。現在使用されているのは揚水発電であり，その容量は，GWh（TJ）クラスである。
② 周波数調整用：電力の供給と需要のバランスが狂う（供給＞需要：周波数高，供給＜需要：周波数低）と周波数が変動し，様々なところで課題が生じる。現在は，水力発電や火力発電がその役割を担っている。エネルギー貯蔵を用いて周波数調整を行う容量は数百kWh～GWh（数百MJ）クラスである。
③ 負荷変動補償：電力使用の変動が大きい時に，エネルギー貯蔵でその補償をする。負荷の変動幅に応じて容量が決まる。現在は，無効電力調整装置（SVCとかSVGとよばれている）が

---

[*] Tanzo Nitta　東京大学大学院　工学系研究科　電気工学専攻　教授

負荷変動に伴う電圧変動を抑制している。その容量は変動負荷の大きさに依存する。
④ 安定化制御：電力系統は，発電機の位相差により，安定性が失われる場合がある。現状は，系統構成と発電機制御，調相設備などで不安定にならないような系統構成と運用を行っている。エネルギー貯蔵装置にその役割を持たせることで，系統構成の設計や運用を容易にすることができる。その容量は数十 kWh〜数十 MWh（数百 MJ〜数十 GJ）である。
⑤ 瞬時電圧低下補償：落雷等により電圧が非常に短い時間であるが低下もしくは停電する。この補償にエネルギー貯蔵を使う。現在は主として鉛電池を使用した瞬時電圧低下補償装置を使用している。その容量は，数 kWh〜数 MWh（数 MJ〜数 GJ）である。

その他，日本では該当箇所はないが，電力品質の悪い系統において，電圧制御に使用される。さらに，近年の再生可能エネルギー利用の高まりと共に普及が進んでいる自然エネルギー利用である太陽電池や風力発電において，発電電力が変動し，電力系統に悪影響を与えるために，SMES による発電電力変動抑制装置への適用が考えられている。さらに，電力系統における安定度の指標である系統の固有値を実測するために SMES を使用するアイデアもある。

2.3 開発の歴史と現状

SMES の当初の開発は，揚水発電所並の貯蔵容量を目標に進められた。この SMES の超電導マグネットの形状として，ソレノイド型，トロイド型が考えられたが，ソレノイド型が貯蔵容量と超電導線材使用量との比に優れており，主として開発の対象とされた。線材にかかる電磁力の支持，漏れ磁界対策がソレノイド型大規模超電導マグネットの主たる課題である。もちろん，大電流高磁界用超電導線材の開発や大規模低温容器，大規模冷却・冷凍システム等が必要なことは言うまでもない。一方，大容量 SMES に研究開発課題が大きいことやその実証への過程において，小容量の SMES の開発とその適用方法の検討も進んだことから，最近は，非常に小さい容量の SMES (Micro SMES) が実用化されてきている。大容量 SMES と Micro SMES に分けて開発の現状を概観する。

2.3.1 大容量 SMES の開発

1970 年代前半から，米国ウイスコンシン大学の Boom 教授を中心としたグループが大容量 SMES の研究開発を進めたことは非常に有名である[2]。この研究開発は，SMES 開発のまさにスタートであり，線材，マグネット形状，冷却，電力変換器など SMES に必要な技術課題をほぼ全てピックアップして検討を加えている。この中には，大規模な超電導マグネットの共通的な課題も含まれている。エネルギー貯蔵用マグネット独特の課題とその対策法を提示したことは特記すべきであろう。

その一つが形状と電磁力支持の課題とその解決方法である。マグネットの形状として，この時

第9章 超伝導コイルによる電力貯蔵技術

期にはソレノイド型とトロイド型が考えられていたが、使用超電導線材量が小さいという観点からソレノイド型を提案している。その中でもアスペクト比（ソレノイドの長さと直径の比）が小さい、すなわち、肉厚の薄いマグネットを提案している。ソレノイド型のマグネットには、ソレノイドを長さ方向に圧縮する力（圧縮力）と半径方向にふくらむ力（フープ力）がかかる。この力を支持するにはビリアル定理が成り立ち、すなわち、構造物の重さM、貯蔵エネルギーE、構造物の比重ρ、構造物中の応力σ、貯蔵エネルギーEとしたときに

$$M \geq \rho / \sigma E$$

より、電磁力支持に大きな重量が必要であることを指摘している。これをステンレスのような金属で支持するとSMESは非常に高価になる。そこで、この電磁力を岩盤で支持することを提案している。この提案が大きなブレークスルーである。このため、この開発プロジェクトにおいて、岩盤の専門家、米国における岩盤の調査も行っている。さらに低温におかれている超電導マグネットの電磁力を常温の岩盤まで伝達させる方法も検討されている。それは、ソレノイド型のコイル形状はほぼ円形をしているが、それを図1のようにリプル構造を持たせることでコイルの常温から低温への変位、電磁力支持を岩盤に担わせるなど、大容量SMESがコスト的にも有用である可能性を示すものとして注目された。

もう一つは、ソレノイド型特に薄型ソレノイド型では、外に漏れる磁界（漏洩磁界）が多い。この漏洩磁界を常温においたループ状（短絡環）で遮蔽することを提案している。このことにより、SMESを設置したときに必要な面積（漏洩磁界も考慮した）を小さくすることができる。

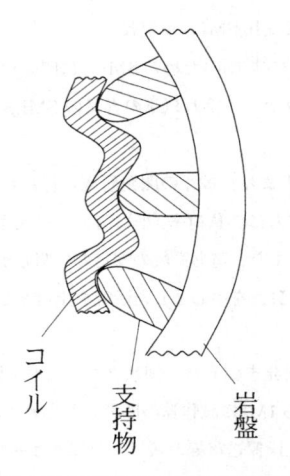

図1 リプル構造のコイルと支持構造

以上のように，大容量SMESに課せられた課題に解を与えている。しかし，現状では，大容量SMESを導入する考えが少ないこと，大容量SMESにする筋道として，それよりも小さい容量のSMES技術が未到達であることなどから，ここで提案されたことの検証は殆どできていない。今後，SMESの容量が極小（Micro SMES）から中容量SMESが実現したときに大いに参考になる研究開発結果である。

2.3.2 超電導マグネットを用いたSMESの開発（ハードウエア）

SMES実用化に向けた超電導マグネットの開発は，盛んに行われてきた。最初に電力系統に接続されたSMESは1983年の米国における開発研究である[3]。米国西海岸の交流送電線に負制動電力動揺が現れるが，それを交流送電線と平行な直流送電で動揺抑制を行っていた。この直流送電線が地震で破壊し，負制動電力動揺が生じないような小電力しか送電できなくなり，今後のこともあり，SMESでこの動揺を抑制しようとすることが目的である。このSMESは容量が30MJであり，変換器出力は11MWである。このSMESをBPA（Bonneville Power Administration）のTacoma変電所（13.8kV）に設置し，電力授受の実験を行い，成功した。このSMESは，非金属のプラスチック低温容器に入れられ，電流リードは蒸発ガスヘリウムで冷却され，また，サイリスタでの電力変換等，当時の超電導技術においても先導的役割を演じた。また，冷却システムはトレーラーに積まれ，移動可能な斬新な考えであり，後のD-SMESの考え方へ導いたと思われる。電力振動は0.35Hzであり，このSMESでは0.1Hz～1.0Hzの電力振動を発生できる。その後，米国では，SDI計画におけるレーザ用電源としてのSMESプロジェクト（Engineering Test Model：ETM）やAnchorage電力系統導入用プロジェクトが立ち上がったが完成する前に中断した。その後は，後述のような実用SMESが現れた。

ヨーロッパでも国間の電力動揺抑制のためのSMESに関心が集まり，開発が行われた。ドイツでは，大学や研究所でMJクラスやそれ以下の容量のSMESの開発が行われ，フリッカー対策として実験が行われた[4]。

我が国でもSMESに関心が集まり，多くの開発研究が行われてきており，後述のように実用SMESが開発された。日本の電力は，負荷率（平均電力／最大電力）が悪く，エネルギー貯蔵の需要性が認識されていること，また，電力系統の安定度に関心があることなどがその理由と思われる。大学における研究や電力会社を中心とした研究を土台として国家プロジェクト研究が進められてきている[5]。

まず，各電力会社における開発を紹介し，国家プロジェクト開発を紹介する。

中部電力では，昭和63年から1MJの試作器の開発が行われた。マグネット形状はソレノイド型である。研究所内に設置し，模擬送電線と接続した様々な系統での有用性の研究が行われた。日本における試験器による開発の最初である。その後も中部電力ではSMES研究が行われ，後

第9章　超伝導コイルによる電力貯蔵技術

述の実用SMESに成功している。

　関西電力では，1.2MJ規模の小型SMES実証システムを作った。これは，6つのソレノイド型コイルを組み合わせてトロイド型のマグネットを構成するべく，3つのソレノイド型コイルでトロイド型コイルの半分のコイルとなっている。3つの内1つはNb_3Sn超電導線を用いた所に特徴がある。

　東北電力では，1MJのNbTi超電導線によるSMESを開発した。この特徴は，クエンチ保護方式をエンタルピー保護としたところにある。つまり，クエンチ時のコイルのエネルギーを超電導マグネット自身の熱容量に吸収させる。これは，将来の大型化と機器信頼性向上を目的としている。

　九州電力では，1kWh（3.6MJ），1MWのSMESを完成させた。このマグネットはトロイド型であり，電磁力を緩和し少ない導体量を目指した変形型コイル6個からなる。その内の3つを1ユニットと考え，1ユニットずつに1つの電力変換器を有する。また，SMES用の冷却装置も備えており，より実用化に近いモデルである。同電力内の変電所に設置し，平成10年に通産省の使用認可に合格し，実証試験を続けた（第3節　図1参照）。

　以上のSMESマグネットは全て低温超電導線（NbTiとNb_3Sn）である。それぞれに特徴のあるマグネットとなっている。また，高温超電導線を用いたSMES用マグネットの研究も行われてきている。銀シースBi2223線を用い液体窒素冷却の貯蔵エネルギー100Jクラスのもの（関西電力），銀シースBi2212線を用いてヘリウム冷却し10Tの磁界を有するSMES（中部電力）などがある。

　一方，日本においても国家プロジェクトとして，SMES開発が進められてきている。平成3年度（1991年度）から第1フェーズが開始し，平成10年度（1998年度）終了した。引き続き，第2フェーズが平成11年度（1991年度）から平成15年度（2003年度）まで行われた。この延長上のプロジェクトとして，「超電導電力ネットワーク制御技術開発」と題して，SMESの開発研究が平成16年度（2004年度）開始した。これは第3フェーズと考えられる。4年間の研究開発である。それぞれについて，簡単に目的と成果について述べる。

　第1フェーズにおいての開発目標は，出力20MW，利用可能貯蔵容量100kWh（360MJ）のSMESである。そのための超電導マグネット貯蔵エネルギーは480MJである。マグネット貯蔵エネルギーの3/4を利用可能エネルギーと考えている。それは，マグネット電流の最大電流の半分の電流までのエネルギーを利用することとなる。このマグネットをトロイド型で構築する。6個のパンケーキ型で形成することを考え，そのパンケーキの一つのマグネットの半分を製作し，試験を行った。超電導導体は，NbTiでマトリックスはCu/CuNiである。また，Cable-in-Conduit Conductor（CICC）（導管の中に超電導線を入れる）構造とし，その中に超臨界圧ヘリウムを供

給する強制冷却方式を採用している。マグネットは4ダブルパンケーキであり，それを直列接続し，7.92MJのエネルギーを貯蔵できる。マグネットの安定性，電磁力，パルス運転等電流変化に伴う損失（交流損失）等の試験が行われた。このマグネットの定格電流は，20kAで設計されている。目標のマグネットと同様の電磁力をこのマグネットに課せるため，40.53kAの通電を行い，その健全性を実証した。また，安定性の実証の試験と解析結果との良い一致も見た。1000回の繰り返し通電試験においても健全性を実証した。一方，交流損失に関しては，結合損失が0.2sと30sの二つの時定数があることが分かった。この内0.2sの時定数は，短尺試験からの試験結果と一致したが，30sの時定数はマグネットの試験から現れたものであり，検討がなされた。この結果，素線間の接触抵抗を増加することが有効であることが判明し，接触抵抗を増加させた導体を試作し，その交流損失を減少させることに成功している。以上，SMES用超電導マグネットの導体，マグネット設計・製作・試験法等の知見を得ると共に，SMESシステムとしての交直電力変換器などシステム技術が進展し，目標のSMESに関する要素技術が確立されたとの結果を得ている。このSMESは負荷変動補償や系統安定化など多目的用である。技術は確立されたが，競合技術とのコストを考えた開発の必要性も指摘された。

上述のようにコストが主要な課題となり，第2フェーズの研究開発が行われた[6]（平成11年度～平成15年度）。この目標は，コスト低減と高温超電導SMESの技術調査にある。コスト低減に関して，その目標値を設定すると共にコスト分析を行った。用途別コスト設定を行い，それぞれ，系統安定化用5～7万円/kW，負荷変動補償用10万円/kW，周波数調整用21～31万円/kWとした。また，SMESのコスト分析において，超電導マグネットが占める割合が50％を超えており，コスト低減の主要な課題は，超電導マグネットのコスト低減であると結論付け，開発研究を行った。安価な導体，高磁界用導体がそれぞれの用途に関して検討されると共に，マグネット形状の検討がされた。その結果，系統安定化用SMES（15kWh）として，アルミ安定化CICC導体で強制冷却のマルチポール型が最良候補としてあがり，コストは目標値を下回る6.9万円/kWと試算された。また，負荷変動補償・周波数調整用のマグネットは，NbTi安定化同分離CICC導体で強制冷却マルチポール型が採用され，コストは20.1万円/kWと試算された。いずれも目標値を下回るものである。系統安定化用SMESに関して，貯蔵容量96MJの実機に対して，2.9MJのマグネットを製作・試験が行われ，高速通電・安定化試験，絶縁試験，系統制御試験などが行われ，要求性能を満たすことが確認されると共にコスト低減に成功している。負荷変動補償・周波数調整用SMESに関しては，貯蔵容量2.2GJに対して，10.5MJのマグネット（マルチポール型：4つのソレノイドコイルからなる）を製作し，試験が行われた。各種試験が行われ，健全性とコスト低減が実証されたとの結果を得ている。このプロジェクトで提案されたマルチポール型の実証は，漏洩磁界低減など新しい成果を生むと共に，試験結果より設計当初のコスト（20.1

第9章　超伝導コイルによる電力貯蔵技術

万円/kW）より低コストの19.7万円/kWのコストのSMESの可能性を示し，コンパクト化によるコスト低減に成功した（第3節 図3参照）。

高温超電導体を用いたSMESの技術調査もこのプロジェクトで行われ，Bi2212，Bi2223，Y系線材の使用温度でのコスト比較を行うと共にBi2212を用いた小型コイルを製作し，酸化物系SMESは魅力的であり，技術的実現性可能性が大きいとの結論を得ている（第3節 図5参照）。また，Y系線材の長尺化に関して，平成17年末に200m/200Aの線材化を目標としていることが示されている。これは，現在，すでに達成された報告がある。

第2フェーズに引き続き，平成16年度より，「超電導電力ネットワーク制御技術開発」の4年間のプロジェクトが開始した。この目的は，実用化を目指したSMESシステムの低コスト化と実系統試験によるネットワーク制御技術の開発検証である。目標は，SMESを用いた100MW級電力ネットワーク制御技術を確立する。そのための数値目標も具体的に示され，低コスト電力変換器（2万円/kW，効率98％以上），Bi2212を用いたコイル（最大磁束密度10T以上，電流10kA以上）Y系線材を用いた技術，高信頼度冷凍機（平均故障間隔2万時間以上，平均修復時間4時間以下）高耐電圧伝導冷却電流リード（15kV以上，熱侵入0.3W/kA・対以下），実系統連係運転（10MWパイロットシステム，2万回以上の負荷変動補償），コスト評価（系統安定化5万円/kW以下，負荷変動補償14万円/kW以下）である。さらに，SMESシステムの適用標準化研究も研究課題である。平成17年現在は，丁度研究期間の中間である。実系統連係場所もほぼ固まり，電力変換器，コイル，保護監視制御システムの設計製作に取りかかっている。技術の現状としては，最も進んでおり，今後の成果が大いに期待でき，市場化されているSMESに比べ二桁大きいSMESとなる。

2.3.3　実用化されたSMES

市販されているSMESは，D-SMES（Distributed SMES）と呼ばれ，米国American Superconductor と GE Industrial Systems から発売されている[7]。容量は，3MW（ピーク），3MJで，電力変換器や冷凍機や制御機器等の周辺設備と共にトレーラーに納められている。系統と接続される電力変換器はIGBT電圧型変換器であり，キャパシターを充電し，その電力はチョッパー回路を介して超電導マグネットとやりとりされる。応答速度，モニター，重量なども明記され，まさしく商品である。電力品質の悪い系統にある半導体工場に設置し安定な電力を得ることや弱い系統に接続し安定性や電力崩壊から守ることを示唆している。このときに，SMESは無効電力のみならず有効電力を制御できる利点が生かされている。この例として，米国 Wisconsin の送電系統に設置され，2000年11月2日に落雷による電圧低下を抑制し，安定な送電が回復した例を示している（第3節 表2，図8参照）。

日本におけるSMESの実用化は，液晶工場における瞬時電圧低下抑制装置（UPS）として設置

されたのが最初である[8]。NbTi線を用いた4つのソレノイドからなるマルチポール型超電導マグネットを使用し，GM-JTで再凝縮の浸漬冷却システムである。電流リードはY系超電導線を用いている。容量は5MVAで超電導マグネットの貯蔵容量は7.34MJである。瞬時電圧低下を検知し，3～4msecで電圧低下抑制が開始する。2004年に落雷による電圧低下があり，このSMESが実際に働き，所望の効果があったと報告されている。電池等を用いたUPSに比べ，寿命が長いこと，廃棄物処理に問題がないこともSMES導入の動機とされている（第3節 図2参照）。

2.4 あとがき

SMESの開発の現状を概観した。数MJクラスの貯蔵容量を持ち，数MVAクラスの出力を持つSMESはすでに技術開発は終了していると考えられる。これは，UPSとしての利用の範囲であり，系統安定化や変動負荷補償用のSMESはこの二桁以上容量が大きいこととなるため，技術開発がさらに必要であろう。

ここに紹介した以外にも古くはソ連，又最近では，韓国や中国でSMESの研究開発が盛んに行われている。また，我が国においても，交流損失を非常に低減した導体とマグネット製作技術を用いたUPSの研究も行われている[9]。

また，SMESの調査研究の民間団体である超電導エネルギー貯蔵研究会が毎年技術動向を報告していると共に新しい応用を提案している[10]。

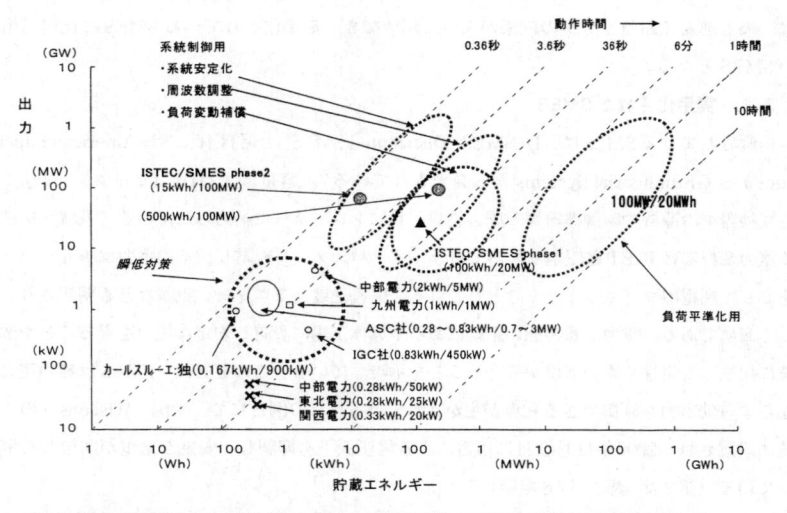

図2 用途別SMES，及び開発された或いは開発目標のSMESの出力と貯蔵エネルギー

第9章 超伝導コイルによる電力貯蔵技術

以上，用途別SMESに加え，開発された，或いは開発目標であるSMESを出力（kW）／貯蔵エネルギー（Wh）でまとめたものを図2に示す。

SMESは効率の良さや電力応答特性の良さなど，電力貯蔵装置として特徴を有している。その特徴を生かす低コストなハードウエアの構築開発研究が現在も進められており，この成果を大いに期待したい。また，高温超電導体を用いたSMESは冷却の容易性のみならず，高磁界コンパクトSMESの可能性が高く，その開発にも期待する。エネルギー貯蔵は，効率的エネルギー利用のみならず様々な面で有用な技術であり，超電導のみならず様々なエネルギー貯蔵が開発されてきており，それとの競合となろう。このとき，コストや運転の容易さのみならず，トータルとしての環境への貢献（廃棄物処理など）やその有効な利用法（ソフトウエア）など，今後ますます開発されると考える。

文　　献

1) F. Irie, *et al.*, "Some Fundamental Problems with Superconducting Energy Storage", International Inst. Of Refrigeration, Low Temp. and Elec. Power, p.411 (1969)
2) 訳本であるが，R. W. Boom著，増田正美，井上昌夫訳「超電導エネルギー貯蔵の設計と評価」，エヌ・ティー・エス（1992）
3) J. D. Rogers *et al.*, "30-MJ Superconducting Magnetic Energy Storage System for Electric Utility Transmission Stabilization", Proc. of the IEE, Vol.71, No.9, September p.1099 (1983)
4) K. P. Juengst *et al.*, *Ed* "Use of Supercoductivity in Energy Storage", World Science (1994)
5) 電気学会技術報告800「電力系統における超電導機器―ハードウエアとソフトウエアの開発状況」（2000）
6) 「超電導電力貯蔵システム技術開発」成果報告会資料，平成16年3月11日，九段会館，(財)国際超電導産業技術研究センター
7) http://www.amsuper.com/
8) S. Nagaya *et al.*, "Development and Performance Results of 5 MVA SMES for Bridging Instantaneous Voltage Dips", IEEE Trans. on Applied Superconductivity, Vol.14, No.2 p.699 (2004)
9) T. Mito *et al.*, "Development of UPS-SMES as a Protection from Momentary Voltage Drop", IEEE Trans. on Applied Superconductivity, Vol.14, No.2 p.721 (2004)
10) http://www.ras,es.com/

3 実用化技術の開発と導入例

林　秀美[*]

SMESに関わる技術開発の動向については，第9章2節に示されたとおりである．本節では，それらの中でも，電力系統に連系した性能検証試験が実施されるなど，実用化に向けた研究が進展している主な技術開発および導入例の詳細について述べる．

3.1 国内のSMES開発と導入状況

日本国内のSMES開発は，1980年代から1990年代前半にかけて，東北電力，中部電力，関西電力および九州電力を中心に，産学が共同して小規模試験装置による系統導入効果などの開発が進められた．また，これらの基礎的な研究を経て，1991年から通商産業省（現経済産業省）資源エネルギー庁による国家プロジェクトが発足し，産学官を挙げた開発が進められた(表1)．このうち，電力系統に連系した九州電力と中部電力のSMESおよび国家プロジェクトについて以下に述べる．

3.1.1 九州電力の1MW/1kWhSMESの開発

九州電力では，1990年に国内初の電力系統連系試験となった有浦川水力発電所での小型SMES(60kW/8Wh)モデルによる系統安定化試験を実施するとともに[1]，1994年から系統制御用1MW/1kWhモジュール型SMESを開発し，実系統連系試験を行った[2]．

このSMESは，システムの大容量化技術，系統制御用機器として機能面の充実，システムの高信頼度化および環境に配慮したシステムの構築をコンセプトとして開発された．特徴は，①拡張性・高信頼性を目指した2モジュール構成（DC500V，1,000A定格，3個のコイルと1台の交直変

表1　国内の主なSMESの開発・導入状況

機関	九州電力		中部電力			NEDO*			関西電力	東北電力
実証時期	'90-	'98-	'89-	'02-	'99-		'03-		'94-	'91-
目的	系統安定化他	各種系統制御	各種系統制御	瞬低補償（実運転）	系統安定化	負荷変動補償・周波数調整	瞬低補償		各種系統制御	各種系統制御
貯蔵容量	8Wh	3.6MJ	1MJ	7.3MJ	2.8MJ	10MJ級	1MJ級		2MJ	1MJ
最大出力	60kW	1MVA	50kVA	5MW	—	—	1MW		20kVA	25kVA
導体	NbTi	NbTi	NbTi	NbTi	NbTi	NbTi	NbTi		NbTi,SnNb₃	NbTi
コイル形態	1,ソレノイド	6,トロイダル	1,ソレノイド	4,マルチホール	1,ソレノイド	4,マルチホール	2,ソレノイド		3,1/2ソレノイド	1,ソレノイド
冷却方式	浸漬	浸漬	浸漬	浸漬	CIC	CIC	冷凍機伝導		浸漬	浸漬

* NEDO：New Energy and Industrial Technology Development Organization，国家プロジェクト第2フェーズの要素コイル開発

*　Hidemi Hayashi　九州電力㈱　総合研究所　電力貯蔵技術グループ　グループ長

第9章 超伝導コイルによる電力貯蔵技術

換装置でモジュールを構成)，②漏洩磁界低減のためのトロイダル配置(図1a)，③パルス運転時の損失低減を図ったNbTi浸漬冷却型の撚線導体，④電磁力支持を考慮してD型コイルの外側部分に直線部を設けた変形D型コイル6個，⑤高温超電導体を使用した電流リード，⑥高調波の抑制を考慮した12相整流方式の電流型自励式交直変換装置2組，⑦2モジュールの系統制御機能および外部からの信号による任意の制御機能を備えた監視制御装置である．

SMESは，1998年3月に福岡市近郊，今宿変電所内の総合試験センターに，通商産業省の認可を受けて実証試験設備として設置され(図1b)，SMESの系統制御機能，運転性能および設計と解析手法の検証を目的とした試験が実施された[3]．その主な試験項目は，

① 基本特性試験：起動・停止試験，保護動作試験，モジュール間エネルギー転送試験等
② 系統適用試験：負荷変動補償試験，電圧変動補償試験，系統安定化試験等
③ 機能拡張試験：クエンチ試験，長期エネルギー貯蔵試験(永久電流スイッチとの組合せ)，貯蔵機能付き交直変換試験 (BTB：Back to Back機能)，NAS（ナトリウム・硫黄）電池組合せ試験である．

それらの試験のうち，SMESによる系統安定化試験で300kVA発電機と組み合わせた系統を図1cに，試験結果の一例を同図1dに示す．発電機の動揺がSMESの安定化制御により速やかに抑制されていることが確認できる[3]．図1eには6kV配電線の負荷変動補償試験の結果を示すが，SMESの制御により，変動が補償されていることが確認できる[4]．また，図1fとgに，SMESを用いた貯蔵機能付き交直変換装置のFACTS（Flexible AC Transmission System，リアルタイムの柔軟な系統制御にて電力系統の品質を向上させる装置）を模擬した試験回路およびその試験結果を示す[5]．順変換器側の変動の大きい潮流は逆変換器と超電導コイルの電力変動抑制制御によりほとんど平滑化された潮流となること，およびこの制御に伴う超電導コイルの電流変化が確認できる[6]．また，NAS電池とSMESとを組合せたハイブリッドの貯蔵装置の組合せ試験では，電池の大容量電力貯蔵能力とSMESの高速制御性という双方の貯蔵装置の特徴を活かし長周期の変動負荷をきめ細かく補償する実験的研究[6]も行い，SMESの用途拡大の可能性を示している．

3.1.2 中部電力の瞬低補償用SMESの実用化

中部電力では，実用化された瞬時電圧低下（以下，瞬低）補償用SMESとしては世界最大規模となる5MVA/5MJ SMESを開発し，2003年7月から三重県亀山市の最新鋭大型液晶工場において，フィールド試験が開始されている[7,8]．コイルおよびSMESの設置状況を図2a, bに示す．このSMESは，超電導コイル，冷凍機，交直変換装置，瞬低の高速検出器，高速切替スイッチ等から構成され，待機時の効率向上のため常時商用給電方式が採用され，運転効率は96%が実現されている．コイルの貯蔵容量は7.34 MJ，定格電圧は6.6kV，定格電流は2,657A，最大経験磁場は5.3 Tである．導体はNbTiのラザフォード導体が用いられている．コイル配置は漏洩磁界

電力システムにおける電力貯蔵の最新技術

(a) 超電導コイル

(b) SMESの設置状況

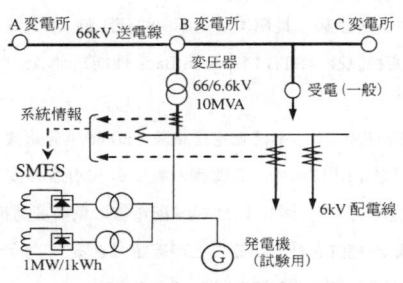

(c) SMESの系統連系試験回路

(d) 系統安定化試験結果（発電機使用）

(e) 6kV配電線の負荷変動補償試験結果

(f) 貯蔵機能付き交直変換の試験回路

(g) 貯蔵機能付き交直変換装置の試験結果

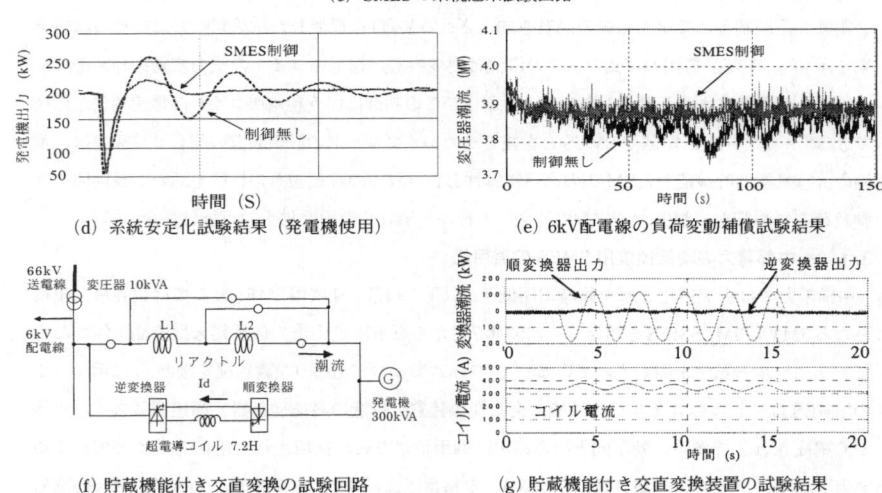

図1　1MW/1kWh SMESの設置状況および系統連系試験結果（九州電力）[2-6]

第9章 超伝導コイルによる電力貯蔵技術

の低減が図れ，設置スペースの縮小が実現できるマルチポールソレノイド方式（外径0.32m，高さ0.70mの単コイル4個で構成）で，小型冷凍機による液体ヘリウム浸漬冷却方式とされている。SMESの高出力に伴う高電圧に対処するため4個の単コイルの中点を接地することにより，定格対地電圧を1/2に低減されている。また，電流リードは熱侵入低減のため1kA級YBCO（イットリウム）系電流リードが採用されている。

実系統で瞬低が発生した際に，SMESが補償動作を行なった一例を図2cに示す。同図から瞬低発生直後，瞬時にSMESが負荷へ電力を供給することにより負荷側電圧が一定に維持されていることが確認できる。また，雷事故の連続発生によりおよそ1分間間隔で3回の繰り返しの瞬低に対しても確実な補償動作が確認されている[9]。さらに，これらの成果を基に，さらなる性能向上とコスト低減を目指した10MVA級瞬低補償用SMESの開発も進められている。

(a) 超電導コイル　　　　　(b) SMESの設置状況

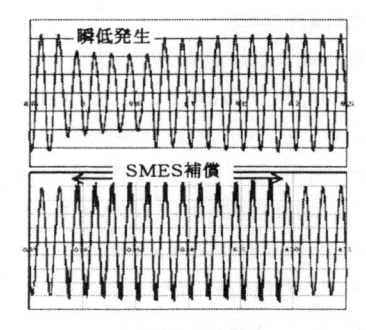

(c) 瞬低補償の動作波形
図2　5MVA/5MJ瞬低補償用SMES（中部電力）[8,9]

電力システムにおける電力貯蔵の最新技術

3.1.3 国家プロジェクトのSMES開発

国家プロジェクトの概要は第9章2節に述べているため,ここでは,最近の成果である第2フェーズの具体的な内容について述べる。第2フェーズは1999～2003年度にNEDO(新エネルギー・産業技術総合開発機構)による「超電導電力貯蔵システム技術開発」として実施され,前フェーズの「超電導電力貯蔵システム要素技術開発調査」での成果の基に,小規模の系統制御用SMESにターゲットを絞って,コスト要因の大半を占める超電導コイルのコスト低減技術の開発を主体に行われた。具体的には,100MW級の負荷変動補償・周波数調整用SMESと100MW級の系統安定化用SMESを対象にして,その要素モデルコイル(以下,コイル)の設計・試作,性能検証およびSMESシステム設計によるシステムコスト低減技術が開発された(表2)[10, 11]。また,高温超電導SMES技術の開発および高品位電力供給システムとして瞬低対策SMESの開発も進められた。

表2 SMES実機コイルと要素モデルコイルの主要諸元

項目		負荷変動補償・周波数調整用SMES		系統安定化用SMES	
		実機コイル	要素モデルコイル	実機コイル	要素モデルコイル
最大蓄積エネルギー (MJ)		733	10.5	96	2.9
運転条件	波形パターン	矩形 (18s周期)		矩形 (1s周期,4サイクル継続)	
	定格直流電流 (kA)	10 @ 4.8T		9.6 @ 5.66T	
	運転電流 (kA)	最小4.2,動作開始7.7		待機6.7	
コイル	導体方式	NbTi安定化銅分離強制冷却CIC導体		アルミ安定化NbTi CIC導体	
	導体長 (km)	53	3.2	0.91	0.91
	コイル形状	マルチポールソレノイド		マルチポールソレノイド	単一ソレノイド
	コイル数 (個)		4	4	1

(1) 負荷変動補償・周波数調整用SMES

負荷変動補償・周波数調整用SMESは中部電力が担当し,実機(100MW/500kWh級SMES)の目標のライフサイクルコストは20.1万円/kWとして,その要素モデルコイルとなる10.5MJ級の導体およびコイルが開発された。撚り線の次数の低域や導体構造の簡素化とともに,安定化銅を分離したNbTiのCIC導体を開発し,コイル運転条件は最大電流10 kA,最大経験磁界4.8 Tを実機と同一にし,コイル配置は漏洩磁界低減のためマルチポールソレノイド構成である(図3a, b)。コイルは中部電力寛政変電所内の寛政超電導試験センターに設置(図3c)され,冷却試験,定格通電試験,電流遮断試験,限界性能試験,繰返し通電試験および高速通電試験などによる性能検証がなされた。そのうち,繰返し通電試験では,7.7～4.2kA間を18s周期の放電モード(図3d)および7.7～10kA間の充電モードによる各5,000回の連続パルス通電にて,温度上昇や冷媒挙動などからコイルの健全性が確認された。また,高速通電試験では,4～8.9kA間を2kA/s(実

第9章 超伝導コイルによる電力貯蔵技術

機で約580MWの出力相当）で10パルス通電が可能なことが確認された（図3e）。これらの成果から，SMESのライフサイクルコストにおいて，既存の競合技術に比肩しうるコスト（負荷変動補償用27〜31万円/kW，周波数調整用30.5万円/kW）を大幅に下回る19.7万円/kWを実現できる見通しが得られたと報告されている[12]。

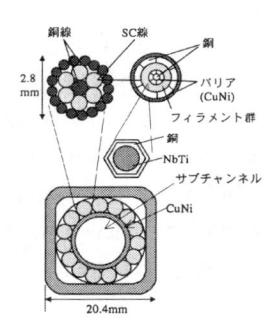

(a) NbTi 安定化銅分離CIC導体

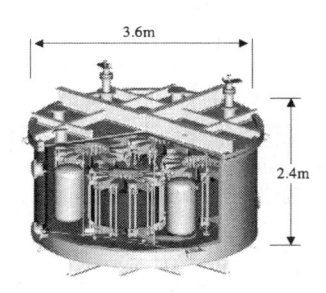

(b) マルチポールソレノイドコイル

(c) コイルの設置状況

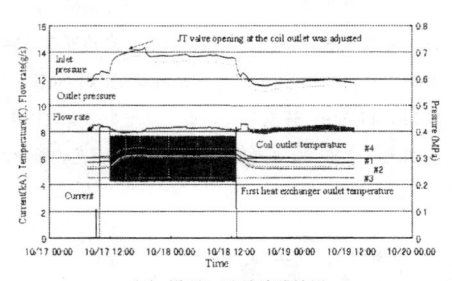

(d) 繰返し通電試験結果
（放電モード 7.7〜4.2kA間，18s周期，5000回通電）

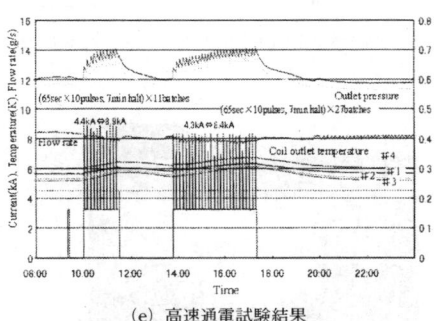

(e) 高速通電試験結果
（4.4〜8.9kA間，2kA/s, 10回通電）

図3　負荷変動補償・周波数調整用SMES用要素モデルコイルおよび特性試験結果[12]

(2) 系統安定化用 SMES

系統安定化用SMESは九州電力が担当し,実機(100MW/15kWh級SMES)の目標コスト7.0万円/kWとして,その要素モデルコイルとなる2.9MJ級の導体およびコイルが開発された。コイルは,高耐電圧化,高安定化および表面酸化皮膜処理による結合損失低減が図れるアルミ安定化NbTi CIC導体(図4a)を開発し,定格電流9.6kA,最大経験磁界5.66Tを実機と同一にし,NbTi量と交流損失低減のための巻線グレーディング構成(高磁場6層,低磁場10層)のソレノイドコイル(外径1.1m,高さ0.52m)である(図4b)[13]。

試作した要素コイルは九州電力の今宿総合試験センターに設置され,冷却試験,定格通電試験,電流遮断試験,限界性能試験,高速通電試験および絶縁性能試験などによる性能検証がなされた(図4c)。そのうち,系統安定化用SMESとして重要な高速通電試験では目標の6.7kA/sに対し8kA/sを達成している。コイルの安定性を評価する限界性能試験では,9.6kA〜1.5kA間を2kA/sで8パルス通電が可能なこと,その後クエンチに至ったことが確認された(図4d)。こ

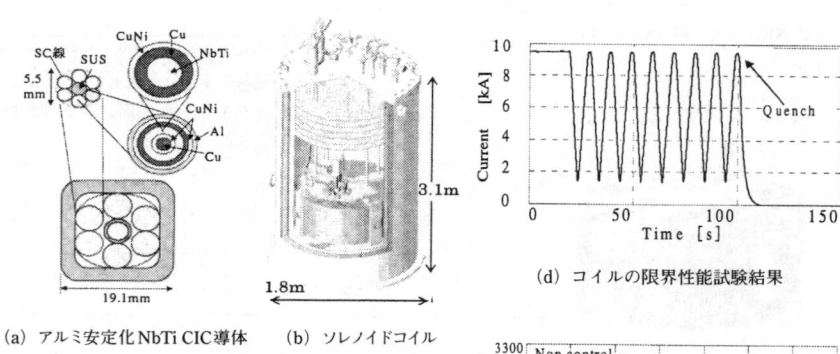

(a) アルミ安定化 NbTi CIC 導体　(b) ソレノイドコイル

(d) コイルの限界性能試験結果

(1) Active power of the transformer.

(2) Output power of the SMES.

(c) コイルの設置状況　(e) 6kV配電線の負荷変動補償試験結果

図4　系統安定化SMES用要素モデルコイルおよび特性試験結果[13]

れは，SMESの系統安定化動作の基本運転パターン（6.7kA～9.6kA間，1s周期，4サイクル）でのコイル発生熱量163kJ/m^{3}の2.3倍に相当し，コイルは系統安定化用途として十分な安定性を有すると評価されている．さらに，応用通電試験として，要素コイルと試験用電源を用いて小容量のSMESを構成し，6kV配電線の変動負荷を対象とした補償試験を行っている[14]．その試験データの周波数解析結果から1～3sの周期成分の変動の抑制効果が確認されている（図4e）．

これらの成果から，SMESは既存の競合技術に比肩しうるコスト7万円/kW相当の6.9万円/kWを実現できること，および系統制御用SMESとしての機能の見通しが得られたと報告されている．

(3) 高温超電導SMES技術

高温超電導SMES技術については電力中央研究所が担当し，Bi2212線材の30本撚線導体による伝導冷却1ターン小型コイルでは，3kA級の通電を確認された（図5）．また，負荷変動補償・周波数調整用500kWh SMESの必要線材量のコストおよび18s周期で負荷変動補償した場合の冷凍機コストとの和の高温超電導材料や，温度の違いによるパラメータサーベイを行なった結果を図6に示している．同図より，YBCO線材がBi2212線材やBi2223線材より低コストであること，温度が低いほど使用線材量は少ないが冷却コストの影響が大きくなることなどが得られる．これにより，初期コストと運転コストからなるライフサイクルコストを定量的に評価できる可能性が示されている[15]．これらは世界的にも前例の無い貴重な成果となっている．

2004～2007年度の予定で，これらi）～ⅲ）の成果に基づき，実用レベルの系統制御用SMESのシステム化技術の確立とシステムコスト低減を目指した，NEDOによる「超電導電力ネットワーク制御技術開発」が第3フェーズとして進行中である．

(4) 高品位電力供給システム

核融合科学研究所らは，2002～2006年度にNEDOの「高精度電圧変動補償装置による高品

図5　伝導冷却1ターン小型コイル設置[15]
（Bi2212線材の30本撚線導体）

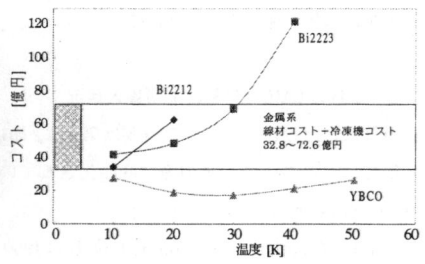

図6　負荷変動補償・周波数調整用500kWh（1.8GJ）[15]
（線材コストと冷凍機コストの和，負荷変動補償運転）

199

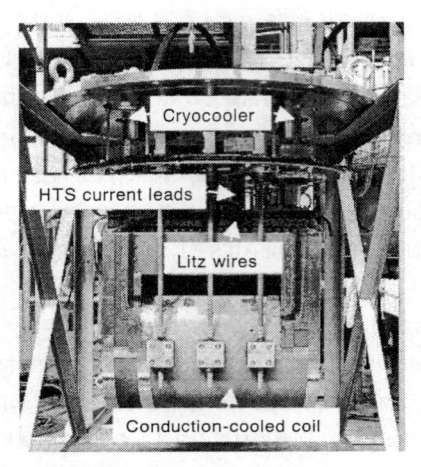

図7 伝導冷却型の低温超電導パルスコイル[16]

位電力供給システムの開発」の一環として，従来に無い運用性，安全性および経済性に優れた伝導冷却型の低温超電導パルスコイルによる1MW,1sの瞬低対策SMESの開発に取組んでいる。コイルはNbTi成型撚線を低純度のアルミニウムで被覆した交流損失特性に異方性を持つ円形断面の高比熱導体を用い，コイル内の磁場方向に添って導体を撚りながら巻線することにより，交流損失を低減する構成である。また，リッツ線およびダイニーマFRPによりコイル内の熱流路を確保するとともに，リッツ線の端部を小型冷凍材のコールドヘッドに直接接続して排熱している[16]。

現在，交流損失低減と排熱を両立させた100kJ級プロトタイプコイルの開発に成功したと報告されている（図7）。この成果は瞬低補償SMES用途のみでなく，パルス励磁の様々な超電導コイルに適用可能であると期待される。

3.2 海外のSMES開発および導入状況

海外におけるSMES開発の概要は第9章2節に述べている。それらの主な仕様は表3となる。本節では，その中でも米国等で商品化されているSMESおよびCAPS（Center for Advanced Power System）について述べる。

AMSC（American Superconductor）社は1990年頃から金属系超電導線を用いたSMESと変換器を組合せたSMESを商品化している[17]。最近は，GEの電気部門であるGE Industrial Systemと提携して開発および販売を行っている。用途に応じて，ローカル系統対策用のD-SMES

第9章 超伝導コイルによる電力貯蔵技術

表3 海外の主なSMES開発・導入状況

機関	BPA	ML&P	AMSC	ACCL	CAPS
実証時期	'82-'83	中断	'91-	'99-	中断
目的	轟動予備	轟動予備	瞬低対策（商用）	瞬低対策	各種系統制御
貯蔵容量	30MJ	1.8GJ	3MJ	2MJ	100MJ
最大出力	12MVA	50MW	1～3MW	800kW	100MW
導体	NbTi	NbTi	NbTi	NbTi	NbTi
コイル形態	1, ソレノイド	1, ソレノイド	1, ソレノイド	1, ソレノイド	1, ソレノイド
冷却方式	浸漬	浸漬	浸漬	浸漬	浸漬

BPA：Bonneville Power Administration, ML&P：Alaska Municipal Light and Power, AMSC：American Superconductor Corporation, ACCL：ACCL Instruments, CAPS：Center for Advanced Power Systems

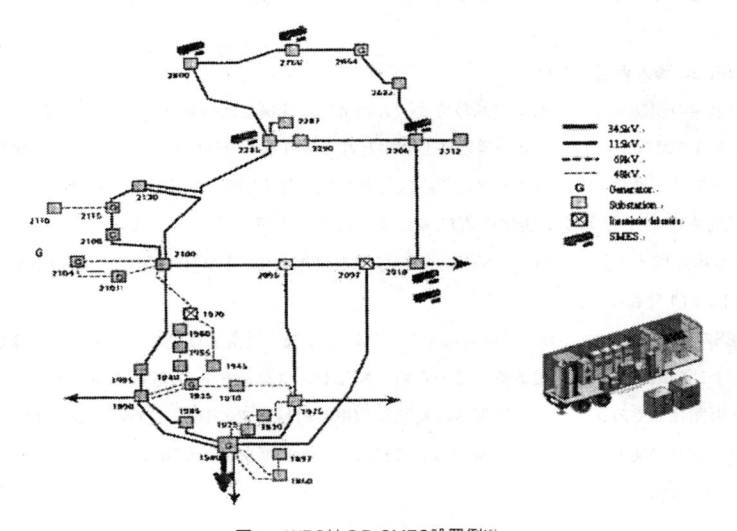

図8 WPS社のD-SMES設置例[19]

（Distributed SMES）および需要家の瞬低対策用のPQIVR（Power Quality Industrial Voltage Regulator）2種類を提供している[19]。SMESはNbTi線材による液体ヘリウム浸漬冷却の3MJ級超電導マグネット，3MW級のIGBT交直変換装置，冷却装置および電流リードなどから構成され，約14m長のトレーラに搭載されている。各要素機器を統一することによりコスト低減を図るとともに，高温超電導電流リードの採用による熱侵入軽減にて，冷凍機の小型化が図れ，保守が年1回と簡略化されている。また，設備はインターネットで運用・管理されているとのことである。これまでにSMESは米国の化学工場，プラスチック成形工場，軍関係の施設，南アフリカ共和国の製紙工場などに設置されている。最近のD-SMESは米国のWPS社（Wisconsin

Public Service Co.)(図8),Entergy 社などに納入実績がある[20]。また,オーストリアの電力会社である Steweag 社は1999年4月にSMESを導入し,グライスドルフ市のアルミニウム工場に設置している[21]。

一方,米国では,CAPS[22]にて,軍用や産業応用につながるSMESなど各種の超電導応用機器(ケーブル,電動機他)の実証試験の一環として,DOE(Development of Energy),EPRI(Electric Power Research Institute)等の支援を受け,100MW/100MJ試験用SMESをNHMFL(National High Magnetic Field Laboratory)近くの,Tallahassee Electric 社 Levy 変電所の隣接地に建設中であった[21]。超電導線材はOutokumpu社が供給し,BWX TechnologiesでCICC化し,大型ソレノイドコイルは半分以上製作を終えていたが,現在,中断されている。

3.3 SMES導入促進に向けて

電力事業の規制緩和,分散型電源の普及拡大および地球環境面の対応などから,現状のSMESのニーズに加えて,今後,一層の重要性を増すと考えられる。地球環境面では,周波数調整用のガバナーフリー運転している火力発電所の代替としてSMESを導入することにより,火力発電所の運転効率の向上および二酸化炭素削減効果が図れると考えられている。また,米国では,SMESの用途拡大を図るために,SMESをFACTSに付加して,FACTS全体の性能向上やコスト低減を図る研究もなされている[23]。

SMESの導入拡大には,電力系統等のニーズに応じた競合技術より優れた運用性,保守性,信頼性および経済性が不可欠である。そのため,NEDOプロジェクトの「超電導電力ネットワーク制御技術開発」でのシステム化技術等の反映,超電導材料面でのBi系やYBCO系酸化物超電導の実用化線材の開発,およびその線材によるSMES技術の確立などが重要であると考えられる。

文　　献

1) O. Katahira, *et al.*, "Test Results of the SMES system in the Ariuragawa Hydraupower Station", the 4th International Symposium on Superconductivity, p.1035 (1991)
2) H. Hayashi, *et al.*, "Fabrication of a 1kWh/1MW Module Type SMES", 11th International Symp. on Superconductivity, p.1401 (1998)
3) H. Hayashi *et al.*, "Results of Tests on Components and System of 1kWh/1MW Module-type SMES" IEEE Transaction on Applied Superconductivity, Vol.9, No.2, p.313 (1999)

4) H. Hayashi et al., "Test result of compensation for load fluctuation by 1kWh/1MW module-type SMES" Inst. Phys. Conf., Vol.69, p.1169 (2000)
5) 林秀美ほか，超電導コイルを用いた貯蔵機能付き交直連系装置の試験結果，電気学会研究会，PE-01-26, p.31 (2001)
6) 林秀美ほか，SMESとNAS電池を組合せたハイブリッド電力貯蔵システムの制御性能試験結果，電気学会研究会，ASC-01-50, p.13 (2001)
7) 長屋重夫ほか，5MVA-5MJ瞬低補償SMESシステムの開発，15年電気学会電力・エネルギー部門大会，294, P257 (2003)
8) 長屋重夫，瞬低補償用SMESの開発，超電導Web21, p8 (2004.1)
9) 式町浩二，シャープ㈱亀山工場でのSMESフィールド試験状況，超電導Web21, p3 (2005.2)
10) 超電導電力貯蔵システム技術開発，成果報告会資料，九段会館，(財)国際超電導産業技術研究センター，平成16年3月
11) 辰田昌功ほか，超電導電力貯蔵システム(SMES)のコスト低減，低温工学，40巻5号，p.141 (2005)
12) 長屋重夫ほか，負荷変動補償・周波数調整用SMESのコスト低減技術開発」，低温工学，40巻5号，p.159 (2005)
13) 林秀美ほか，系統安定化用SMESのコスト低減技術開発」，低温工学，40巻5号，p.167 (2005)
14) 田口彰ほか，「SMES要素モデルコイルによる系統制御特性試験(2)，16年度電気学会電力・エネルギー部門大会，360, p.398 (2004)
15) 一瀬中ほか，高温超電導SMESの技術開発，低温工学，40巻5号，p.150 (2005)
16) 三戸利行，核融合研における瞬低対策SMES用伝導冷却型LTSパルスコイルの開発，超電導Web21, p1 (2005.2)
17) T. Mito et al., "Prototype Development of a Conduction-Cooled LTS Pulse Coil for UPS-SMES", IEEE Trans. Appl. Supercond., Vol. 15, No. 2, p.1935 (2005)
18) 電気学会技術報告，第897号，p32 (2002)
19) L. Borgard, "Grid voltage support at your fingertips", Trans., Distrib. World (USA), vol.51, no.9, P.16 (1999)
20) Pamphlet of American Superconductor and GE Industrial System (2001)
21) Superconductivity communications, Vol.8, N02, Applied (1999)
22) C. A. Luongo, et al., "A 100 MJ SMES Demonstration at FSU-CAPS", IEEE Trans. Appl. Supercond., Vol.13, No.2, p.1800 (2003)
23) B. K. Johnson, et al., "Incorporating SMES Coils into FACTS and Custom Power Devices", IEEE Transactions on Applied, Superconductivity, Vol.9, No.2 (1999)

第10章　パワーエレクトロニクス技術

伊瀬敏史*

1　はじめに

　本章では電池電力貯蔵，超伝導電力貯蔵およびフライホイール電力貯蔵を取り上げ，それらの電力変換システムについて説明する．電力貯蔵装置の電力変換システムに対しては，①入出力電力の高速な制御が行えること，②電力貯蔵要素と交流電力系統との特性の整合を取ること，③高調波，無効電力など系統連系のための技術要件を満足すること，などの機能を具備する必要がある．PCS（Power Conditioning System）と表現されることが多いので，ここでもPCSと略記することにする．

2　二次電池電力貯蔵におけるPCS

2.1　回路構成

　電力貯蔵のための二次電池には，小型のものでは家庭用のkW級から大きいものでは変電所用の10MW/40MWh級のものまである．PCSとしては電力の充放電に伴って電圧の極性は変化しないが，電流の流れが反転するものが必要である．そのため，電流方向が一方向である他励式変換器を用いる場合には極性切り替え装置を用いるか逆並列に2台の変換器を接続する必要がある．それに対して，電圧形自励式変換器を用いる場合には電力の充放電に伴って電力変換装置の特性により直流電流の方向が正負に切り替わるので，電池の特性との整合が良い．また，二次電池の端子電圧もほぼ一定であるので電圧形自励式変換器をそのまま二次電池に接続することが通常行われる．特徴的な事例として，太陽電池接続に対応した5kW/6kVAの定格容量の系統連系形ロードコンディショナと負荷平準化を目的として設置された40MWh/10MW大容量システムの例を以下に紹介する．

2.2　太陽電池接続に対応した系統連系型ロードコンディショナ[1, 2]

　夜間電力の有効利用と負荷平準化に寄与し，需要家に設置することを想定して開発された

＊　Toshifumi Ise　大阪大学　大学院工学研究科　電気電子情報工学専攻　教授

第10章　パワーエレクトロニクス技術

5kW/6kVAの電池電力貯蔵装置の構成図を図1に，その諸元を表1に示す．本試作装置の特徴は以下のようである．

(1) 夜間は充電器，昼間はインバータとして動作する双方向コンバータを用いている．また，太陽電池と蓄電池の電圧整合性を取ることを前提に，太陽電池はダイオードを介して蓄電池と直流側で接続されている．夜間の電池充電においては電池の残存容量を開放電圧から推定し，一定電流で充電する．この様子を図2(a)に示す．

(2) 昼間は太陽電池の余剰電力を系統に戻す「逆潮流運転」と，蓄電池で吸収する「蓄電池吸収運転」を選択できる．いずれの場合も，太陽電池出力が不足した場合は蓄電池より電力が供給される．これらの様子を図2(b)，(c)，(d)に示す．また，蓄電池が所定の放電深度に達した

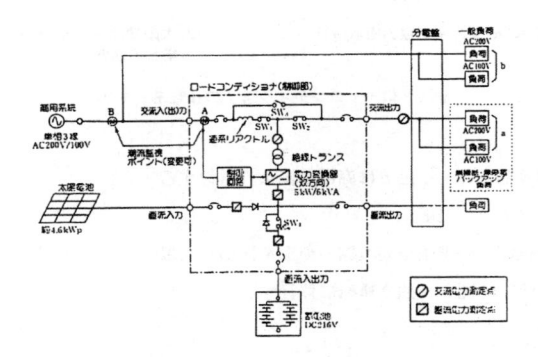

図1　二次電池を用いたロードコンディショナの主回路[1]

表1　5kW/6kVAロードコンディショナの諸元

主回路	常時並列方式
交流電源	単相3線式 100/200V
電力変換器	定格容量　5kW/6kVA
	電圧形　正弦波PWM
過負荷耐量	190～320 V
直流電圧範囲	110%連続
電力変換効率 (AC/DC, DC/AC)	90%以上（定格運転にて）
交流入力電流ひずみ率	総合5%以下，各次3%以下
交流入力率	95%以上
連系運転条件	電　圧　101/202V±10%
	周波数　50/60Hz±1%
自立運転条件	電　圧　101/202V±6%
	周波数　50/60Hz±1%

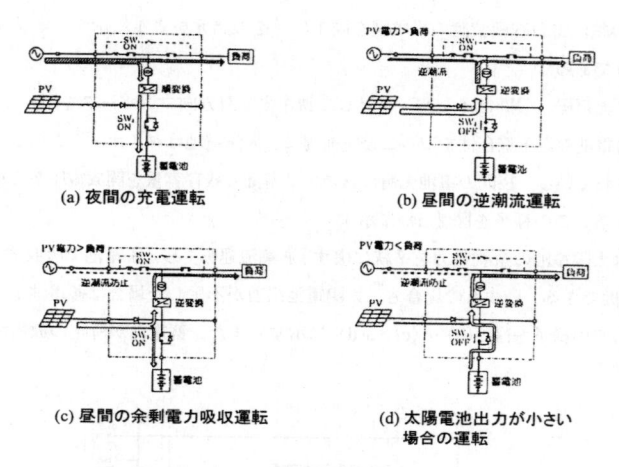

(a) 夜間の充電運転 　　　(b) 昼間の逆潮流運転

(c) 昼間の余剰電力吸収運転　(d) 太陽電池出力が小さい
　　　　　　　　　　　　　　　　場合の運転

図2　ロードコンディショナの運転モード[1]

場合は蓄電池が切り離され，不足分は商用系統より供給する。

(3) 無瞬断バックアップ機能

連系運転中に系統側での電圧や周波数の動揺を検出した場合，連系スイッチ（図1のSW1；高速の半導体スイッチ）を開き，独立運転に移行する。

(4) アクティブフィルタ機能

本装置に高調波を発生するような負荷を接続しても，その高調波を補償して入力端での電流波形を低ひずみにすることが出来る。

(5) 電流の平衡化機能

出力側に不平衡に負荷が接続されても単相三線の各相電流を平衡化出来る。

この装置による夜間のAC/DC変換，蓄電池の貯蔵および昼間時のDC/AC変換の各効率はそれぞれ88％，90％，89％が得られており，それらを掛け合わせた総合効率は70％が得られている。このシステムは商品化され，一般家庭で平成4年10月から運用開始された実績がある。このような太陽電池と電力貯蔵のための電池とを組み合わせた装置は地震や台風などの災害時における非常用電源としても使用することができる。

2.3　40MWh/10MW電池電力貯蔵システム[3]

電力供給側における電池電力貯蔵装置の実施例として，アメリカ合衆国のSCE（サザンカリ

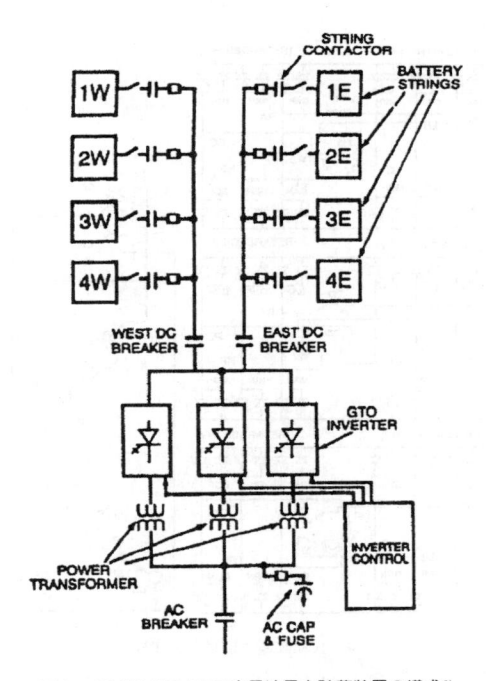

第10章 パワーエレクトロニクス技術

図3 40MWh/10MW 二次電池電力貯蔵装置の構成[3]

表2 40MWh/10MW 電池電力貯蔵システムの諸元

バッテリ	容量　40MWh（鉛蓄電池）
	電圧　1,750～2,860V
	直列数　1,032セル
系統電圧	12kV±5%
電力変換器	定格容量　10MVA
	電圧形18相多重方式
	矩形波，位相差PWM
電力変換効率	97% at 10MW，95% at 2MW，
交流側電圧ひずみ率	総合5%以下，各次1.5%以下
応答速度	有効・無効電力制御の指令に対して時定数16msec

フォルニアエジソン）社によってロスアンジェルス北東にあるチノ変電所に設置されたシステムを紹介する。図3にシステムの構成を，表2に諸元を示す。1,032個の電池を直列に接続して1ストリングとし，4ストリング毎に東西に分かれた独立建屋に収納されている。これら8ス

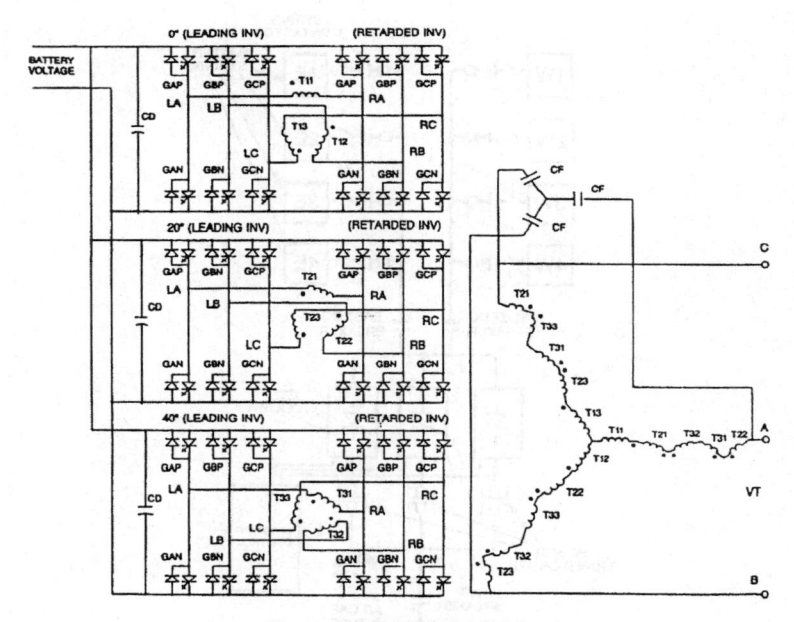

図4　10MW電力変換器の構成[3)]

トリングをまとめて変圧器により18相多重化された電圧形GTO変換器に接続し、12kVの交流系統に接続している。PCSの構成は図4に示すような単相フルブリッジを三相接続した18相構成であり、変圧器の系統側は直列接続されている。GTO素子は4,500V/2,500Aのものを使用し、1個のGTOが破損しても運転可能なように2直列構成としている。18相構成のために高調波は十分に抑制されているが、図4に示すCFと変圧器の漏れインダクタンスとで構成される高調波フィルタによって高調波の低減を行っている。これによって定格運転時に17次、19次高調波でそれぞれ基本波の0.3％、0.2％以内に、大きさが最大の35次高調波でも0.4％以内に収まっており、仕様の各次高調波1.5％以内という仕様を十分に満足させている。効率の実測値は10MWの定格運転において97.4％、2MWの運転において95.4％とこれも仕様を満足している。有効・無効電力制御方式は単相フルブリッジインバータの左右の相のスイッチングに位相差を設けたPWM方式を採用し、仕様で定められた有効・無効電力の指令値に対して16ミリ秒の時定数での応答速度を得ている。このシステムは1988年8月より運転開始された。わが国においては80MVAの自励式無効電力補償装置（SVGまたはSTATCOM）が系統安定化設備として実用化されているが、以上に示したような大規模の電池電力貯蔵装置は無効電力制御能力を活用して無効

第 10 章　パワーエレクトロニクス技術

電力補償装置としても使用可能である。また，高周波スイッチングによる高調波補償機能の付加など，多機能化も検討されている。

3　超伝導電力貯蔵における PCS

3.1　回路構成

　超伝導電力貯蔵装置（SMES; Superconducting Magnetic Energy Storage）は，インダクタンス L の超伝導コイルに直流電流 I を流して $(1/2)LI^2$ のエネルギーを貯えることを原理とする技術である。エネルギー蓄積デバイスがコイルであるから他励式サイリスタ交直変換装置との相性が良く，また，SMES は当初揚水発電所代替が主に検討されたこともあり，大容量変換器が容易に製作できることもあって他励式サイリスタ交直変換装置の適用が主として検討された。しかしながら位相制御に伴う無効電力変動の問題が本質的にあり，GTO や IGBT などの自己消弧形パワーデバイスの大容量化とともに自励式変換器が主流となっている。SMES のための自励式変換器は図5(a)のような電流形交直変換器と図5(b)のような電圧形交直変換器＋チョッパ回路のものとが考えられている。SMES の特性からは電流形交直変換器が自然であるが，電圧形交直変換器＋チョッパ回路も種々のメリットがある。

　すなわち，SMES のようにエネルギーの充放電に伴ってコイルの電流が変化する場合，一定の電力の充放電を行うためにはコイル電圧を変化させる必要がある。電力変換器の容量は最大電圧×最大電流で計算されるが，仮にコイルの電流を定格値からその 1/2 まで変化させる場合，電力

(a)　電流形交直変換器方式

(b)　電圧形交直変換器＋チョッパ方式

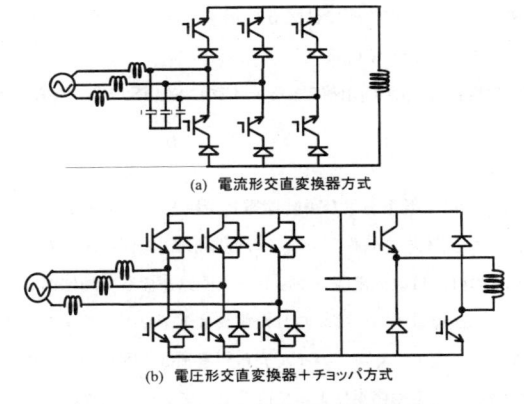

図5　SMES の自励式電力変換器の回路構成

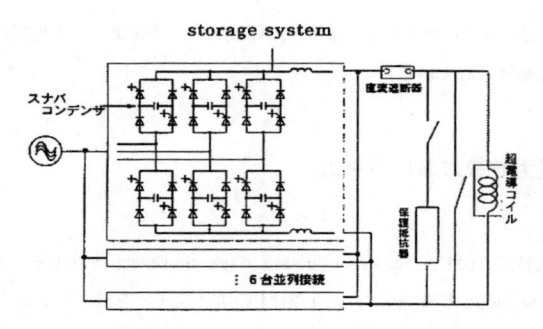

図6 電流形スナバエネルギー回生形交直変換器

変換器の容量は充放電電力の2倍が必要となる。電流形交直変換器では変換器全体を2倍定格で設計する必要があるが、電圧形交直変換器＋チョッパ回路の場合は電流および電圧がコイルの充放電に伴って変化するのはチョッパ回路のみであるので、チョッパ部分のみが充放電電力の2倍定格が必要となるが、電圧形交直変換器の容量は充放電電力で設計すればよい。400MWのSMESの設計によると電流形では5,376個のGTOが必要であるのに対して、電圧形＋チョッパの方式では交直変換器に768個、チョッパに1,856個のGTOですみ、電流形のほうが1.73倍のコストになると試算されている[4]。また、電流形交直変換器では逆耐圧を有するスイッチングデバイスが必要であることの他に交流側のLCフィルタによる共振やスイッチングデバイスに隣接してスナバ回路が本質的に必要であることなどの回路上の問題がある。一方、電圧形交直変換器＋チョッパ回路の場合は、産業用ドライブなどで培われたデバイス技術や回路技術をほぼそのまま適用することが出来る。なお、電流形では図6に示すようなスナバエネルギーの回生を比較的簡単な回路で行う方式も考案されている[5]。

以下では、SMESの現在唯一の実用例であるマイクロSMESについて紹介する。

3.2 マイクロSMES[6]

マイクロSMESは瞬時電圧低下および瞬時停電対策用としてアメリカ合衆国で開発されたもので、図7～図9に示す回路方式がある。図7の回路形式はインバータにより駆動される可変速電動機のインバータの直流母線へ電圧レギュレータ回路を介して超伝導コイルが接続されている。待機モードでは、超伝導コイルに蓄えられた電流は電圧レギュレータのスイッチとコイル充電用電源を通してコイルに戻ってくる。コイル充電用電源は、回路の超伝導でない部分で生じる損失を補償する。瞬時電圧低下や停電によって直流コンデンサバンクの電圧が低下すると、電圧レギュレータのスイッチが開かれ、コイル電流は直流キャパシタを通して流れ、設定された電圧

第10章　パワーエレクトロニクス技術

にまで充電させる。設定レベルまで到達すると、スイッチは閉じられる。負荷は直流キャパシタからエネルギーを取り、電圧は下限レベルにまで低下する。この時点でスイッチは再び開かれる。電源系統の電圧が通常の値に戻るまでこのシーケンスが繰り返される。この方法では、エネルギーは超伝導コイルから負荷へ転送され、負荷は電源の瞬断の影響を受けない。超伝導コイルは

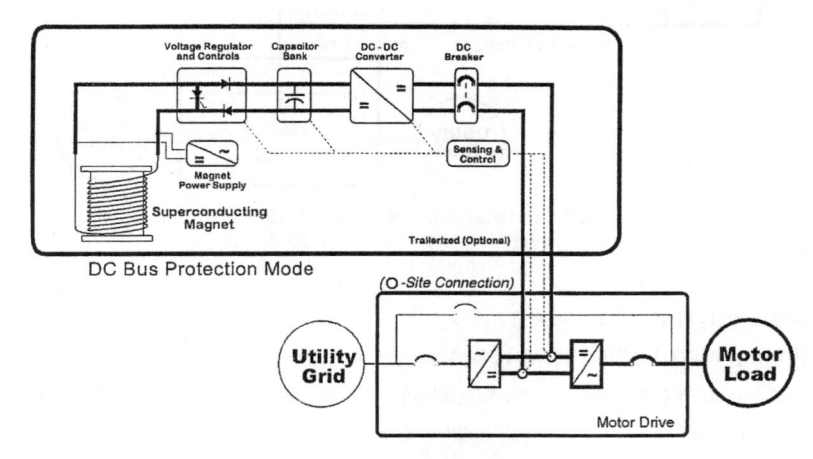

図7　直流接続形瞬低対策用SMESの回路構成
（提供：アメリカンスーパーコンダクタ社）

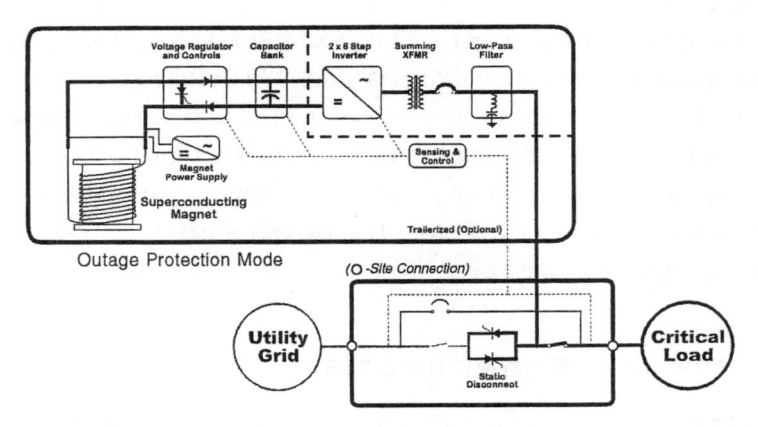

図8　並列補償形瞬低対策用SMESの回路構成
（提供：アメリカンスーパーコンダクタ社）

211

図9 直列補償形瞬低対策用 SMES の回路構成
(提供:アメリカンスーパーコンダクタ社)

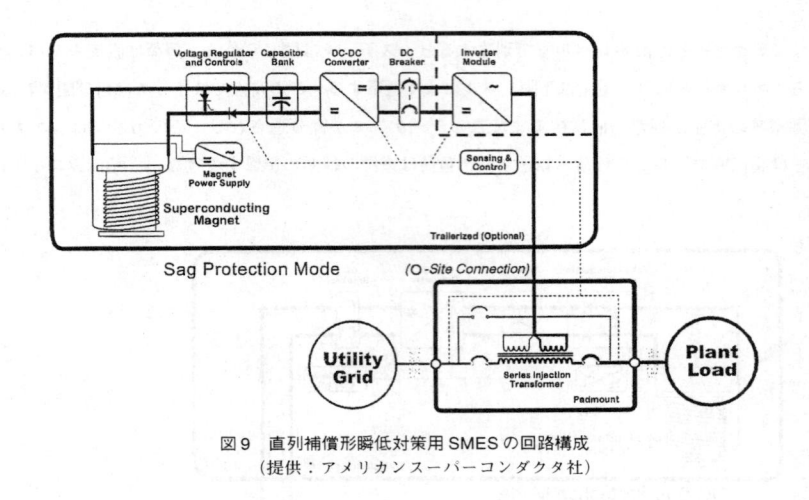

このあと数分の間に自動的に再充電される。

図8に示す回路は並列形 UPS と同じ形式のシステムであり,電圧レギュレータはインバータの直流キャパシタに接続されている。瞬時電圧低下や停電が検出されると,前述の場合と同様にコイルからインバータのキャパシタへと電力の流れが向けられる。それと同時に,この電力を交流負荷へ供給するためにインバータが起動され,同時にコイルから電源系統へ電力が逆流しないように絶縁スイッチが開放される。電源系統の電圧が回復すると,系統と同期を取り絶縁スイッチを閉じる。

図9に示す回路は直列補償形のシステムであり系統電圧の低下分のみを SMES より供給して負荷を瞬時電圧低下から守る。このタイプは系統電圧の低下分のみを補償するので効果的であり,SMES の必要エネルギーが図8のタイプより少なくてすむ。反面,系統側が開放となる停電から負荷を保護するためには系統側の短絡経路を確保するような特別な工夫が必要である。

このようなマイクロ SMES は冷却装置とともにトレーラに設置してユーザへ提供されている。マイクロ SMES の超伝導コイルのエネルギー貯蔵容量は約 1〜3MJ で,3MJ のシステムで 1,400kVA の負荷を 1 秒間保護できる。

4 フライホイール電力貯蔵における PCS

4.1 回路構成

電動発電機に大きな慣性体(フライホイール)を接続し,電動機動作で加速すれば電源からの

第 10 章　パワーエレクトロニクス技術

エネルギーがフライホイールに蓄積され，逆に発電機動作ではフライホイールが減速し，蓄積されたエネルギーを電源に戻すことが出来る．静止形である電池電力貯蔵装置や超伝導電力貯蔵装置とは異なり，回転機部分が存在するため，PCSのシステム構成としては図10～図12に示すように種々の形式が考えられる[7]．図10はフライホイールを用いた無停電電源装置UPSのシステム構成であり，フライホイールFWの交流電動発電機ACM/Gのインバータが可変速電動機のインバータの直流母線へ接続されている．これにより瞬時電圧低下や停電から負荷を守る．図11は商用系統側での電力変動の補償を行うシステムで，図11(a)は交流電動発電機ACM/Gを PWMインバータの一次周波数制御で駆動する方式，(b)は高速回転あるいは多極の同期電動発電機SM/Gの高周波電圧をサイクロコンバータやマトリックスコンバータにより直接商用周波

図10　フライホイールを用いた無停電電源装置（UPS）

(a)

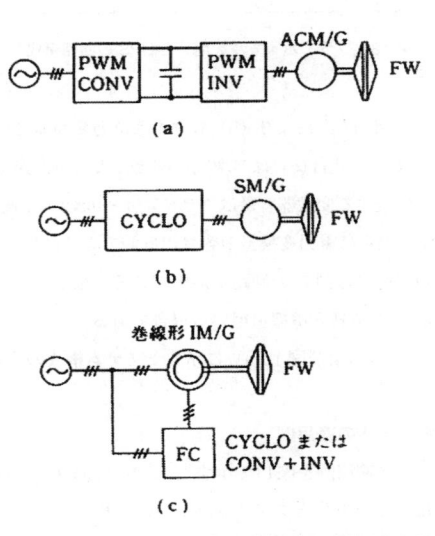

(b)

(c)

図11　フライホイールを用いた系統電力変動補償装置

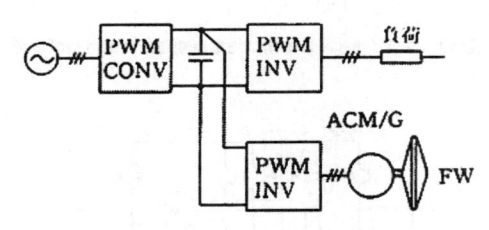

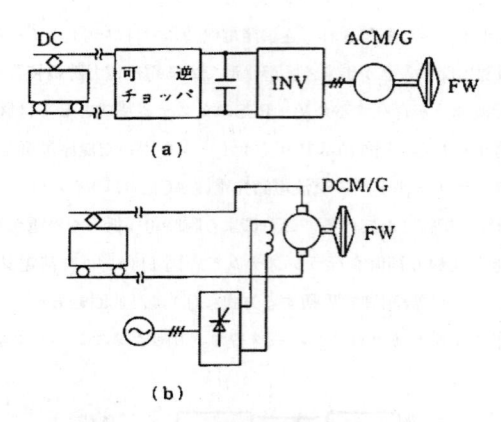

図12 フライホイールを用いた電鉄変電所の電力補償装置

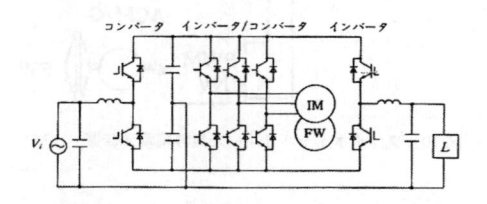

図13 フライホイールを用いたUPSの回路構成[8]

数に変換する方式である。図11(a) および (b) の方式は電力変換器には電動発電機と同等の容量が要求される。それに対して図11(c) は二次励磁制御による可変速運転であり，巻線形電動発電機 IM/G の二次側に接続する変換器容量はフライホイールの可変速運転の範囲に比例する。10MWを越える大容量機の場合は電力変換器の容量が低減できる図11(c)の方式が好まれる。電鉄の架線電圧の安定化の用途には図12の回路が適用できる。図12(a) は交流の電動発電機を用いる場合，図12(b) は直流の電動発電機を用いる場合である。

以下では実施例として図10および図12(a) に示すシステム構成のものを紹介する。

4.2 UPSへのフライホイールの適用例

UPSへのフライホイールの適用例を図13に示す[8]。これは5kVA，1分補償のUPSの例であり，回路の簡素化，高効率化のためにハーフブリッジが用いられている。電動発電機の運転範囲は 20,000〜30,000rpm である。

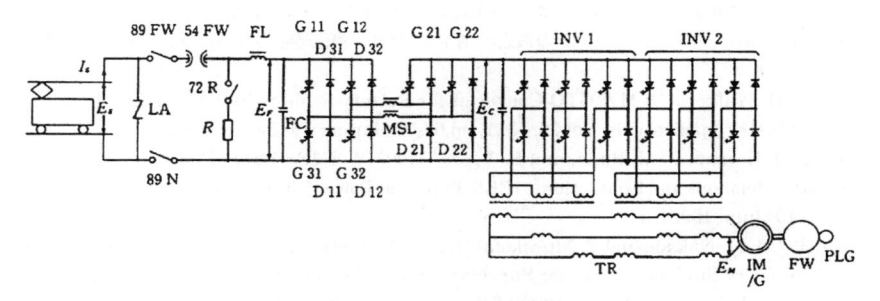

第 10 章　パワーエレクトロニクス技術

図 14　電鉄用フライホイール電力貯蔵装置の回路構成[9]

4.3　電鉄変電所におけるフライホイール電力貯蔵の実施例

図 14 は電鉄変電所における実施例である[9]。このシステムは京浜急行電鉄で架線電圧変動の抑制のために用いられている。PCS は定格の 1,500V 周辺で変動する架線電圧を DC1,200V に定電圧化させる双方向チョッパと，PAM の12相インバータから構成されている。フライホイールは最大回転速度 3,000rpm で貯蔵エネルギー 180MJ のものが用いられており，2,100 rpm と 3,000 rpm の間で 90MJ のエネルギーを吸放出する。PCS は電力吸収時最大 1,800kW，放出時最大 3,000kW で動作する。実験結果によると架線電圧はフライホイールがないときの変動幅 980V～1,780V が 1,200V～1,650V に減っている。

5　むすび

以上，電池電力貯蔵，SMES およびフライホイール電力貯蔵の PCS について述べた。電気二重層キャパシタの PCS についてはキャパシタが近似的に電圧源とみなせることから二次電池の場合と同様に電圧形自励式交直変換器が適用される。ただし，キャパシタ電圧が変化するため，チョッパ回路を併用する場合もある。なお，電気二重層キャパシタの PCS については SMES の電力変換器の場合と双対の関係で電流形交直変換器＋チョッパの回路方式も考えられる。

文　　献

1)　石原，三田，岩堀，田中「太陽電池接続に対応した系統連系型ロードコンディショナーの

開発」電気学会 新・省エネルギー研究会資料, ESC-92-41(1992年)
2) 岩堀「ロードコンディショナの最近の進歩」OHM, 第80巻, 第11号, pp.98-104(1993年11月)
3) L. H. Walker, "10-MW GTO Converter for Battery Peaking Service", IEEE Trans on Industry Applications, **Vol.26**, No.1, pp.63-72(January/February 1990)
4) I. D. Hassan, R. M. Bucci, and K. T .Swe "400MW SMES Power Conditioning System Development and Simulation", IEEE Trans. on Power Electronics, **Vol.8**, No.3, pp.237-249(July, 1993)
5) T. Ise, M. Nakade and Y. Murakami "A Soft Switching AC/DC Converter with Energy Recovery Snubber Circuit for Superconducting Magnetic Energy Storage" Proc. of 25-th IEEE Power Electronics Specialists Conference, PESC '94, pp.1456-1461(June 1994)
6) J. Lamoree, L. Tang, C. DeWinkel, and P. Vinett "Description of a Micro-SMES System for Protection of Critical Customer Facilities " IEEE Trans. on Power Delivery, **Vol.9**, No.2, pp.984-991(April 1994)
7) 電気学会技術報告, 第551号,「新エネルギー用半導体電力変換技術の現状と動向」
8) 高橋, 安東「フライホイールエネルギー貯蔵技術を用いた無停電電源装置の開発」電気学会論文誌D, 112巻, 9号, pp.877-882(1992年9月)
9) K. Ikeda, Y. Yonehata, T. Asaeda, Y. Hosokawa, S. Murakami "VVVF Drive of a Large Capacity Flywheel Generator-Motor for a DC Railway Substation" Proceedings of 1990 International Power Electronics Conference(IPEC-Tokyo), pp.577-584(April 1990)

《CMC テクニカルライブラリー》発行にあたって

弊社は、1961年創立以来、多くの技術レポートを発行してまいりました。これらの多くは、その時代の最先端情報を企業や研究機関などの法人に提供することを目的としたもので、価格も一般の理工書に比べて遙かに高価なものでした。

一方、ある時代に最先端であった技術も、実用化され、応用展開されるにあたって普及期、成熟期を迎えていきます。ところが、最先端の時代に一流の研究者によって書かれたレポートの内容は、時代を経ても当該技術を学ぶ技術書、理工書としていささかも遜色のないことを、多くの方々が指摘されています。

弊社では過去に発行した技術レポートを個人向けの廉価な普及版《**CMC テクニカルライブラリー**》として発行することとしました。このシリーズが、21世紀の科学技術の発展にいささかでも貢献できれば幸いです。

2000年12月

株式会社　シーエムシー出版

電力貯蔵の技術と開発動向 (B0956)

2006年 2 月28日　初　版　第 1 刷発行
2011年 3 月 3 日　普及版　第 1 刷発行

監　修　伊瀬　敏史　　　　　　　　　　Printed in Japan
　　　　田中　祀捷
発行者　辻　　賢司
発行所　株式会社　シーエムシー出版
　　　　東京都千代田区内神田 1-13-1　豊島屋ビル
　　　　電話03 (3293) 2061
　　　　http://www.cmcbooks.co.jp/

〔印刷〕　日本ハイコム株式会社　　　　© T. Ise, T. Tanaka, 2011

定価はカバーに表示してあります。
落丁・乱丁本はお取替えいたします。

ISBN978-4-7813-0309-3 C3054 ¥3200E

本書の内容の一部あるいは全部を無断で複写（コピー）することは、法律で認められた場合を除き、著作者および出版社の権利の侵害になります。

CMCテクニカルライブラリーのご案内

有機薄膜太陽電池の開発動向
監修／上原 赫・吉川 暹
ISBN978-4-7813-0274-4　B941
A5判・313頁　本体4,600円＋税（〒380円）
初版2005年11月　普及版2010年10月

構成および内容：有機光電変換系の可能性と課題／基礎理論と光合成（人工光合成系の構築 他）／有機薄膜太陽電池のコンセプトとアーキテクチャー／光電変換材料／キャリアー移動材料と電極／有機ELと有機薄膜太陽電池の周辺領域（フレキシブル有機EL素子とその光集積デバイスへの応用 他）／応用（透明太陽電池／宇宙太陽光発電 他）
執筆者：三室 守／内藤裕義／藤枝卓也 他62名

結晶多形の基礎と応用
監修／松岡正邦
ISBN978-4-7813-0273-7　B940
A5判・307頁　本体4,600円＋税（〒380円）
初版2005年8月　普及版2010年10月

構成および内容：結晶多形と結晶構造の基礎－晶系，空間群，ミラー指数，晶癖－／分子シミュレーションと多形の析出／結晶化操作の基礎／実験と測定法／スクリーニング／予測アルゴリズム／多形間の転移機構と転移速度論／医薬品における研究実例／抗潰瘍薬の結晶多形制御／パミカミド塩酸塩水和物結晶／結晶多形のデータベース 他
執筆者：佐藤清降／北村光孝／J. H. ter Horst 他16名

可視光応答型光触媒の実用化技術
監修／多賀康訓
ISBN978-4-7813-0272-0　B939
A5判・290頁　本体4,400円＋税（〒380円）
初版2005年9月　普及版2010年10月

構成および内容：光触媒の動作機構と特性／設計（バンドギャップ狭窄法による可視光応答化 他）／作製プロセス技術（湿式プロセス／薄膜プロセス 他）／ゾル－ゲル溶液の化学／特性と物性（Ti-O-N系／層間化合物光触媒 他）／性能・安全性（生体安全性 他）／実用化技術（合成皮革応用／壁紙応用／光触媒の物性解析／課題（高性能化 他）
執筆者：村上能規／野坂芳雄／旭 良司 他43名

マリンバイオテクノロジー
―海洋生物成分の有効利用―
監修／伏谷伸宏
ISBN978-4-7813-0267-6　B938
A5判・304頁　本体4,600円＋税（〒380円）
初版2005年3月　普及版2010年9月

構成および内容：海洋成分の研究開発（医薬開発 他）／医薬素材および研究用試薬（藻類／酵素阻害剤 他）／化粧品（海洋成分由来の化粧品原料 他）／機能性食品素材（マリンビタミン／カロテノイド 他）／ハイドロコロイド（海藻多糖類 他）／レクチン（海藻レクチン／動物レクチン）／その他（防汚剤／海洋タンパク質 他）
執筆者：浪越通夫／沖野龍文／塚本佐知子 他22名

RNA工学の基礎と応用
監修／中村義一・大内将司
ISBN978-4-7813-0266-9　B937
A5判・268頁　本体4,000円＋税（〒380円）
初版2005年12月　普及版2010年9月

構成および内容：RNA入門（RNAの物性と代謝／非翻訳型RNA 他）／RNAiとmiRNA（siRNA医薬品 他）／アプタマー（翻訳開始因子に対するアプタマーによる制がん戦略 他）／リボザイム（RNAアーキテクチャと人工リボザイム創製への応用 他）／RNA工学プラットホーム（核酸医薬品のデリバリーシステム／人工RNA結合ペプチド 他）
執筆者：稲田利文／中村幸治／三好啓太 他40名

ポリウレタン創製への道
―材料から応用まで―
監修／松永勝治
ISBN978-4-7813-0265-2　B936
A5判・233頁　本体3,400円＋税（〒380円）
初版2005年9月　普及版2010年9月

構成および内容：【原材料】イソシアナート／第三成分（アミン系硬化剤／発泡剤 他）／【素材】フォーム（軟質ポリウレタンフォーム 他）／エラストマー／印刷インキ用ポリウレタン樹脂【大学での研究動向】関東学院大学-機能性ポリウレタンの合成と特性-／慶應義塾大学-酵素によるケミカルリサイクル可能なグリーンポリウレタンの創成-他
執筆者：長谷山龍二／友定 強／大原輝彦 他24名

プロジェクターの技術と応用
監修／西田信夫
ISBN978-4-7813-0260-7　B935
A5判・240頁　本体3,600円＋税（〒380円）
初版2005年6月　普及版2010年8月

構成および内容：プロジェクターの基本原理と種類／CRTプロジェクター（背面投射型と前面投射型 他）／液晶プロジェクター（液晶ライトバルブ 他）／ライトスイッチ式プロジェクター／コンポーネント・要素技術（マイクロレンズアレイ 他）／応用システム・デジタルシネマ 他）／視機能から見たプロジェクターの評価（CBUの機序 他）
執筆者：福田京平／菊池 宏／東 忠利 他18名

有機トランジスタ―評価と応用技術―
監修／工藤一浩
ISBN978-4-7813-0259-1　B934
A5判・189頁　本体2,800円＋税（〒380円）
初版2005年7月　普及版2010年8月

構成および内容：【総論】【評価】材料（有機トランジスタ材料の基礎評価 他）／電気物性（局所電気・電子物性 他）／FET（有機薄膜FETの物性 他）／薄膜形成／【応用】大面積センサー／ディスプレイ応用／印刷技術による情報タグとその周辺機器／【技術】遺伝子トランジスタによる分子認識の電気的検出／単一分子エレクトロニクス 他
執筆者：鎌田俊英／堀田 収／南方 尚 他17名

※ 書籍をご購入の際は、最寄りの書店にご注文いただくか、㈱シーエムシー出版のホームページ（http://www.cmcbooks.co.jp/）にてお申し込み下さい。